SI 組立単位

量	単位	記号と定義
面積	平方メートル	m^2
体積	立方メートル	m^3
速度	メートル毎秒	$m\ s^{-1}$
加速度	メートル毎秒の 2 乗	$m\ s^{-2}$
密度	キログラム毎立方メートル	$kg\ m^{-3}$
濃度	モル毎立方メートル	$mol\ m^{-3}$
エネルギー，熱量	ジュール	$J = kg\ m^2\ s^{-2}$
力	ニュートン	$N = J\ m^{-1} = kg\ m\ s^{-2}$
圧力	パスカル	$Pa = N\ m^{-2}$
電荷，電気量	クーロン	$C = A\ s$
電位差，電圧，電位	ボルト	$V = J\ C^{-1}$
電力	ワット	$W = J\ s^{-1} = kg\ m^2\ s^{-3}$
振動数，周波数	ヘルツ	Hz (s^{-1})

SI 接頭語

倍数	接頭語	記号	倍数	接頭語	記号
10^{-1}	デシ（deci）	d	10^{1}	デカ（deca）	da
10^{-2}	センチ（centi）	c	10^{2}	ヘクト（hecto）	h
10^{-3}	ミリ（milli）	m	10^{3}	キロ（kilo）	k
10^{-6}	マイクロ（micro）	μ	10^{6}	メガ（mega）	M
10^{-9}	ナノ（nano）	n	10^{9}	ギガ（giga）	G
10^{-12}	ピコ（pico）	p	10^{12}	テラ（tera）	T

演習で学ぶ
物理化学
基礎の基礎

Joanne Elliott・Elizabeth Page Ⅰ著
川瀬 雅也 Ⅰ訳

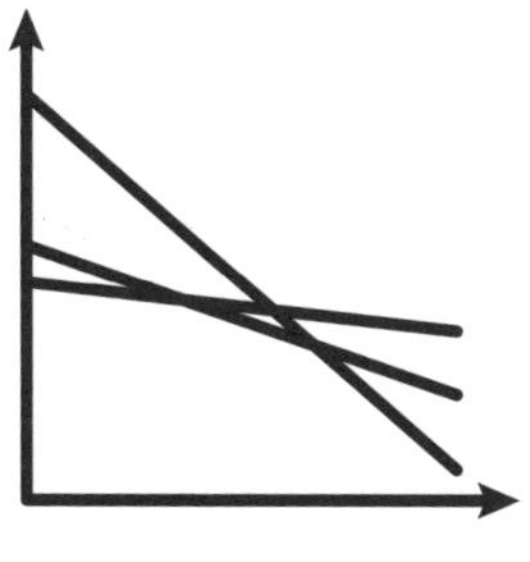

化学同人

Workbook in Physical Chemistry, First Edition

Joanne Elliott, Elizabeth Page

演習で学ぶ化学　基礎の基礎シリーズへようこそ

本シリーズは，高校レベルの化学を大学レベルに上げるためにつくられた演習書である．化学を勉強する学生だけでなく，生化学，食品科学，薬学など，化学が関連する学問を勉強する学生にも役に立つはずだ．本シリーズをつかって，ぜひ化学の重要な概念を理解し，身に着けてもらいたい．

特　徴

本シリーズは，無機，有機，物理化学の化学主要分野を網羅している．それぞれ，初年次に学習する標準的な内容を取り上げており，授業教科書や講義ノートの補足として最適だろう．自習用にも，学期末などの試験対策としてもオススメ（最後に一気ではなく，章ごとに取り組むとよい）．問題の解答だけでなく，解答プロセスを論理的アプローチとともに丁寧に示し，またヒントや学生が陥りがちな間違いについても触れている．

構　成

本シリーズは，化学課程の初年次に学習するテーマを章ごとに分けて掲載している．大学のカリキュラム構成とまったく同じではなくても，本シリーズで取り上げたテーマがしっかりと理解できていれば，初年次としては問題ないだろう．

各章は節に分かれており，各節のはじめに背景理論の概要をまとめた．ここでは概要のみなので，より詳細を知りたい場合には，講義ノートなどで復習してから取り組んでほしい．

各テーマの概要のあとには，試験などに出てくる，典型的な問題を例題として掲載した．例題には，ほかの問題にも応用可能な詳しい解き方のほか，問題へのアプローチの仕方，よくある間違いなども掲載している．

例題のあとには，テーマが身についているかを試す練習問題を，さらに巻末には化学の知識を利用して解くような総合的な問題を演習問題として掲載した．それぞれ，略解は巻末に，完全な解答と詳しい解説はWEB サイト（https://www.kagakudojin.co.jp/book/b590150.html）に掲載した．ぜひ活用してほしい．

本書の使い方

本書はいろいろな場面で使えるが，試験対策として利用しようとしている学生が多いだろう．試験対策では，まずそれぞれのテーマの概要を読み，理解できているかを確認したうえで，まずは例題を自力で解いてみることをお勧めする．

下の例題にあるように，解答に関係する**コメント**（□内）がつけられていることがある．この例では，なぜ，単位の変換が必要なのかを説明し，解答に必要な数学の知識もコメントとして与えている．コメントは，例題に似た問題を解くときに，学生の解答によくみられる間違いをしなくても済むようにつけられている．このような落とし穴の存在に気がつけば，間違わずに解答ができるからである．

例題 1.2A

次の長さをメートル単位で表せ．解答は，有効数字に気をつけて，指数表記とせよ．

> 指数表記とは，小数点の前の桁が 1 桁で，これに倍数 10^n をかけた数の表記法である．たとえば，300 は 3.00×10^2 となる．

(a) 3.21 Gm　(b) 0.36 km　(c) 4.00 pm

解き方

(a) G（ギガ）は 10^9 を表している．この倍数を用いると，3.21×10^9 m となる．有効数字は 3 桁である．

(b) k（キロ）は 10^3 を表している．この倍数を用いると，0.36×10^3 m となるが，有効数字が 2 桁であり，欄外に示した規則より，3.6×10^2 m となる．

(c) p（ピコ）は 10^{-12} を表している．この倍数を用いると，4.00×10^{-12} m となる．有効数字は 3 桁である．

例題が解けたら，練習問題を解こう．巻末で答えを確認するだけでなく，WEB サイト（https://www.kagakudojin.co.jp/book/b590150.html）に掲載する詳しい解答で解き方も確認してほしい．

さらにそれぞれの章が理解できたら，巻末の演習問題にも挑戦してほしい．試験前の仕上げとして演習問題を解くのもよいだろう．練習問題と同じように，解答は巻末に，詳細は WEB サイトに掲載した．

訳者まえがき

本書は，Oxford University Press より出版された "Workbooks in Chemistry — Physical Chemistry, First Edition" の翻訳である．本書は，大学に入学して，本格的な物理化学を学び始めた学生諸君が，物理化学の基本を理解できるように構成されている．

学生には，物理化学は何となく敷居が高く，理解の難しい科目であった．物理化学を理解するためには，1 にも 2 にも，問題を解くことであると思う．この意味で，質のいい問題が多くある演習書は，非常に，物理化学の理解に役に立つ．本書は，まさに，この質の高い良問を多くもつ演習書である．

本書の翻訳では，できるだけ自然な日本語になることを心がけたが，うまくいっているかどうか，少々心もとない．本書は，原文では 1 人称の主語が多用され，呼びかけの形が随所でとられているが，この形で日本語にしたとき，非常に違和感を感じることが多く，呼びかけの形をとらない形に訳している箇所も多い．また，英語なら短い文で理解できるが，日本語にすると，かなり言葉を補う必要がある部分も多数あった．このようなところでは，できるだけわかりやすいように，説明を加えた．原文で，明らかに間違いと思われたところは，正しく直したが，まだ，直せていないところもあると思われる．間違いをみつけられた場合は，是非，教えていただきたい．また，訳者の不見識のために，とんでもない間違いがあるかもしれない．このような間違いを見つけられたら，是非，お教えいただきたい．

本書は，演習書であり，簡潔な解説はあるものの，本書の解説だけでは不十分なところもある．本書とあわせて物理化学の教科書を併用することで，さらに学習効率が上がると思われる．読者の便を図るために，巻末に，何冊かの物理化学の教科書を紹介する．本書を使い，皆さんが，物理化学の諸分野のなかの熱力学と反応速度論のしっかりとした基礎を身につけられることを願っている．

最後に，本書の翻訳では，化学同人の栫井文子様に多大なお世話になった．この場を借りて，感謝を申し上げたい．

2021 年　夏　京都太秦にて

川瀬 雅也

contents

1
物理化学の基礎

1.1　SI 単位

単位は，物理化学を理解しようとしたり，物理化学で学んだことを利用しようとしたりする際，基本となるものである．単位として，1970年より国際単位（SI 単位，Système International d'Unités）が使われている．SI 単位には 7 種類の基本単位があり（オモテ表紙内側をみよ），このうち表 1.1 に示す 6 種類の単位，質量，長さ，時間，電流，温度，および物質量，が化学でよく使われる．SI 基本単位の 7 番目の単位，光度は，化学ではまれにしか使われない．

基本単位にあげられている量以外の，すべての量の単位は基本単位から誘導される．たとえば，運動している粒子の速度は，移動距離（長さ）を移動時間（時間）でわったものと定義される．つまり速度は，距離/時間と定義され，単位は m/s あるいは $\mathrm{m\ s^{-1}}$ となる．

例題 1.1A

エネルギーの SI 単位はジュール，J，である．粒子の運動エネルギー，$(1/2)mv^2$ の誘導単位を求めよ．ここで，m は粒子の質量，v は粒子の速度である．

解き方

すでに運動エネルギーの式を与えられているので，この式中の各量にその単位を入れていけばよい．係数 1/2 は無次元（単位がない）の量なので無視して，その後の量に単位を入れると，$mv^2 = (\mathrm{kg})(\mathrm{m\ s^{-1}})^2 = \mathrm{kg\ m^2\ s^{-2}}$ を得る．

例題 1.1B

$m \times g \times h$ で与えられる粒子の位置エネルギーの単位が，上で求めた運動エネルギーの単位と等価（同等）であることを示せ．ここで，m は粒子の質量，g は重力場の強さ（重力加速度），および h は粒子の位置の垂直方向の高さである．

解き方

位置エネルギー PE として $PE = m \times g \times h$ という式をわれわれは得ている．質量の単位は kg，高さの単位は距離の単位 m である．また，g

は重力加速度である．まず，加速度の単位を導く必要がある．加速度は，速度の時間変化 v/t と定義されているので，その組立単位[†]は $\mathrm{m\,s^{-1}/s}$ あるいは $\mathrm{m\,s^{-2}}$ となる．

†訳者注
誘導された単位を SI 単位では組立単位とよぶ．

以上の単位を $PE = m \times g \times h$ に入れれば良いことをすでにわかっているので，位置エネルギーの単位は

$$PE = \mathrm{kg} \times \mathrm{m\,s^{-2}} \times \mathrm{m} = \mathrm{kg\,m^2\,s^{-2}}$$

となる．これは，運動エネルギーの組立単位と同じであり，ジュール，J，と等価である．

➡このような変換操作は，一見，化学からかけ離れているように思えるが，式を簡略化するために単位の変換を実際に行う機会も多いので，キチンとできるようになっておくほうがよい．本書の問題中で，このような変換の必要があるときは，段階的に変換手順の解説をする．

表 1.1 SI 基本量の記号と単位

物理量	量の記号	基本単位	単位の記号
質量	m	キログラム	kg
長さ	l	メートル	m
時間	t	秒	s
電流	I	アンペア	A
温度	T	ケルビン	K
物質量	n	モル	mol

練習問題 1.1
密度の単位を SI 単位の組合せで示せ．

練習問題 1.2
力の SI 単位はニュートン，N，である．この単位を基本単位の組合せに変換せよ．力は，質量（m）に加速度（a）をかけたものと定義されている．

練習問題 1.3
気体の圧力は，さまざまな単位で表される．圧力の SI 単位はパスカル，Pa，である．この単位は，1 N の力が 1 $\mathrm{m^2}$ の面積の区画にかけられたときの圧力と定義されている．1 Pa と等価な SI 基本単位の組合せを求めよ．

表 1.2 よく使われる接頭語と単位

倍数	名称	記号
10^{12}	テラ	T
10^{9}	ギガ	G
10^{6}	メガ	M
10^{3}	キロ	k
10^{-1}	デシ	d
10^{-2}	センチ	c
10^{-3}	ミリ	m
10^{-6}	マイクロ	μ
10^{-9}	ナノ	n
10^{-12}	ピコ	p

1.2 大きな，あるいは，小さな数の表し方

化学で使う数値のなかには非常に大きな値をとるものがある．たとえば，アボガドロ定数（N_A）は $6.022 \times 10^{23}\ \mathrm{mol^{-1}}$ である．また，非常に小さな値のものもある．たとえば，プランク定数（h）は，$6.626 \times 10^{-34}\ \mathrm{J\,s}$ である．数値をみやすくするために，科学者は数値の記述によく接頭語を使う．キロ（k）やミリ（m）といった接頭語は，最もよく使われるものであろうと思われる．これらの接頭語が表す倍数を，表 1.2 にまとめ

た．接頭語の示す倍数を覚えておくことは，大事なことである．

例題 1.2A

次の長さをメートル単位で表せ．解答は，有効数字に気をつけて，指数表記とせよ．

(a) 3.21 Gm　(b) 0.36 km　(c) 4.00 pm

指数表記とは，小数点の前の桁が 1 桁で，これに倍数 10^n をかけた数の表記法である．たとえば，300 は 3.00×10^2 となる．

解き方

(a) G（ギガ）は 10^9 を表している．この倍数を用いると，3.21×10^9 m となる．有効数字は 3 桁である．

(b) k（キロ）は 10^3 を表している．この倍数を用いると，0.36×10^3 m となるが，有効数字が 2 桁であり，欄外に示した規則より，3.6×10^2 m となる．

(c) p（ピコ）は 10^{-12} を表している．この倍数を用いると，4.00×10^{-12} m となる．有効数字は 3 桁である．

例題 1.2B

次の量を，指定された単位で表せ．

(a) 1 dm^3 を m^3 で　(b) 1 mol dm^{-3} を mol m^{-3} で

(c) 10 m^3 を dm^3 で

解き方

この問題のような単位間の変換では，常に，変換後の値がもとの値よりも大きくなるのか小さくなるのかを考えておく必要がある．

(a) 1 dm は 0.1 m あるいは 10^{-1} m なので，1 dm^3 は $(10^{-1})^3$ m^3 = 1×10^{-3} m^3 となる．

(b) 問の単位は，体積 1 dm^3 中に 1 mol の物質が存在することを示している．

この問いでは，1 m^3 中なら，何 mol の物質が存在するのかを聞いている．まず，考えることは，1 m^3 が 1 dm^3 よりも大きいのか小さいのかということである．

1 m^3 が 1 dm^3 よりもかなり大きなこと（実際，1000 倍になる）を，すぐに，わかったと思う．体積 1 dm^3 中に 1 mol の物質が存在するなら，1 m^3 中にはもっと多くの量（1000 倍の量）が存在する．つまり，1 mol dm^{-3} の濃度は，1000 mol m^{-3} もしくは 1×10^3 mol m^{-3} である．

(c) この問いでは，10 m^3 中に何個の dm^3 が存在するのかを尋ねている．10 dm が 1 m なので，1000 dm^3 が 1 m^3 となる．つまり，10 m^3 は 10×10^3 dm^3 となる．指数表記では 1×10^4 dm^3 である．

➔ 1 dm は 1 m よりも小さい（10 分の 1）ので，1 dm^3 は 1000 倍小さくなる．つまり 1000 分の 1 となる．こう考えれば，皆さんは自分の答えが正しいかどうかチェックできる．

練習問題 1.4

次の量を，指定された単位で表せ．

(a) 100 dm^3 を m^3 で　(b) 10 mol dm^{-3} を mol m^{-3} で

(c) 10 mol dm^{-3} を mol cm^{-3} で　(d) 10^5 mol m^{-3} を mol dm^{-3} で

➡もし，解答のたとえの想像が難しければ，スーパーマーケットにある1 Lのオレンジジュースの箱を考えればよい．1 Lは1 dm^3と同じ体積を表している．もし，1 L（もしくは1 dm^3）のスペースがあれば，このオレンジジュースをちょうど1箱置くことができる．いま，1辺1 mの立方体を考えてみよう．この立方体の体積は1 m^3である．この立方体に，1 Lのオレンジジュースの箱を詰めるとすると，1000箱を詰めることができる．

練習問題 1.5

次の長さをメートル単位で表せ．解答は，有効数字に気をつけて，指数表記とせよ．

(a) 2002 mm　　(b) 35 dm　　(c) 295.0 μm

1.3　単位間の変換

化学の計算問題を解く際に，起こる間違いの主要な原因の一つが単位の変換である．たとえば，SI単位で表記するなら，質量はキログラムという単位で表記されなければならないが，われわれはよく質量をグラム単位で量る．このほうが，使いやすいからである．もう少し考えてみると，エネルギー，力，圧力など，多くのSI単位での定義をみると，質量はキログラムという単位で表されているのを，われわれはみてきた．つまり，質量が関係する量では，質量をキログラム単位に変換しなければならない．

例題 1.3A

断面積1 cm^2のマノメーター中の水銀100 gによる圧力を計算せよ．ただし，圧力の単位はパスカルとせよ．

解き方

圧力の単位であるパスカルは，対象となる物質による力を，その力が作用している面積でわったものと定義されている．

$$\text{圧力} = \frac{\text{力}}{\text{面積}}$$

気圧計内の水銀による力は，その質量と重力加速度gから求められる．gの値は9.8 m s^{-2}である．つまり，圧力を求めるための式は，次のようになる．

$$\text{圧力} = \frac{\text{質量} \times g}{\text{面積}}$$

いま，圧力を求める式を誘導したので，式にあるすべての量をSI基本単位量に変換して，パスカルの単位での答えを求めることができる．水銀の質量は100 gであり，SI基本単位量では0.1 kgとなる．マノメーターの断面積は1 cm^2と与えられている．

g単位をkg単位に変換するには，1000でわるか，10^{-3}をかければよい．

$$1\ \text{cm} = 0.01\ \text{m}\quad\text{もしくは}\quad 10^{-2}\ \text{m}$$

なので，$1\ \text{cm}^2 = (0.01)^2\ \text{m}^2$もしくは$(10^{-2})^2\ \text{m}^2 = 10^{-4}\ \text{m}^2$となる．

われわれは，いま，これらの値を上の圧力の式に入れて，答えを求めることができるようになった.

$$\text{圧力} = \frac{0.1\,\mathrm{kg} \times 9.8\,\mathrm{m\,s^{-2}}}{10^{-4}\,\mathrm{m^2}} = 9.8 \times 10^3\,\mathrm{kg\,m^{-1}\,s^{-2}}$$
$$= 9.8 \times 10^3\,\mathrm{Pa}$$

$\mathrm{m/m^2} = \mathrm{m^{-1}}$ であるので，結果として得られる値の単位は $\mathrm{kg\,m^{-1}\,s^{-2}} = \mathrm{Pa}$ となる.

例題 1.3B

光の波長 λ は，その振動数 ν と真空中の光の速度 c の関数であり，$\lambda = c/\nu$ という式で表される．赤い光の単色光の波長が 650 nm なら，その振動数を求めよ．このとき，値は SI 単位とし，光の速度は $3.00 \times 10^8\,\mathrm{m\,s^{-1}}$ とせよ.

解き方

振動数の SI 単位は $\mathrm{s^{-1}}$（もしくは Hz）である．解答を $\mathrm{s^{-1}}$ を単位とする振動数とするには，波長に 10^{-9} をかけて SI 単位量に変換しなければならない．問題では，波長はナノメートルで与えられているからである．この変換により，λ は $650 \times 10^{-9}\,\mathrm{m}$ となる.

次に，上の式を振動数 ν を求める形に変形しなければならない．

$\lambda = c/\nu$ は

➔ $1\,\mathrm{s^{-1}} = 1\,\mathrm{Hz}$

$$\nu = \frac{c}{\lambda} = \frac{3.00 \times 10^8\,\mathrm{m\,s^{-1}}}{650 \times 10^{-9}\,\mathrm{m}} = 4.62 \times 10^{14}\,\mathrm{s^{-1}}$$

m で示される単位は，式の分母と分子の両方にあり消え，単位として $\mathrm{s^{-1}}$ が残る.

となり，答えは $4.62 \times 10^{14}\,\mathrm{s^{-1}}$ となる．

答えは，有効数字 3 桁の指数表記としている.

練習問題 1.6

電磁波のスペクトルのある線の振動数が 7.25 THz であった．この振動数をもつ光子 1 個のエネルギーを J 単位で求めよ．エネルギーと振動数の関係は $E = h\nu$ で与えられ，ここで，E はエネルギー，ν は振動数，h はプランク定数である．プランク定数の値は $6.626 \times 10^{-34}\,\mathrm{J\,s}$ である．この光子 1 モルのエネルギーを kJ 単位で求めよ.

理想気体の法則には，圧力 p，体積 V，温度 T，そして気体の物質量 n がかかわっており，気体定数 $R = 8.3145\,\mathrm{J\,K^{-1}\,mol^{-1}}$[†] も式中に現れる．理想気体の法則を表す式は $pV = nRT$ である．圧力，体積や温度にさまざまな単位が使われており，このため，R がいくつかの値をとるなどのことが起こっている.

† 訳者注
たとえば，圧力 Pa，体積 $\mathrm{m^3}$，温度 K なら，$R = 8.3145\,\mathrm{J\,K^{-1}\,mol^{-1}}$ だが，圧力 atm，体積 L，温度 K なら，$R = 0.082\,\mathrm{atm\,L\,K^{-1}\,mol^{-1}}$ となる．また，例題 1.7 のような問いかけもできるわけである.

練習問題 1.7

理想気体の法則 $pV = nRT$ を用いて，1.0 atm，25 ℃で，酸素 10 mol の占める体積を $\mathrm{dm^3}$ 単位で計算せよ．ここでは，気体定数 R は，$8.3145\,\mathrm{J\,K^{-1}\,mol^{-1}}$ を用いよ.

1.4 原子のモル数と相対原子質量

1 **モル**（mole）は，正確に量りとられた 12 g の炭素 12（^{12}C）中の原子数と定義されている．この原子数は**アボガドロ定数**（Avogadro's constant），N_A，として定義され，$6.022 \times 10^{23}\ mol^{-1}$ という値をとる．アボガドロ定数は，物質 1 mol 中の原子数から導きだされているが，多くの原子以外のものの量を表すのにも使われている．たとえば，分子，イオン，光子，電子などである．

1 個の ^{12}C 原子は正確に 12 の**相対原子質量**（relative atomic mass），A_r，をもつ．相対原子質量の値にグラムの単位をつけると，そこには，その元素が 6.022×10^{23} 個が存在する．たとえば，1.0 g の ^{1}H 中には，6.022×10^{23} 個の ^{1}H が存在する．1.0 g の $^{1}H_2$ 中には，1 mol の半分の $^{1}H_2$，つまり 3.011×10^{23} 個の $^{1}H_2$ が存在する．

ふつう，周期表から相対原子質量の値を得る．しかし，周期表（ウラ表紙内側をみよ）を注意深くみると，水素は 1.000 ではなく 1.0079 の相対原子質量，A_r，をもち，炭素の A_r は 12.000 ではなく 12.011 であることに気づくだろう．事実，元素の相対原子質量は整数ではない．これは，次のような理由による．どの元素についても，自然界に存在する試料中には，元素ごとの固有の比率で，いく種類かの同位体が含まれる．たとえば，水素ガスには ^{1}H，^{2}H（重水素）ときわめて少量の ^{3}H（三重水素）が含まれる．このため，水素原子の平均質量は，わずかであるが 1.000 g より大きくなる．^{12}C，^{13}C，および ^{14}C からなる炭素についても同様で，C の平均相対原子質量は 12.000 ではなく 12.011 となる．

例題 1.4A

18.0 g の水中に存在する，（i）水素と，（ii）酸素の原子数を求めよ．

解き方

第一段階として，水の分子式 H_2O を使い，水のモル質量を求める．

$$2 \times \mathrm{H}(1.00\ \mathrm{g}) + 1 \times \mathrm{O}(16.0\ \mathrm{g}) = 18.0\ \mathrm{g}$$

水の質量の有効数字が 3 桁であるので，原子質量として，正確な 5 桁の数値を使うことは適切ではないことを，知っていればよい．

よって，1 モルの水分子について考えることになる．どの物質も 1 モル中には，アボガドロ定数個，6.022×10^{23} 個の分子などが存在する．

1 モルの水分子の個数 $= 6.022 \times 10^{23}$

1 個の水分子中には水素 2 原子と酸素 1 原子が存在するので，

18.0 g の水中の H 原子数 $= 6.022 \times 10^{23} \times 2 = 12.04 \times 10^{23}$
または 1.204×10^{24}
18.0 g の水中の O 原子数 $= 6.02 \times 10^{23}$（有効数字 3 桁）

例題 1.4B

10 mol のリン酸ナトリウム Na_3PO_4 中の，（i）ナトリウムイオンと，（ii）リン酸イオンの数を求めよ．

解き方

1 mol の Na_3PO_4 には， 3 mol の Na^+ イオンと 1 mol の PO_4^{3-} イオンが存在する．10 mol では，3 × 10，すなわち 30 mol の Na^+ イオンと 1 × 10 = 10 mol の PO_4^{3-} イオンが存在することになる．

1 mol の，物質は N_A，6.022×10^{23} 個存在するので，

$$30 \text{ mol の } Na^+ \text{ イオン} = 30 \times 6.022 \times 10^{23} = 180.66 \times 10^{23} = 1.8 \times 10^{25} \text{ イオン}$$

$$10 \text{ mol の } PO_4^{3-} \text{ イオン} = 10 \times 6.022 \times 10^{23} = 6.0 \times 10^{24} \text{ イオン}$$

モル質量 M は，物質 1 mol 当たりの質量，g mol^{-1} である．物質とは，原子，分子あるいは化学式で表される構造（8 ページをみよ）である．

例題 1.4C

自然界の金属鉄試料は，次の比率の鉄の同位体からなっている．

$^{54}Fe = 5.86\%$ 原子の質量＝ 53.9 u

$^{56}Fe = 91.8\%$ 原子の質量＝ 55.9 u

$^{57}Fe = 2.12\%$ 原子の質量＝ 56.9 u

$^{58}Fe = 0.22\%$ 原子の質量＝ 57.9 u

鉄の相対原子質量を計算せよ．

解き方

問題を解くには，100 原子からなる鉄の試料を考えるとよい．100 原子中の鉄の同位体の分布は，問題分の比率となっている．よって，100 原子全体の質量を求め，平均をとればよい．

100 原子全体の質量

$$= (53.9 \times 5.86 + 55.9 \times 91.8 + 56.9 \times 2.12 + 57.9 \times 0.22) \text{ u}$$

$$= (312.6 + 5131.6 + 120.6 + 12.75) \text{ u} = 5577.5 \text{ u}$$

よって， 1 原子の質量＝ 5577.5/100 u = 55.8 u

となり，有効数字 3 桁で鉄の相対原子質量は 55.8 となる．

1 原子質量単位 1 u は炭素 12 原子 1 個の質量の 12 分の 1 と定義されていて，原子 1 個の質量を表す際に用いられる．1 u = 1.661×10^{-27} kg

Da（ドルトン）や amu（原子質量単位）という記号もときどき使われる．

練習問題 1.8

14.0 g の窒素ガス中の，（i）窒素原子数と，（ii）窒素分子数を求めよ．

練習問題 1.9

1 モルの硫化アルミニウムが完全に溶解しているとき，溶液中の総イオン数を求めよ．

練習問題 1.10

マグネシウムには，自然界で三つの同位体が次の比率で存在する．^{24}Mg = 78.6%，^{25}Mg = 10.1%，および ^{26}Mg = 11.3%．

マグネシウムの相対原子質量を求めよ．Mg の個々の相対同位体質量を 24.0，25.0，および 26.0 とする．

1.5 モル質量と物質量の決定

物質が分子であってもイオンであっても，その化学式から化合物中の原子の数や種類を知ることができる．このことを，われわれは，すでに，これまでの例題をとおして知っている．物質 1 分子の質量は，化学式中の原子の相対原子質量の総和をとることで求めることができる．求めた数値は，物質の**相対式量**（relative formula mass）あるいは**相対分子質量**（relative molecular mass）とよばれる．本書では M_r と表す．物質 1 モルの質量は，相対式量にグラムの単位をつけたものとなる．この数値を**モル質量**（molar mass）とよび，M という記号で表す．

ある物質について，試料の質量とその物質の化学式がわかっている場合，モル質量を使い計算できる．また，試料のモル数がわかっている場合は，試料の**質量**（mass）を計算できる．これらの量の関係は $n = m/M$ との式で表される．n は物質のモル数，m は物質の質量，M はモル質量である．モル質量は g mol^{-1} との単位をもっている．

➡ここでは，有効数字 4 桁で相対原子質量が与えられている．原子質量にどういう数値を使うかは，皆さんのいる状況による．つまり，定量的な仕事で高いレベルの正確さを求められる問題を扱っているのか，あるいは合成で，物質を量りとるような，有効数字が 2 桁程度で十分な状況なのかによる．もし問からハッキリわからないなら，4 桁の有効数字で進めるのが安全である．

例題 1.5A

エタノール，C_2H_5OH，2 モルの質量を計算せよ．

解き方

この種の問題には，2 種類の解法がある．2 種類といっても，同じ手法をもとにしたものである．

問題文には，エタノールの分子式，C_2H_5OH が与えられており，これまでに知識としてもっている個々の原子の相対原子質量や周期表中のデータを使い，エタノール 1 分子の質量を計算することができる．エタノールのモル質量を求めると，

$$M_r(C_2H_5OH) = (2 \times 12.01) + (5 \times 1.008) + (1 \times 16.00) + (1 \times 1.008) = 46.07$$

C_2H_5OH のモル質量は 46.07 g mol^{-1} となる．よって，C_2H_5OH の 2 モルの質量は 2 mol × 46.07 g mol^{-1} = 92.14 g．

もう一つの方法は，式 $n = m/M$ を変形して質量，m を求める式 $m = n \times M$ とする．上で述べたように，エタノールのモル質量を計算で

➡このようにすれば，この種の問題は比較的簡単に解くことができる．しかし，質量やモルに関するこの例題のような計算は，もっと複雑な問題を解くための一部の計算でしかない．だが，より複雑な計算に進む前に，このような基礎計算法を習得しておくことは，非常に大切である．

きるので，この値にモル数をかければよい．

$$m = 2\,\cancel{\text{mol}} \times 46.07\,\text{g}\,\cancel{\text{mol}^{-1}} = 92.14\,\text{g}$$

mol と mol^{-1} が消えることに注目してほしい．消えた後，質量の単位 g が残る．

例題 1.5B

尿素，$(NH_2)_2CO$ の 1 kg のモル数を計算せよ．

解き方

この問題では，モル数の計算をわれわれは求められており，$n = m/M$ を用いればよい．

尿素の分子式が与えられているので，まず，モル質量を計算する．

$$\begin{aligned}(\text{NH}_2)_2\text{CO のモル質量} &= (2 \times 14.01) + (4 \times 1.01) + (1 \times 12.01) \\ &\quad + (1 \times 16.00)\,\text{g} \\ &= 60.07\,\text{g mol}^{-1}\end{aligned}$$

この値と問題で与えられている値を上の式に入れて，

$$n = \frac{1000\,\text{g}}{60.07\,\text{g mol}^{-1}} = 16.65\,\text{mol}$$

1000 倍して kg 単位を g 単位に変換するのを忘れないように．

例題 1.5C

1 L のアルカリ金属の炭酸塩溶液中に炭酸塩が 69.1 g 含まれており，滴定により 0.5 mol に相当することがわかった．塩中の金属は何か．

解き方

問題文より，炭酸塩 0.5 mol の質量が 69.1 g であることがわかる．よって，$n = m/M$ を $M = m/n$ と変形した式を使い炭酸塩のモル質量を求めることができる．上の式に数値を入れて，$M = 69.1\,\text{g}/0.5\,\text{mol}$ より，$M = 138.2\,\text{g mol}^{-1}$ を得る．

問題文は，この塩がアルカリ金属の炭酸塩であるといっており，この塩は M_2CO_3 という化学式をもつことがわかる（M はアルカリ金属，第一族であるから）炭酸イオン（CO_3^{2-}）1 mol の質量は 60.01 g と計算できる．

塩の質量から炭酸イオンの質量をひくと塩中の金属イオンの質量が得られる．

$$(\text{M}^+)_2\text{ の質量} = (138.2 - 60.01)\,\text{g mol}^{-1} = 78.19\,\text{g mol}^{-1}$$

よって，M^+ イオンの質量 $= 78.19\,\text{g mol}^{-1}/2 = 39.1\,\text{g mol}^{-1}$ を得る．第一族の原子質量をみると，この金属は原子質量 $39.1\,\text{g mol}^{-1}$ をもつカリウムであることがわかる．

練習問題 1.11

グルコース，$C_6H_{12}O_6$，0.50 mol の質量を計算せよ．

> **練習問題 1.12**
> 1000 mL の生理食塩水（点滴溶液）は 9.00 g の塩化ナトリウムを含んでいる．溶液中の塩化ナトリウムのモル数を求めよ．

> **練習問題 1.13**
> ハロゲンイオンを含む溶液を 0.01 mol の硝酸銀で処理したところ，銀は完全に反応し，1.88 g のハロゲン化銀の沈殿を得た．沈殿中のハロゲンイオンは何か．

1.6　実験式と分子式の決定

化合物の実験式は，化合物中で各元素が存在する量の**相対数**（relative numbers）として与えられる．どういうことかというと，**実験式**（empirical formula）は，化合物がどのような元素の比でつくられているかという情報（構成元素の存在比）を与える．つまり，実験式と分子式は，必ずしも**同じではない**ということである．

これに対し，**分子式**（molecular formula）は，化合物中に各元素が何原子存在するかという数を教えてくれる．つまり，分子式を使って，モル質量を求めることができるわけである．たとえば，グルコースの分子式は $C_6H_{12}O_6$ である．これは，グルコース 1 分子が，6 個の炭素原子，12 個の水素原子と 6 個の酸素原子からなっていることを示している．ところが，グルコースの実験式は CH_2O である．この式は，物質中の炭素と水素の含有量の分析から得た式である．分子式の決定には，この実験式の情報と質量分析[†1]が，ふつう，使われる．

†1 訳者注
質量分析とは，質量分析装置などにより化合物の分子量を知るための分析法．

例題 1.6A

CHN 分析（有機化合物の元素分析）により，カフェイン分子中に C，H，N 各元素が次の質量のパーセント組成で存在することがわかった．C：49.5%，H：5.2%，N：28.9%．質量分析により，親イオン[†2]のモル質量が 194.2 g mol^{-1} であることも示されている．カフェインの実験式と分子式を求めよ．

†2 訳者注
質量分析では，分析したい分子をイオン化して分析を行う．イオン化の際に，分子中の結合が切れて断片化が起こる．断片化せずにもとの分子の形を保ったままのイオン化を「親イオン」，断片化したイオンを「フラグメントイオン」とよぶ．

解き方

この種の問題において，まず，注意しなければならない点は，C，H と N の割合の合計が 100%にならない点である．このような場合，化合物中の 100%に満たない部分が酸素であると想定すればよい．酸素の量を分析するのは簡単ではないので，わからなかったわけである．酸素の割合は，C，H と N の割合の合計を 100%からひくことで求める．

$$酸素の割合\% = 100 - (49.5 + 5.2 + 28.9) = 16.4\%$$

ここで，各元素の質量の割合を得ることができるようになり，この質量の割合を，原子質量でわれば，各元素のモル比がわかる．ここで，化合物が 100 g あると仮定しよう．この仮定により，パーセント量をグラム単位に変換できる．つまり，$n = m/M$ が使えるわけである．

$$100\ \text{g 中の C のモル数}\quad \frac{49.5\ \text{g}}{12.01\ \text{g mol}^{-1}} = 4.122\ \text{mol}$$

$$100\ \text{g 中の H のモル数}\quad \frac{5.2\ \text{g}}{1.01\ \text{g mol}^{-1}} = 5.149\ \text{mol}$$

$$100\ \text{g 中の N のモル数}\quad \frac{28.9\ \text{g}}{14.01\ \text{g mol}^{-1}} = 2.063\ \text{mol}$$

$$100\ \text{g 中の O のモル数}\quad \frac{16.4\ \text{g}}{16.00\ \text{g mol}^{-1}} = 1.025\ \text{mol}$$

次に，求めた各元素のモル数を，化合物中に存在するモル数の最小値でわり，元素の存在比を，最も簡単な比率で表す．

$$\text{O に対する C のモル比} = \frac{4.122}{1.025} = 4.021 \approx 4$$

$$\text{O に対する H のモル比} = \frac{5.149}{1.025} = 5.023 \approx 5$$

$$\text{O に対する N のモル比} = \frac{2.063}{1.025} = 2.013 \approx 2$$

$$\text{O に対する O のモル比} = \frac{1.025}{1.025} = 1.000 \approx 1$$

化合物中元素の比，つまり実験式は $C_4H_5N_2O$ となる．

上で行ったように，構成元素のなかの最小の原子数（上の式ではモル数でわっているが，原子数の比とモル数の比は同じ値となる）で，必ずしもわる必要がないことに注意してほしい．100 g 中の酸素のモル数が 1 モルに近く，比を 1 と近似してもよかったので，上のような計算とした．

実験式で示された単位（実験式単位）1 モルの質量は，各元素の原子質量にその原子数をかけて，和をとれば得ることができる．

$$\begin{aligned} M &= (4 \times 12.01) + (5 \times 1.01) + (2 \times 14.01) + (1 \times 16.00) \\ &= 97.11\ \text{g mol}^{-1} \end{aligned}$$

問題文から，カフェインのモル質量は 194.2 g mol^{-1} であるとわかっているので，1 実験式単位の質量でモル質量をわれば，カフェインの分子式中に何個の実験式単位があるかを知ることができる．

$$194.2\ \text{g mol}^{-1}\ \text{中の実験式単位の個数} = \frac{194.2\ \text{g mol}^{-1}}{97.11\ \text{g mol}^{-1}} = 2.000 \approx 2$$

よって，カフェインの化学式は $C_8H_{10}N_4O_2$ である．

練習問題 1.14

元素分析によりニコチンの組成は以下のようであることがわかった．C = 74.02%，H = 8.71%，N = 17.27%．ニコチンの分子質量は 162.3 g mol^{-1} である．ニコチンの実験式と分子式を決定せよ．

練習問題 1.15

緑色の化合物があり，クロムと酸素からなることが知られている．また，クロムが 68.42% 含まれていることもわかっている．

(a) この化合物の実験式を決定せよ．

(b) 質量分析により，この化合物のモル質量は 152 g mol^{-1} である．化学式を求めよ．

1.7　重量分析の計算

重量分析[†]は，質量の測定により，分析対象の物質量を決定する方法である．ろ過する前に溶液からの不溶成分の沈殿，乾燥や重量測定からなっている．沈殿した物質が何かわかれば，その M_r（相対式量）と沈殿の量から，モル数を知ることができる．沈殿のモル数がわかれば，分析したいもとの物質の構成原子，あるいは構成イオンの 1 成分のモル数が決定できる．

† 訳者注
たとえば，水溶性の銀化合物の量を知りたいとする．完全に水に溶解しているとして，ここにハロゲン化物を加えるとハロゲン化銀の沈殿が生じる．この沈殿を分析することで，銀の量，モル数がわかる．重量分析では，このように分析対象の物質を直接，測定するのではなく，そのなかの構成元素や構成イオンのなかの 1 成分，この例では銀の量を測定することで，もとの物質の量を知る方法である．この例の類題が例題 1.7A である．

例題 1.7A

金属塩化物の試料があり，重量分析により塩素含有量の分析が行われた．6.137 g の金属塩化物を水に溶解し，メスフラスコを用いて 250 cm^3 の溶液とした．この溶液から 25 cm^3 をとり，そこに過剰の硝酸銀溶液を加えた．沈殿した塩化銀をろ過し，乾燥した後，重量を測定したところ 1.669 g であった．もとの塩中の塩素の割合を計算せよ．

解き方

このような計算問題を解くため，第一段階目として行うことは，沈殿反応の化学量論式から，沈殿は何かを知ることである．この例では，Ag^+ イオンと Cl^- イオンが 1：1 で反応して，固体状態の塩化銀が生じる．

$$Ag^+(aq) + Cl^-(aq) \longrightarrow AgCl(s)$$

沈殿した塩化銀の質量がわかっており，そのモル数を求めることができる．

$$n(AgCl) = \frac{m}{M} = \frac{1.669\ g}{143.4\ g\ mol^{-1}} = 0.01164\ mol$$

よって，調製した溶液 25 cm^3 中の Cl^- のモル数が 0.01164 mol であることがわかる．試料は 250 cm^3 の水に溶解されたので，試料中の Cl^- のモル数は 0.01164 × 10 mol となる.

25 cm^3 中の Cl^- のモル数が 0.01164 mol であるので，250 cm^3 中では 0.01164 × 10 mol となる.

よって，6.137 g の試料中に 0.1164 mol の Cl^- が含まれる．塩中の塩素の質量を知るために，Cl の原子質量をかけて，モル数を質量に変換する.

$$\text{試料中の塩素の質量} = 0.1164\ \text{mol} \times 35.45\ \text{g mol}^{-1} = 4.126\ \text{g}$$

$$\text{試料中の塩素の割合} = \frac{4.126\ \text{g}}{6.137\ \text{g}} \times 100\% = 67.2\%$$

例題 1.7B

次の反応のように，ジメチルグリオキシム（$DMGH_2$）で沈殿させることで，ニッケルの重量分析を行うことができる.

$$Ni^{2+}(aq) + 2\,DMGH_2(aq) \longrightarrow Ni(DMGH)_2(s) + 2\,H^+(aq)$$

1.2145 g のニッケル（Ⅱ）塩を正確に量りとり，メスフラスコ中で，250 cm^3 の水に溶解した．次に，この Ni^{2+} 溶液から 25 cm^3 をとり，そこに新しい沈殿が生じなくなるまで，過剰の $DMGH_2$ 溶液を加えた．赤い沈殿をろ過，洗浄して乾燥させたところ，0.2256 g の沈殿を得た．Ni(Ⅱ) 塩中のニッケルの割合を求めよ.

$$DMGH^- = C_4H_7O_2N_2,\quad M_r = 115.13$$

解き方

問題で与えられた量論式より，生じた沈殿は $Ni(DMGH)_2$ もしくは $Ni(C_4H_7O_2N_2)_2$ の組成をもつことがわかった.

この問題を解くには，まず，沈殿した $Ni(DMGH)_2$ のモル数を知らなければならい（ステップ 1）．モル数がわかれば，25 cm^3 中の Ni^{2+} のモル数を知ることができる．続いて，得られた値から，250 cm^3 中の Ni^{2+} のモル数（ステップ 2）と Ni の質量（ステップ 3）を知ることができる．もとの Ni（Ⅱ）塩の質量が与えられているので，ここまでの結果を使って，ニッケルの割合を求めることができる（ステップ 4）.

ステップ 1：生じた沈殿の質量を，そのモル質量でわり，$Ni(DMGH)_2$ のモル数を求める．$DMGH^-$ は 115.13 g mol^{-1} として与えられている.

$$Ni(DMGH)_2\ \text{のモル質量} = 58.69^{\dagger} + 2 \times 115.13 = 288.95\ \text{g mol}^{-1}$$

$$n[Ni(DMGH)_2]\ ([Ni(DMGH)_2\ \text{のモル数}]) = \frac{0.2256\ \text{g}}{288.95\ \text{g mol}^{-1}} = 7.808 \times 10^{-4}\ \text{mol}$$

† 訳者注 58.69 はニッケルの相対原子質量.

$n = m/M$ を用いた.

ステップ 2：25 cm^3 中の $n(Ni^{2+}) = 7.808 \times 10^{-4}$ mol となり，250 cm^3 中の $n(Ni^{2+}) = 10 \times (7.808 \times 10^{-4}) = 7.808 \times 10^{-3}$ mol となる.

ステップ 3：250 cm^3 中の Ni^{2+} の質量＝ $n \times M = (7.808 \times 10^{-3}\ \mathrm{mol}) \times 58.69\ \mathrm{g\ mol^{-1}} = 0.4582\ \mathrm{g}$

ステップ 4：塩中のニッケルの割合を求めるには，ステップ 3 で求めたニッケルの質量を溶液をつくるのに使った塩の質量でわり，100 をかければいい．

$$\frac{0.4582\ \mathrm{g}}{1.2145\ \mathrm{g}} \times 100\% = 37.73\% = 37.7\%$$

練習問題 1.16

2.100 g のアルミニウム塩をメスフラスコ中，250 cm^3 の蒸留水に溶解した．この溶液 25 cm^3 をとり，そこに pH が 4.5 付近になるまで酢酸を加え，さらに過剰の 8-ヒドロキシキノリンを加えた．生じた黄色の沈殿をろ過，乾燥し，0.5672 g を得た．黄色の沈殿は $Al(quin^-)_3$ である．もとの塩中のアルミニウムの割合を計算せよ．
8-ヒドロキシキノリン（quin）＝ C_9H_7NO；$M_r = 145.16$
$quin^- = C_9H_6NO^-$；$M_r = 144.15$

練習問題 1.17

あるハロゲン化バリウムが水和塩 $BaX_2 \cdot 2H_2O$ の形で存在している．ここで，X はハロゲンである．塩のバリウム含有量は重量分析で求めることができる．ハロゲン化物（0.2650 g）を水（200 cm^3）に溶解し，過剰の硫酸を加えた．この混合溶液を加熱し，45 分間沸騰させた．生じた沈殿（硫酸バリウム）はろ過，洗浄された後，乾燥された．得られた沈殿は 0.2533 g であった．X は何か．

1.8 溶液の濃度

1 dm^3 ＝ 1000 cm^3 もしくは 1 L である．モル濃度に，体積の単位が dm^3 となるように換算して作用させる（かける）と，dm^3 が消えて，mol 単位の量となる．

化学者が最もよく使う溶液の濃度の単位は mol dm^{-3} である．この単位の濃度は，溶液の**モル濃度**（molarity）とよばれてる．この単位は化学者にとってたいていの場合，最も使いやすい単位である．というのは，ある体積の溶液（ほとんどは水溶液）中の物質のモル数をモル濃度から，簡単に求めることができるからである．

モル濃度を計算するための最も単純な式は，$c = n/V$ である．

mol dm^{-3} の代わりに M† という単位が，ときどき使われる．

- c はモル濃度（単位は mol dm^{-3}）
- n はモル数
- V は体積（単位は dm^3）

この式を使うと，濃度から，ある体積の溶液に溶けている物質のモル数をすぐに求めることができる．この式を使う際には，まず物質（溶質ー溶かされた物質）の質量からモル数を求めなければならないことがよくある．

†訳者注
M はモーラーという単位で，1 M ＝ 1 mol dm^{-3} である．

式 $c = n/V$ は，濃度の計算だけでなく，ある体積の溶液中の物質のモル数を計算するのにも使うことができる．このことは，とくに，滴定の計算で重要となる．

以下の例題は，滴定の準備の際，メスフラスコ（または目盛りつき）フラスコを使い標準溶液を準備するときに必要な計算である．

例題 1.8A

フタル酸水素カリウム，KHP（$HOOCC_6H_4COOK$，$M_r = 204.22$）は水酸化ナトリウム溶液の濃度を求めるとき，最初に選ばれる標準物質である．0.1000 M の溶液 250 cm^3 をつくるのに必要な KHP の質量を計算せよ．

実際には，正確な濃度の溶液をつくる必要はない．たいていは，だいたいの濃度でつくり，試薬を量りとった正確な量がわかっていればよい．

解き方

この種の問題は，2 段階で解かないといけない．最初の段階では，求められている溶液の濃度とフラスコの体積から，必要な KHP のモル数を求める．

まずモル数を求める形に式を変形する：$c = n/V$ を $n = c \times V$ とする．そして，c と V に値を代入する．

$$n = 0.1000\ \text{mol}\ \cancel{\text{dm}^{-3}} \times 250 \times 10^{-3}\ \cancel{\text{dm}^{3}} = 0.0250\ \text{mol}$$

式にあるように，単位を消すことができるように，1000 でわるか，10^{-3} をかけるかして，cm^3 単位の体積を dm^3 単位の値に変換することを忘れてはいけない．

必要な KHP のモル数を得たので，次に $n = m/M$ を使い必要な質量を計算する．計算するために，m を求める形に先の式を変形する．

$$m = n \times M = 0.0250\ \cancel{\text{mol}} \times 204.22\ \text{g}\ \cancel{\text{mol}^{-1}} = 5.11\ \text{g}$$

例題 1.8B

フタル酸水素カリウム，KHP（$HOOCC_6H_4COOK$，$M_r = 204.22$）の標準溶液をつくるため，上記の方法いおいて，化学者が 5.0095 g の KHP を量りとった．つくられた溶液の正確なモル濃度を計算せよ．

➔実際，このような方法で標準溶液はつくられる．まず，必要な KHP の量を知るため，大まかな計算が行われる．そして，大まかな量の試薬を量りとり，量りとった正確な量を求め，決まった体積の水に溶解する．

解き方

ここでの方法は，例題 1.8A の逆のものである．まず，実際に量りとった KHP のモル数を計算し，それからメスフラスコを使い 250 cm^3 の体積とした溶液の濃度を求める．KHP のモル数を求めると，

$$n = m/M\ \text{から，}\ n = \frac{5.0095\ \text{g}}{204.22\ \text{g mol}^{-1}} = 0.02453\ \text{mol}$$

このモル数を使い，標準液の濃度を mol dm^{-3} もしくは M の単位で計算することができる．

$$c = n/V\ \text{から，}\ c = \frac{0.02453\ \text{mol}}{(250 \times 10^{-3})\ \text{dm}^3} = 9.81 \times 10^{-2}\ \text{mol dm}^{-3}$$
$$= 0.0981\ \text{mol dm}^{-3}$$

練習問題 1.18

安息香酸（C_6H_5COOH, $M_r = 122.12$）はナトリウムエトキシドと水酸化カリウムの標準化の際に，最初に選ばれる標準物質である．0.010 M の標準液 100 mL をつくるのに必要な安息香酸の質量を計算せよ．

練習問題 1.19

0.1311 g の安息香酸が量りとられ，メスフラスコを用いて 100 mL の溶液としたとき，この安息香酸溶液のモル濃度を計算せよ．

練習問題 1.20

濃度未知の塩化アンモニウム溶液が，0.0998 M の水酸化ナトリウム溶液を用いて標定された．この NaOH 溶液 50.0 cm^3 を，濃度未知の塩化アンモニウム溶液 25.0 cm^3 に加え，未反応の水酸化ナトリウムの量を標準 HCl による滴定で求めた．滴定の結果，塩化アンモニウム溶液を完全に中和した後，2.025×10^{-3} mol の NaOH が残っていた．塩化アンモニウム溶液の濃度を求めよ．

希釈溶液

非常に低濃度の溶液は，通常，濃度が高い**ストック**（stock，つくり置き）された溶液を希釈してつくられる†．これは，以下のような理由による．溶液が薄くなるほど，必要とされる溶質のグラム数が少なくなる．このような小さな質量を量りとる際には不正確さが大きくなる．そこで，まず不正確さが小さくてすむような適切な量の固体試薬を量りとり，濃度の高い溶液（ストック溶液）をつくり，その後，正確に体積を測定してこのストック溶液を希釈する．濃度の高い溶液を希釈して体積が大きくなった場合，溶液中の溶質のモル数が変化せず，溶液の濃度が低下しただけである．

†訳者注
当たり前のことをいっているようであるが，非常に大事なことである．希釈しても，溶質は分解などの変化を起こさないということは化学の基本であるので，確認してほしい．

例題 1.8C

0.00500 M の過マンガン酸カリウム（Ⅶ），$KMnO_4$ 溶液 500 cm^3 を，0.100 M のストック溶液を希釈してつくる．必要な $KMnO_4$ ストック溶液の体積を求めよ．

解き方

この種の問題を解くカギは，必要とされるストック溶液中の溶質（この場合は $KMnO_4$）のモル数が希釈溶液中の溶質のモル数と同じであるということである．つまり，次の式を使うことができる．$n_i = n_f$，ここで，i（initial）と f（final）は，もとの溶液と希釈溶液を表している．そして，n は各溶液中の溶質のモル数を示している．

この関係は，次のように書ける：$c_i \times V_i = c_f \times V_f$

求めなければならない体積は V_i で表されている．そして，この式に既知の数値を代入し，V_i について解く．このとき，モル単位で解くために，体積の単位を dm^3 に変換することを忘れないように．

$$V_i = \frac{c_f \times V_f}{c_i} = \frac{0.00500 \text{ mol dm}^{-3} \times 500 \times 10^{-3} \text{ dm}^3}{0.100 \text{ mol dm}^{-3}}$$

$$= \frac{2.50 \times 10^{-3} \text{ mol}}{0.100 \text{ mol dm}^{-3}} = 2.50 \times 10^{-2} \text{ dm}^3$$

$$= 25.0 \times 10^{-3} \text{ dm}^3 = 25.0 \text{ cm}^3$$

$c_f = 0.00500$ M，$V_f = 500$ cm^3，$c_i = 0.100$ M である．

例題 1.8D

0.5051 M の HCl 標準液 20.0 cm^3 をメスフラスコを用いて希釈し 500 cm^3 とする．希釈された HCl 溶液の濃度を求めよ．

解き方

この問題を解くために，$c_i \times V_i = c_f \times V_f$ の関係を使う．まず，この式を，未知数である希釈度の濃度を求めるように変形する．

$$c_f = \frac{c_i \times V_i}{V_f} = \frac{0.5051 \text{ mol dm}^{-3} \times 20.0 \times 10^{-3} \text{ dm}^3}{500 \times 10^{-3} \text{ dm}^3}$$

$$= \frac{10.10 \times 10^{-3} \text{ mol}}{500 \times 10^{-3} \text{ dm}^3} = 0.0202 \text{ mol dm}^{-3}$$

20.0 cm^3 をとり，500 cm^3 に希釈するという，この問題のように単純な希釈の問題として解けばよい．希釈後の濃度は，もとの濃度の 20.0/500 倍と薄くなっている．つまり，希釈のファクターは 0.04 である．もとの濃度に，この 0.04 をかければ，希釈後の濃度 $= 0.04 \times 0.5051$ mol dm^{-3} $= 0.0202$ mol dm^{-3} を得る．

練習問題 1.21

$Na_2S_2O_3$ のストック溶液の濃度は 0.500 M である．この溶液からとった体積，x cm^3，を 250 cm^3 のメスフラスコに入れ，水を加えて 250 cm^3 とした．希釈後の濃度を 0.100 M とするとき，必要な $Na_2S_2O_3$ のストック溶液の体積を求めよ．

1.9 容量分析

容量分析では，測定に用いた体積中の物質の量，もしくは濃度を求める．最もよく使われる容量分析法は，滴定である．この滴定は通常，酸もしくは塩基滴定，あるいは酸化還元滴定である．酸（もしくは塩基）滴定では，その終点において，酸（もしくは塩基）がもう一方の試薬により完全に中和される．酸/塩基滴定の終点では，酸のヒドロキソニウムイオン（H_3O^+，たいていは H^+ で置き換えられている）がすべて，塩基の水酸化物イオン（OH^-）と反応する．この終点は，一般に指示薬の色の変化で確認できる．

中和の全**イオン反応式**（ionic equation）は，次のようになる．

$$H^+ + OH^- \longrightarrow H_2O$$

酸の 1 モルの中和に必要な塩基（OH^-）のモル数を求めるには，まず，この量論式で左辺と右辺で各元素の量（数）が同じになるようにする（バランスをとる）ことが重要である．酸が **1 価**か，**2 価**か，あるいは **3 価**かにより，バランスをとるための係数の値が変化する．

酸化還元滴定では，酸化還元式で示された量論比で，酸化剤と還元剤が反応する．どちらか一方の試薬が使い切られたときに終点となる．また，過剰な試薬が残ることや，過剰な試薬により色が変化する指示薬により，終点に達したことがわかる．

滴定による容量分析のどのような形式の問題も，次の 3 段階で解くことができる．

ステップ 1：量論式のバランスを書きだす．

ステップ 2：濃度と体積がわかっている試薬のモル数を計算する．

ステップ 3：ステップ 2 で求めたモル数から，量論式中の試薬間の量的関係を知り，そして残りの試薬のモル数を求める．

この方法を，続く例題で確認してほしい．

例題 1.9A

水酸化ナトリウム溶液 25.0 cm^3 を 0.250 mol dm^{-3} の硫酸水溶液 27.5 cm^3 で中和した．水酸化ナトリウム溶液の濃度を求めよ．

解き方

ステップ 1：量論的なバランスをとった式を書くと，

$$H_2SO_4 + 2\,NaOH \longrightarrow Na_2SO_4 + 2\,H_2O$$

反応の量論関係がわかるように，生成する塩の正しい構造を入れるように．

量論的バランスをとった式より，1 モルの H_2SO_4 は，2 モルの NaOH と反応することがわかる．

ステップ 2：濃度と体積がわかっている試薬を探そう．この問題では，硫酸であり，酸のモル数を $n_A = c_A \times V_A$ により求めることができる．

ステップ 3：酸のモル数と塩基のモル数の関係から，塩基のモル数を求める．

$$n\,(\text{酸}) = 0.250\ \text{mol dm}^{-3} \times 27.5 \times 10^{-3}\ \text{dm}^3 = 6.875 \times 10^{-3}\ \text{mol}$$

よって，$n\,(\text{塩基}) = 2 \times 6.875 \times 10^{-3} = 13.75 \times 10^{-3}$ mol となり，

1 mol の酸に対して 2 mol の塩基が必要であるので，2 をかけている．

$n_B = c_B \times V_B$ より，$c_B = \dfrac{n_B}{V_B} = \dfrac{13.75 \times 10^{-3}\ \text{mol}}{25.0 \times 10^{-3}\ \text{dm}^3}$

$= 0.550\ \text{mol dm}^{-3}$

例題 1.9B

250 cm^3 の溶液中に 5.30 g の炭酸ナトリウムが溶けている．この溶

液を，濃度が 0.250 mol dm^{-3} の HCl で滴定した．25.0 cm^3 の炭酸ナトリウム溶液を中和するのに必要な HCl の体積を求めよ．

解き方

この問題では，先の三つのステップにもう 1 ステップ加える必要がある．それは，炭酸ナトリウムの濃度が与えられていないため，炭酸ナトリウムの使用する質量とモル質量，そして溶液の体積から濃度を求めなければならないからである．

炭酸ナトリウムの化学式は，Na_2CO_3

Na_2CO_3 の $M_r = 106$

$$n(Na_2CO_3) = \frac{5.30\ g}{106\ g\ mol^{-1}} = 0.0500\ mol$$

0.0500 mol の Na_2CO_3 が 250 cm^3 の水に溶けており，その濃度は

$$\frac{0.0500\ mol}{250 \times 10^{-3}\ dm^3} = 2.00 \times 10^{-1}\ mol\ dm^{-3} = 0.200\ mol\ dm^{-3}$$

ステップ 1：では，滴定に進み，反応の量論式を書こう．

$$2\ HCl + Na_2CO_3 \longrightarrow 2\ NaCl + H_2O + CO_2$$

この反応式から，1 モルの Na_2CO_3 に対し 2 モルの HCl が必要となることがわかる．

ステップ 2：この問題では，必要な HCl の体積を計算することを求められており，このステップまでに，Na_2CO_3 の体積と濃度を得ている．このステップでは，Na_2CO_3 のモル数を求める．

$$n(Na_2CO_3) = 25.0 \times 10^{-3}\ dm^3 \times 0.200\ mol\ dm^{-3}$$
$$= 5.00 \times 10^{-3}\ mol$$

ステップ 3：酸のモル数と塩基のモル数を合わせる．

求められる $n(HCl) = 2 \times n(Na_2CO_3)$

よって，$n(HCl) = 2 \times 5.00 \times 10^{-3} = 10.00 \times 10^{-3}\ mol$
$= 0.0100\ mol$

HCl の濃度が 0.250 mol dm^{-3} と与えられており，求める体積は，

$$V_{HCl} = \frac{n_{HCl}}{c_{HCl}} = \frac{0.0100\ mol}{0.250\ mol\ dm^{-3}} = 0.0400\ dm^3 = 40.0\ cm^3$$

例題 1.9C

硫酸鉄（II）が酸溶液中で過マンガン酸（VII）カリウムにより酸化される反応を考える．全イオン反応は，

$$5\,Fe^{2+}(aq) + MnO^-(aq) + 8\,H^+(aq)$$
$$\longrightarrow Mn^{2+}(aq) + 5\,Fe^{3+}(aq) + 4\,H_2O(l)$$

終点は，フラスコ中の溶液の色がピンクとなり，その色が消えなくなった時点である．0.0200 M の硫酸鉄（Ⅱ）25.0 cm^3 をちょうど酸化するのに必要な 0.0150 M の過マンガン酸（Ⅶ）溶液の体積を求めよ．

解き方

ステップ 1：この問題は，酸化還元滴定の問題である．この問題では，バランスがとられた全体の反応式が与えられており，この式より，1 モルの $KMnO_4$ に対し 5 モルの Fe^{2+} が必要であることがわかる．

ステップ 2：この問題では，フラスコ中の Fe^{2+} の体積とモル数が与えられている．よって，フラスコ中の Fe^{2+} のモル数を計算することができる．

$$n(Fe^{2+}) = c_{Fe} \times V_{Fe} = 0.0200\ mol\ dm^{-3} \times 25.0 \times 10^{-3}\ dm^3$$
$$= 0.500 \times 10^{-3}\ mol$$

ステップ 3：反応式から $n(MnO_4{}^-) = (1/5)n(Fe^{2+})$．よって，

$$n(MnO_4{}^-) = \frac{1}{5} \times (0.500 \times 10^{-3}\ mol)$$
$$= 0.100 \times 10^{-3}\ mol$$

$KMnO_4$ の濃度が 0.0150 M であることがわかっており，この情報から次の式により，$KMnO_4$ の体積を求めることができる．

$$V = \frac{n}{c} = \frac{0.100 \times 10^{-3}\ mol}{0.0150\ mol\ dm^{-3}} = 6.67 \times 10^{-3}\ dm^3$$
$$= 6.67\ cm^3$$

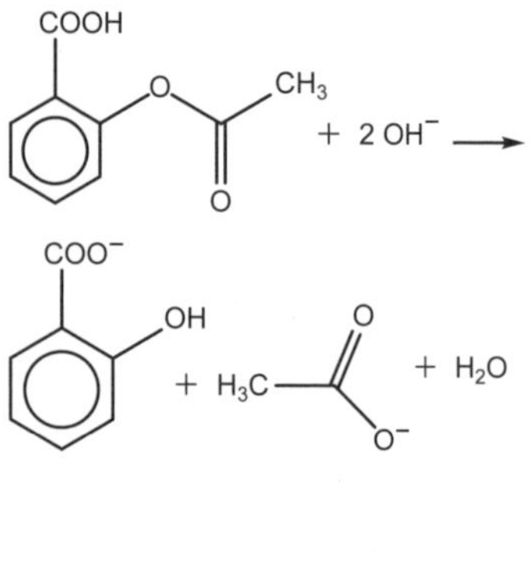

練習問題 1.22

実験室でつくられたアスピリンのパーセント純度は“逆滴定”により決定することができる．実験では，1.500 g のアスピリンを 50 cm^3 の 0.500 M NaOH に溶解した．この溶液を煮沸し，左の反応式のように完全にアスピリンを加水分解した．

得られた溶液を 0.500 M の HCl で滴定し，溶液中の過剰の水酸化ナトリウムを完全に中和するために，20.65 cm^3 の HCl が必要であった．アスピリンのパーセント純度を計算せよ．（アスピリン：$C_9H_8O_4$，$M_r = 180.15$）

練習問題 1.23

硝酸鉛（Ⅱ）〔$Pb(NO_3)_2$〕がヨウ化カリウム（KI）と反応し，ヨウ化鉛（Ⅱ）が沈殿した．

(a) 0.200 mol dm^{-3} の $Pb(NO_3)_2$ 25.0 cm^3 と完全に反応するのに必要な 0.100 mol dm^{-3} の KI の体積を求めよ．

(b) この反応は，鉛イオン（Ⅱ）の重量分析で使うことができる反応である．(a) の硝酸鉛（Ⅱ）溶液から沈殿として得られる PbI_2 の質量を求めよ．

1.10 限定試薬とパーセント収率

化学反応における**限定試薬**（limiting reagent）† とは，反応が進むなかで，最初に使い切られる反応物質である．限定試薬が完全に消費されると，反応は止まる．反応の**理論収量**（theoretical yield）とは，反応終了時に得られる生成物の量（質量，もしくはモル数）である．理論収量は，限定試薬が尽きたとき，もしくは反応が平衡に達したり，現条件下でこれ以上生成物が得られなくなったりしたときの収量であるということもできるであろう．つまり理論収量は，理想的な条件で反応が進んだとの生成物の最大収量である．

† 訳者注　限定試薬は，限定反応成分とよばれることもある．

パーセント収率（percentage yield）は，反応の実際の収量を理論収量でわり，100 倍して得られるパーセント値である．パーセント収率は，生成物のモル数，もしくは質量を使い，以下の式で計算される．

$$\text{パーセント収率} = \frac{\text{実際の収量}}{\text{理論収量}} \times 100\%$$

例題 1.10A

金属カルシウムは，次の反応式のように，酸素と反応し，酸化カルシウムをつくる．

$$2\,Ca(s) + O_2(g) \longrightarrow 2\,CaO(s)$$

Ca 4.20 g と O_2 2.80 g からつくられる酸化カルシウムの最大収量を求めよ．CaO 4.52 g 得られたとき，反応のパーセント収率を求めよ．

解き方

この問題では，化学反応式が与えられている．理論収量を計算する前に，まず，限定試薬を決める必要がある．このために，各反応物のモル数を求め，過剰になっている反応物を決めなければならない．つまり化学反応式からみて，必要とされるモル数に対して，使用しているモル数が少ないほうの試薬が反応の収率を決めることになる．

$$n(\mathrm{Ca}) = \frac{4.20\ \mathrm{g}}{40.1\ \mathrm{g\ mol^{-1}}} = 0.105\ \mathrm{mol}$$

$$n(\mathrm{O_2}) = \frac{2.80\ \mathrm{g}}{32.0\ \mathrm{g\ mol^{-1}}} = 0.0875\ \mathrm{mol}$$

化学反応式より，Ca 1 mol は，O_2 0.5 mol と反応することがわかる．よって，0.105 mol の Ca は 0.052 mol の O_2 と反応する．使用できる O_2 は 0.0875 mol であり，O_2 が過剰に存在する．つまり，金属 Ca が限定試薬となる．

化学反応式より，2 モルの Ca から 2 モルの CaO が得られることがわかる．0.105 mol の Ca から，最大で CaO 0.105 mol の収量となる．

1 モルの CaO の質量は 56.1 g である．

よって，0.105 mol の CaO の質量は $0.105 \times 56.1\ \mathrm{g\ mol^{-1}} = 5.89\ \mathrm{g}$．これが，理論収量である．

実際には，CaO 4.52 g を得ている．よって，パーセント収率は，

$$\frac{4.52\ \mathrm{g}}{5.89\ \mathrm{g}} \times 100\% = 76.7\%$$

例題 1.10B

エタン酸アンモニウム（酢酸アンモニウム，CH_3COONH_4）を過剰の氷酢酸とともに還流すると，脱水反応によりエタンアミドと水が得られる．この反応で，7.7 g のエタン酸アンモニウムから分留後，4.5 g の乾燥されたエタンアミド（酢酸アミド）が得られた．この反応のパーセント収率を求めよ．

解き方

➡出発物質と生成物が示され，脱水反応であり水が失われることも示されている．エタン酸は反応式にはでてこない．

この反応の出発物質と生成物が与えられているが，反応式自体は与えられていない．過剰の氷酢酸の存在も述べられているが，この部分に関心を払う必要はない．この問題を解く第一ステップは，化学反応式を書くことである．

$$\mathrm{CH_3CO_2NH_4} \longrightarrow \mathrm{CH_3CONH_2} + \mathrm{H_2O}$$

よって，この反応は，単純な 1：1 反応であることがわかる．出発物質のモル数を計算できれば，理論収量を求めることができる．この計算には，エタン酸アンモニウムのモル質量，$77\ \mathrm{g\ mol^{-1}}$ が必要になる．

$$n(\mathrm{CH_3CO_2NH_4}) = \frac{7.7\ \mathrm{g}}{77\ \mathrm{g\ mol^{-1}}} = 0.10\ \mathrm{mol} \qquad \text{よって，}$$

理論収量 $= 0.10$ mol のエタンアミド $= 0.10\ \mathrm{mol} \times 59\ \mathrm{g\ mol^{-1}} = 5.9\ \mathrm{g}$

実際の収量 $= 4.5$ g であり，パーセント収率 $= \dfrac{4.5\ \mathrm{g}}{5.9\ \mathrm{g}} \times 100 = 76\%$

練習問題 1.24

水素化ホウ素ナトリウム（$NaBH_4$）は，多くの有機合成反応で，工業的に用いられている．水素化ホウ素ナトリウムは水素化ナトリウムと気体状のジボラン（B_2H_6）の反応により得られる．8.88 g の水素化ナトリウムと 9.12 g のジボランの反応での $NaBH_4$ の理論収量を計算せよ．9.56 g の $NaBH_4$ が得られたときのパーセント収率を求めよ．

1.11 気体の法則

気体の物理的挙動は，四つの変数を用いて完全に記述できる．四つの変数とは，圧力（p），体積（V），温度（T），およびモル数（n）である．これらの変数は，相互依存の関係にある．つまり，この四つのうち三つの変数の値を測定すれば，残り一つの変数の値を求めることができるということである．

四つの変数の間には，三つの関係（法則）が存在している．これらは，**ボイルの法則**（Boyle's law），**シャルルの法則**（Charles's law）と**アボガドロの法則**（Avogadro's law）である．これらの法則は，変数がどのように互いに依存関係にあるのかを説明している．これらの法則については，各自の教科書で，その内容を知ることができる．ここでは，簡単に紹介し，これらの法則が，どのように気体の特性を記述するのに使われているかを示す．

ボイルの法則

温度一定のもとで，一定量の気体の圧力は，気体の体積に逆比例する．これは，次のように書かれる．

$$p \propto \frac{1}{V}$$

シャルルの法則

圧力一定のもとで，一定量の気体の体積は，気体の温度に比例する．これは，次のように書かれる．

$$V \propto T$$

ボイルの法則とシャルルの法則を合わせると，一定量の気体の圧力，体積と温度の間の関係を示すことができ，次のように書くことができる．

$$p \propto \frac{T}{V}$$

この式は次のように書き直すこともできる.

$$\frac{p_1 V_1}{T_1} = \frac{p_2 V_2}{T_2}$$

この式により，ある圧力と温度の条件下での気体の体積がほかの条件下では，どのような体積に変化するのかを求めることができる．また，ほかの変数に対しても同じように計算することができる.

例題 1.11A

273 K，1.00×10^5 Pa のアルゴンガスの体積が 0.0312 m^3 のとき，圧力 10×10^5 Pa，温度 373 K での体積を計算せよ.

解き方

この問題では，圧力と温度の初期条件下での体積が与えられ，圧力と温度を増加させたときの体積を計算することが求められている．つまり，気体の圧力，体積，温度を結びつける式を使えばいいことになる.

$$\frac{p_1 V_1}{T_1} = \frac{p_2 V_2}{T_2}$$

➡圧力が 10 倍となり，温度も上昇していることを併せて考えると，粗くみて，気体の体積は 10 分の 1 程度に小さくなる†.

†訳者注
側注のような概算ができれば，計算間違いがあった場合に気がつくので，概算する習慣をつけてほしい.

273 K での気体の情報を初期条件として（p_1，V_1，T_1）と表す．次の 373 K での条件を p_2，V_2，T_2 と表す．この問いは，圧力と温度を変化させたときの体積を求めるものであり，上の式を変化後の体積 V_2 を求める形に変形しないといけない.

$$\frac{p_1 V_1}{T_1} = \frac{p_2 V_2}{T_2}$$

は，変形されて $V_2 = \dfrac{p_1 V_1 T_2}{T_1 p_2}$ となり，与えられている値を代入すると，

$$V_2 = \frac{1.00 \times 10^5\ \mathrm{Pa} \times 0.0312\ \mathrm{m}^3 \times 373\ \mathrm{K}}{273\ \mathrm{K} \times 10.00 \times 10^5\ \mathrm{Pa}} = 4.26 \times 10^{-3}\ \mathrm{m}^3$$

初期条件と変化後の条件の両方で圧力の単位は Pa であり，温度の単位は K であるので，これらの単位は，計算の過程で消えることに注意.

理想気体

ここまでに，圧力，体積と温度の関係をみてきた式 $p \propto T/V$ は $pV/T = k$ のように書くことができる．この式の定数，k はモル気体定数，R であり，8.314 J K^{-1} mol^{-1} の値をもつ.

1 モルの理想気体についての**理想気体の法則**（ideal gas law）は，次のようになる.

$$\frac{pV}{T} = R = 8.314\ \mathrm{J\ K^{-1}\ mol^{-1}}$$

n モルの気体について，先の式は $pV/nT = R$ と書ける．この式は通常 $PV = nRT$ と書かれている．

実際には，**実在気体**（real gases）を扱うのだが，すべての気体が**理想気体**（ideal gases）であると仮定すると，すべての気体が理想気体の方程式に従うようになり，取り扱いやすくなる．理想気体とは，分子間力が働かず，分子の体積がない気体である．すべての気体が理想気体であると仮定すれば，モル気体定数，R は，すべての気体に対して，その分子の特性によらず，同じ値となる．

表 1.3 よく使われる圧力の単位の換算表

単位	記号	値
パスカル	Pa	$1\ \mathrm{Pa} = 1\ \mathrm{N\ m^{-2}}$
バール	bar	$1\ \mathrm{bar} = 1 \times 10^5\ \mathrm{Pa}$
トール	Torr	$1\ \mathrm{Torr} = 1\ \mathrm{mmHg} = 133.32\ \mathrm{Pa}$
気圧	atm	$1\ \mathrm{atm} = 1.01325\ \mathrm{Pa} = 1.013\ \mathrm{bar} = 760\ \mathrm{Torr}$

IUPAC（国際純正・応用化学連合，the International Union of Pure and Applied Chemistry）は標準気圧を 1.00×10^5 Pa（1 bar），標準温度を 273.15 K（よく使われる値は 273 K である）と定義している．

> 1 atm が，まだ使われているが，IUPAC は最近，標準気圧を 10^5 Pa と定義した．

> 標準温度 273 K は標準状態の温度，あるいは熱力学で使われる標準の周辺温度[†] 298 K とは異なる．

前に，圧力にはさまざまな単位があることをみてきた．表 1.3 によく使われる圧力の単位の間の関係（換算法）を示しておく．

例題 1.11B

標準温度・標準圧力の下での理想気体 1 モルの体積を計算せよ．

解き方

理想気体の方程式の変数，圧力・体積・温度のうち，二つの量の値がわかっていれば，残り一つの値を計算することができる．

理想気体の法則は $pV = nRT$ である．この式を，体積を求めるように変形すると，$V = nRT/p$ となる．この式に，標準温度と標準気圧，気体定数の値を代入すると，体積を計算することができる．

$$V = \frac{1\ \mathrm{mol} \times 8.314\ \mathrm{J\ K^{-1}\ mol^{-1}} \times 273\ \mathrm{K}}{1.00 \times 10^5\ \mathrm{Pa}}$$

このとき，体積を $\mathrm{m^3}$ の単位で求めるために，基本単位であるパスカルとジュールで数値を代入しなければならない．表 1.3 より，$1\ \mathrm{Pa} = 1\ \mathrm{N\ m^{-2}}$ である．これを基本単位にすると，$1\ \mathrm{kg\ m^{-1}\ s^{-2}}$ である．J を基本単位に変換すると，$1\ \mathrm{J} = 1\ \mathrm{kg\ m^2\ s^{-2}}$ となる．
よって，上の式は，次のようになる．

$$V = \frac{1\ \mathrm{mol} \times 8.314\ \mathrm{kg\ m^2\ s^{-2}\ K^{-1}\ mol^{-1}} \times 273\ \mathrm{K}}{1.00 \times 10^5\ \mathrm{kg\ m^{-1}\ s^{-2}}}$$
$$= 2269.7 \times 10^{-5}\ \mathrm{m^3} = 0.0227\ \mathrm{m^3}$$

> kg，K，mol，s という単位は計算中に消えて，体積の単位 $\mathrm{m^3}$ が残る．

$\mathrm{m^3}$ を $\mathrm{dm^3}$ に変換すると，$0.0227 \times 10^3\ \mathrm{dm^3} = 22.7\ \mathrm{dm^3}$ となる．

取り扱う気体の種類によらず，これと同じ値を体積の値として計算することになる．この値，22.7 $\mathrm{dm^3}$ は，標準圧力（1×10^5 Pa）標準温度（273 K）での気体のモル体積として知られている量である．

† 訳者注
熱力学での周辺温度とはどのような意味かについては，あとの章で熱力学を学ぶときにわかるので，ここでは詳しい説明はしない．

➡ モル体積として 22.4 $\mathrm{dm^3}$ という値のほうがなじみがあると思う．この値は，1 atm を 101 325 Pa としたときの値で，1 atm を 100 000 Pa とした値ではないので，数値に違いがでている．

気体の密度

これまでの計算では，どの気体でも1モルの体積は，ほぼ同じであった．よって，気体の密度は，そのモル質量に依存し，気体のモル質量が大きくなれば気体の密度も大きくなる．密度は，物質の質量を，その体積でわったものであり，記号としては，d がよく使われる．$d = m/V$ となる．

密度に対して d のほかに，ρ という記号も使われる†．

†訳者注
日本では密度は ρ，比重を d としている場合も多くみられる．比重とは，単位体積当たりの物体の質量を，単位体積当たりの標準物質の質量でわったものであり，単位のない量（無次元量）である．液体の場合，標準液体として水（$1\ \mathrm{cm^3} = 1\ \mathrm{g}$）がよく使われるので，密度の値＝比重の値となる．

気体では，モル密度は $d = M/V_\mathrm{m}$ となる．ここで，M は気体のモル質量であり，V_m は1モルの体積（モル体積）である．V_m の値は，同じ温度，圧力のもとで測定された場合，一定値となる．つまり，同温，同圧の条件下では，気体の密度はそのモル質量にのみ依存するわけである．

理想気体の法則を，気体の密度を求めるように変形できる．理想気体の法則は $pV = nRT$ であり，これを $n/V = p/RT$ と変形できる．

気体の密度は，上で示したように質量を体積でわったものであり，$d = m/V$ である．ここに，$m = nM$ を入れると，モル濃度（n/V）と密度の関係も導ける．

$$d = \frac{m}{V} = \frac{nM}{V} = \frac{p}{RT}M$$

この式は，温度と圧力の変化に対し，気体の密度がどのように変化するのかを示している．

例題 1.11C

標準状態 $1.00 \times 10^5\ \mathrm{Pa}$†，273 K での二酸化炭素の密度を計算せよ．

†訳者注
$\mathrm{J = N\,m = kg\,m\,s^{-2}\,m}$
$\mathrm{= kg\,m^2\,s^{-2}}$

解き方

密度は，気体の質量をその体積でわったものである．理想気体の法則を使い体積を計算することができる．気体のモル数，n は m/M であり，理想気体の式で n を m/M で置き換えると，$pV = nRT = mRT/M$ となる．

気体の密度を計算するために，m/V を求められるよう上の式を変形すると

$$d = \frac{m}{V} = \frac{pM}{RT}$$

どの気体についても，気体の化学式と原子質量から分子質量を求めることができる．この問題の気体は CO_2 なので，分子質量は $44.0\ \mathrm{g\,mol^{-1}}$ である．上記の気体密度の式に，各変数や定数の値を入れて，

$$d = \frac{1.00 \times 10^5\ \mathrm{kg\,m^{-1}\,s^{-2}} \times 44.0 \times 10^{-3}\ \mathrm{kg\,mol^{-1}}}{8.314\ \mathrm{J\,K^{-1}\,mol^{-1}} \times 273\ \mathrm{K}} = 1.94\ \mathrm{kg\,m^{-3}}$$

（あるいは $\mathrm{g\,dm^{-3}}$）$= 1.94\ \mathrm{g\,dm^{-3}}$

式の分子と分母に kg の単位があり，分子の一方の kg が消える．この種の計算では，代入した数値の単位が計算中に変わると厄介なので，モル質量の単位を $\mathrm{kg\,mol^{-1}}$ に変換して計算するのがよい．

練習問題 1.25

5.0 気圧，27 ℃での酸素分子の密度を計算せよ．

練習問題 1.26

57 ℃，25.5 kPa で気体の密度が 1.23 g dm^{-3} であった．この物質の分子質量を計算せよ．

気体の混合

異なる種類の気体を容器中で混合した場合，混合気体は純粋な気体のように振る舞う．容器中の各気体は，おのおのの圧力をもっている．各気体の圧力は，それぞれの気体の量に正比例し，理想気体の法則に従う．同じ容器内の気体については，どの成分気体も同じ体積と同じ温度の条件となる．

混合気体中，各気体の圧力は分圧とよばれる．混合気体の各成分気体の分圧は，単独でその容器に入れられている場合の圧力と定義されている．混合気体のすべての気体で示す全圧は，ここの気体の分圧の合計に等しい．3 種類の気体 A，B，C からなる混合気体があり，各成分気体の分圧を p_A，p_B，p_C とすると，全圧は $p_T = p_A + p_B + p_C$ となる．この関係は**ドルトンの分圧の法則**（Dalton's law of partial pressures）として知られている．

気体の全圧の計算には，分圧の測定，もしくは計算を行わなければならない．気体の分圧は，その気体のモル分率，X，と全圧，p_T，の積であると定義されている．気体のモル分率は，混合気体中に存在するその気体のモル数を全モル数でわったものと定義されている．よって，合計 N モルの分子などからなる気体中に，n_A モルの気体 A が存在する場合，A のモル分率は $X_A = n_A/N$ となる．A の分圧，p_A は，$X_A \times p_T$ となる．

例題 1.11D

乾燥空気 1.00 g が，0.75 g の窒素と 0.25 g の酸素からなっている．全圧が 1 atm の場合，この試料の窒素と酸素の分圧を計算せよ．

解き方

分析の結果より，混合気体中の個々の成分気体の質量はわかっているが，モル数はわかっていない．第一ステップとして，各成分気体のモル質量で各成分気体の質量をわって，モル数に変換する必要がある．

$$n(N_2) = 0.75\ \mathrm{g}/28\ \mathrm{g\ mol^{-1}} = 0.027\ \mathrm{mol}$$
$$n(O_2) = 0.25\ \mathrm{g}/32\ \mathrm{g\ mol^{-1}} = 0.0078\ \mathrm{mol}$$

混合気体の全モル数は $N = 0.027 + 0.0078 = 0.0348$ mol となる．

各成分気体の分圧は，$p_A = X_A \times p_T$ となる．

よって，窒素の分圧は，$p_{N_2} = (0.027/0.0348) \times 1\ \mathrm{atm} = 0.78\ \mathrm{atm}$

酸素の分圧は，$p_{O_2} = (0.0078/0.0348) \times 1\ \mathrm{atm} = 0.22\ \mathrm{atm}$ となる．

練習問題 1.27

火星は，おもに二酸化炭素（95.32%）からなり，窒素（2.75%）とアルゴン（1.93%）を含む大気をもっている．この値は，火星の大気中の各気体の質量のパーセント値である．火星の大気圧は，だいたい 600 Pa である．各気体のモル分率と分圧を計算せよ．

練習問題 1.28

10.0 dm^3 の容器中に 2.00 g の H_2(M_r = 2.016)，10.00 g の N_2(M_r = 28.01)，12.0 g の Ar（M_r = 39.95）からなる混合気体が入れられている．273 K における，混合気体の全圧を求めよ．ここで，$R = 0.08205\ dm^3\ atm\ K^{-1}\ mol^{-1}$ である．

練習問題 1.29

同じ質量のメタンと二酸化炭素が密閉容器に入れてある．この混合気体中，メタンの分圧は 0.350 atm である．二酸化炭素の分圧と，各気体のモル分率を計算せよ．

188 ページの演習問題に進み，この章のいくつかのテーマの解説や例題，練習問題で学んだ概念や問題解決戦略を使い，正解を目指して挑戦してほしい．解答は本書の巻末に掲載し，詳細な解答は化学同人のホームページでみることができる．

https://www.kagakudojin.co.jp/book/b590150.html

2 熱力学

2.1　エネルギー変化

この節で取りあげるテーマの解説を始める前に，熱力学全般の理解に役立つ用語がいくつかあり，まず，その解説をする．

系と外界

化学反応において，**系**（system）とは，研究対象とされている反応であり，**外界**（surroundings）とは，系の周囲にある空間（系以外の部分）のことである．系と外界を合わせると，**宇宙**（universe）となる．**物質**（matter）と**エネルギー**（energy）の移動の形態により，系にはいくつかの異なった型がある．

物質を熱力学的に理解することは，比較的容易である．われわれが，物質をみることができるからである．しかし，エネルギーについては，それほど簡単ではない．エネルギーが，熱や仕事といった形をとるからである．

- 熱としてのエネルギー移動は，温度に差があるときに生じる．
- ある力に対応するようなときに，仕事がなされる．たとえば，気体が発生するときや，外圧に対して膨張するときである．大気により系が押され，系のなかの気体成分が圧縮されるとき，仕事がなされることになる．

開放系（open system）では，系と外界の間の物質，およびエネルギーの交換が許されている．たとえば，沸騰しているビーカーのなかの水である．**閉鎖系**（closed system）の一つの例は，反応の止まった容器である．ここでは，系と外界の間で物質の交換は許されないが，熱の形でエネルギーを得たり失ったりしている．**孤立系**（isolated system）は系と外界の間で，物質あるいはエネルギーの交換のない系の一つである．たとえば，きっちりと蓋がされた真空フラスコである．

例題 2.1A

次の系は，**開放系**（open），**閉鎖系**（closed），**孤立系**（isolated）のいずれであるかを答えよ．

(a) レモネードの密閉容器　　(b) 断熱されたクーラーボックス

(c) 地球

解き方

(a) 系と外界の間で，エネルギーだけを交換できる閉鎖系である．容器が密閉されているので，物質（レモネード）を系から取りだし，外界に置くことができない．

(b) クーラーボックスが完全に断熱されているとすると，理論的には孤立系となる．

(c) 物質とエネルギー，両方とも系が絶えず得たり失ったりしており，開放系となる．

練習問題 2.1

次の系は，開放系（open），閉鎖系（closed），孤立系（isolated）のいずれか．

(a) 還流中の反応　(b) 蓋つきの茶のポリスチレン容器

(c) 懐中電灯などに使う電池　(d) しっかり密閉された圧力鍋

状態関数と経路関数，示強性と示量性

状態関数（state function）は，系の特性のなかで系の現在の状態にのみ依存（現在の状態だけで，その値が決まる）し，そこに至るまでの経路に依存しない（経路が違っても，同じ値になる）という特性として定義される．状態関数の例として，質量，色，圧力やエネルギーがある．

経路関数（path function）は，系の特性のなかで系の状態とその状態に至る経路に依存する（経路が違えば，値も異なる）特性である．熱と仕事という二つの重要な経路関数がある．

示強性（intensive property）は，物質の量に依存しない（量が変わっても，その値が変化しない）性質であり，**示量性**（extensive property）は依存する（量に比例して値が変化する）性質である．二つの示量性の変数があるとし，一方の示量性変数をもう一方の示量性変数でわると，得られた変数は示強性変数となる．

例題 2.1B

次の量は，**示強性**か**示量性**か．

(a) 密度　(b) 体積　(c) 濃度　(d) 圧力

解き方

(a) 密度は示強性である．物質の量に関係なく，密度は一定であるからである．密度は，質量を体積でわったもの（質量も体積も示量性変数である）であり，得られる密度は示強性となる．

(b) 体積は示量性である．物質の量に応じて，体積は増えるからである．すなわち，物質の量が増えれば，体積は増える．

(c) 濃度は示強性である．均一溶液では，濃度は一定であるからである．

(d) 気体の圧力は示強性である．圧力は，気体の量に関係なく一定であるからである．気体の量に関係なくという意味は，一定体積の容器のなかで，一定量の気体の圧力をどこで測定しても，同じ圧力となるということである[†1]．圧力はそこにかかる力を面積でわったものである．力と面積は，ともに示量性変数であり，その比は示強性となる．

†1 訳者注
圧力の説明で，下線の文章がわかりにくいと思う．「容器の体積が変化せず，気体の容器への出入りがあっても容器内の気体量が一定なら，圧力は，容器内のどこで測っても同じである」といっている．容器内の気体の量が変化すると圧力も変化する．これは，理想気体の法則からすぐにわかってもらえると思う．

練習問題 2.2
次の関数は，状態関数か経路関数か．
(a) 塩化カリウムの生成エンタルピー　(b) 氷の塊の温度
(c) 標準状態のメタン 1 mol の体積
(d) ビーカーのなかの水の温度を 20 ℃から 30 ℃に上げるのに必要な熱量

練習問題 2.3
次の量は，示強性か示量性か．
(a) 温度　(b) エネルギー　(c) 運動量　(d) 電荷

2.2 内部エネルギー，U

系の**内部エネルギー**（internal energy），U，は，その系内の全エネルギーであり，状態関数である．内部エネルギーは各種エネルギーの総計である．各種エネルギーには，運動エネルギー，振動エネルギー，回転エネルギー，ポテンシャルエネルギー[†2]などがある．

†2 訳者注
高校の物理では，ポテンシャルエネルギーは位置エネルギーとして説明されているが，大学の科学（自然科学全般と考えてもらえればいい）でのポテンシャルエネルギーは，位置エネルギーだけでなく，より広い概念のエネルギーと捉えられている．

反応を考えてみると，エネルギーはある形態から，別の形態に変化することがありうる．仕事として使われることもありうるが，新しく生みだされたり，逆に，なくなったりはしない．系から失われたエネルギーは，外界が受け取ることになり，またこの逆も成り立つ．

➲エネルギーは生みだされも消滅もしない．ただ，ある形態から別の形態に変化するだけである，と**熱力学第一法則**（the first law of thrmodynamics）は教えている．

熱力学第一法則を表現する一つの形は，次の式を使う方法である．

内部エネルギー変化　系になされた仕事

$$\Delta U = q + w$$

系に流れ込んだ熱量

この式は，閉鎖系において，熱の移動，q，と仕事，w，に伴うエネルギー変化の合計が内部エネルギー，ΔU，変化となることを教えている．気体のかかわる化学反応では，仕事は気体が外圧に対して膨張することでなされる膨張仕事である．この場合，系の体積が増加する．そして，仕事は外圧，p_{ext}，と体積の変化，ΔV，の積となる．

➲熱が系に流れ込んだ場合，q は正となり，仕事が系になされた場合，w は正となる．

$$仕事 = w = -p_{ext}\Delta V$$

➲右辺にマイナスがついているのは，系がエネルギーを失ったことを示す．これは，ΔV が正の場合，系が膨張し，外圧に対して仕事を行うからである．

反応が，体積一定（$\Delta V = 0$）の条件（定容条件）下で行われている場合，エネルギー変化は熱の移動のみによって発生する．

$$\begin{aligned}\Delta U &= q + w \\ &= q - p_{\mathrm{ext}}\,\Delta V \\ &= q - (p_{\mathrm{ext}} \times 0) \\ &= q - 0 \\ &= q\end{aligned}$$

定容条件での熱移動は q_{v} と表され，この条件での内部エネルギー変化と同じ値となる．

例題 2.2A

反応が進行し，1.23 kJ の熱が放出され，235 J の仕事が外界になされた．この反応による ΔU を求めよ．

解き方

内部エネルギーの変化を，反応による熱の移動と仕事で表すと，次のようになる：$\Delta U = q + w$

以下の式のように，上の ΔU の式の q と w に適切な値を代入する．このとき，以下の式中に示したように，単位と符号に注意しなければならない．

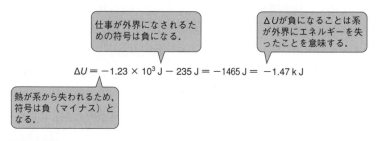

仕事が外界になされるための符号は負になる．

ΔUが負になることは系が外界にエネルギーを失ったことを意味する．

$$\Delta U = -1.23 \times 10^3\ \mathrm{J} - 235\ \mathrm{J} = -1465\ \mathrm{J} = -1.47\ \mathrm{kJ}$$

熱が系から失われるため，符号は負（マイナス）となる．

例題 2.2B

➔系の反応物質は，内部エネルギーをもっており，これが熱エネルギーや全エネルギーや仕事に変換される．また，反応による全内部エネルギー変化は，反応が定容条件で進むのか，定圧条件で進むのかによらず，同じ値とならなければならない．この値が，解答の最初の部分で，+8.69 kJ と計算された．

反応が定容条件で進行し，8.69 kJ の熱を吸収した．また，定圧条件の場合は 8.15 kJ の熱を吸収した．反応による ΔU を求めよ．また，定圧条件で反応が進行したときの仕事を求めよ．

解き方

反応が定圧条件で進むとき，膨張仕事は，反応により発生する気体によってなされる．

もう一度，次の式を使う：$\Delta U = q + w$

定容条件の場合は，系の膨張仕事はなされず，$w = 0$ となる．よって ΔU は，定容条件のデータから求めることができる．

$$\Delta U = +8.69\ \mathrm{kJ} + 0 = +8.69\ \mathrm{kJ}$$

q の値が正であり，これは熱が系に吸収されたことを示している．

定圧条件では，系による仕事がなされる．$\Delta U = q + w$ に $\Delta U =$

$+8.69$ kJ と $q = +8.15$ kJ を代入すると，

$$+8.69\ \mathrm{kJ} = +8.15\ \mathrm{kJ} + w$$

この式の両辺から 8.15 kJ をひいて，w を求めるように変形すると，

$$w = +8.69\ \mathrm{kJ} - 8.15\ \mathrm{kJ} = +0.54\ \mathrm{kJ}$$

➡定圧条件では，系は少しの熱（8.15 kJ）を吸収する．この値と全内部エネルギー変化の差は 0.54 kJ であり，これは系によりなされた仕事となる．w が正であることは，系に仕事がなされたことを示している．たとえば，圧縮である．

練習問題 2.4

反応で，2.87 kJ の熱が吸収され，系が 445 J の仕事を外界に行った．反応による内部エネルギー変化を計算せよ．

練習問題 2.5

定容条件での反応で，46.9 kJ の熱が放出される．同じ反応を定圧条件で行うと，45.8 kJ の熱が放出される．定圧条件で反応を行うとき，系のする仕事を求めよ．

気体のする膨張仕事の計算

一定圧力に対する仕事

図 2.1 のように，ガスシリンジなどのなかの気体が一定の圧力に対して膨張し，ピストンが外圧または大気圧に対して押し戻されたとき，系は仕事をするという．系は仕事によりエネルギーを失うので，系の内部エネルギーは減少する．全仕事量は外圧（p_{ext}）と全体積変化がわかれば計算することができる．

$$w = -p_{\mathrm{ext}}\,\Delta V$$

変化する外圧に対しての仕事―可逆等温膨張

上の例では，外圧は一定であった．変化する外圧に対して気体が膨張するときに，可逆膨張が起こり，変化する外圧に対して一定温度のもとで気体が膨張するときに，可逆等温膨張が起こる．等温膨張では，その膨張に伴い気体の圧力は低下する．反応が可逆的であるということは，気体の体積の増加に伴い，外圧も減少するということである．よって外圧の変化に伴い，気体のする仕事も変化する．

➡変数（たとえば圧力）の微小な変化によってもとに戻すことができるような変化を，可逆的変化とよぶ．

微小仕事は，どの時点でも，次の式のように表される．

$$\mathrm{d}w = -p_{\mathrm{ext}}\mathrm{d}V$$

系が膨張し，体積が微小量，$\mathrm{d}V$，変化したとき，微小な仕事，$\mathrm{d}w$，がなされることをこの式は表している．またどの段階でも外圧は，そのときのシリンジ内の気体の圧力，p，と同じである．

ここで $\mathrm{d}V$ は，そのときの外圧に対する小さな体積変化であることを表している．可逆膨張では，シリンジ内の気体の膨張に伴い外圧も変化し，圧力と体積の間には次の式のような関係がある：$pV = nRT$．よって，$p = nRT/V$ となる．

➡Δ という記号が d に置き換えられているとき，ごく小さな変化（微小変化）であることを表している．

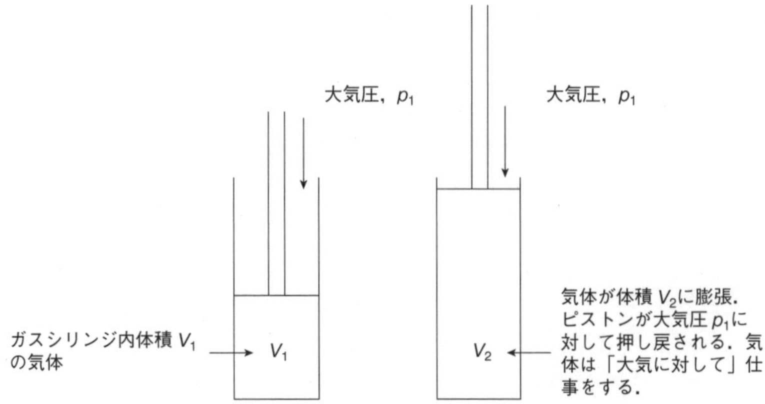

図 2.1　ガスシリンジ中の気体の一定圧力下での膨張

先の微小仕事の式の圧力を p とすると，この式は次のようになる．

$$\mathrm{d}w = -\frac{nRT\mathrm{d}V}{V}$$

膨張の開始時の体積から終了時の体積までを体積変化の区間として積分すると，気体のする全仕事は次式のように表すことができる．

$$w = -\int_{V_{\text{initial}}}^{V_{\text{final}}} \frac{nRT\mathrm{d}V}{V} = -nRT\int_{V_{\text{initial}}}^{V_{\text{final}}} \frac{\mathrm{d}V}{V} = -nRT\ln\frac{V_{\text{final}}}{V_{\text{initial}}}$$ †1

n，R，T は一定であると扱うことができ，$\mathrm{d}V/V$ を示された区間で定積分する．

$\mathrm{d}V/V$ の積分は，$\ln V$ である．ln は自然対数であることを示している．

例題 2.2C

定圧条件（1.50 atm）で，気体が 750 cm³ 膨張した†2．系がした仕事を計算せよ．

解き方

この問題では，気体が外圧に対して膨張することがわかっている．つまり，系は仕事をすることが示されている．外圧が一定なら，仕事は $w = -p\Delta V$ で計算できる．

$$w = -1.50\ \text{atm} \times 750\ \text{cm}^3$$

ここで，J 単位で答をだそうとしているので，数値の単位を確認する必要がある．

- 圧力の SI 単位は Pa であり，1 気圧（atm）は 101 325 Pa となる．よって，atm 単位の数値に 101 325 Pa atm^{-1} をかけると，Pa 単位の圧力に換算できる．
- 体積は cm^3 単位であり，m^3 単位に変換しなければならない．
- 1 m は 100 cm であり，1 m^3 は 10^6 cm^3 である．
- よって体積に 10^{-6} をかけると，m^3 単位に換算できる．

$$w = -1.50 \times 101\,325\ \text{Pa} \times 750 \times 10^{-6}\ \text{m}^3$$

†1 訳者注
最初の状態を initial，最後の状態を final で表している．

†2 訳者注
この問題では，膨張した体積が 750 cm³ であり，膨張により 750 cm³ となったのではないことに注意．

Pa の定義は kg m^{-1} s^{-2} であるので，

$$w = -1.50 \times 101\,325\ \mathrm{kg\ m^{-1}\ s^{-2}} \times 750 \times 10^{-6}\ \mathrm{m^3}$$
$$= -113\,990\,625 \times 10^{-6}\ \mathrm{kg\ m^2\ s^{-2}} = -114\ \mathrm{J}$$

電卓では 9 桁の答えがでるが，与えられたデータの有効数字が 3 桁であるので，答えは −114 J とした．

J の定義は kg m^2 s^{-2} であるので，答えは $w = -114$ J となり，有効数字は 3 桁である．

➡解答にあるより簡単に，単位を換算する方法として，1 Pa = 1 J m^{-3} という関係を使う方法がある．体積を m^3 に変換し，Pa を J m^{-3} とすると，以下のように，m^3 が消える．

$$w = -1.50 \times 101\,325\ \mathrm{Pa} \times 750 \times 10^{-6}\ \mathrm{m^3} = -1.50 \times 101\,325\ \mathrm{J\ m^{-3}} \times 750 \times 10^{-6}\ \mathrm{m^3} = -114\ \mathrm{J}$$

例題 2.2D

5.00 mol のアルゴン（理想気体とする）が，可逆的および等温的に，$T = 298$ K で体積が 50 L から 100 L に膨張した．系のする仕事，系の内部エネルギー変化，および系が得るまたは失う熱を計算せよ．
ただし，$R = 8.314$ J K^{-1} mol^{-1} とする．

解き方

可逆等温膨張であるので，アルゴンの膨張に応じて外圧が変化し，仕事の計算に次の式を使うことができる．

$$w = -nRT \ln \frac{V_{\mathrm{final}}}{V_{\mathrm{initial}}}$$
$$w = -5.00\ \mathrm{mol} \times 8.314\ \mathrm{J\ K^{-1}\ mol^{-1}} \times 298.15\ \mathrm{K} \times \ln \frac{100\ \mathrm{L}}{50\ \mathrm{L}}$$
$$= -12394.1\ \mathrm{J} \times 0.693 = -8587\ \mathrm{J} = -8.59\ \mathrm{kJ}$$

よって系の仕事は 8.59 kJ となる．この膨張が等温過程のものなので，系の内部エネルギー変化は 0 である．

また，等温膨張であるので，膨張により失われる熱は外界より得る熱で補われ温度を保つのに使われる．つまり，温度を一定に保つために，気体は 8.59 kJ の熱を吸収しなければならない．

練習問題 2.6

体積 5.00 L の気体が，300 K，2.00 atm でピストンのなかに入れられている．次のおのおのの過程での系のなす仕事を計算せよ．

(a) 1.00 atm の一定圧力の外圧に対して，最終体積 7.00 L になるまで，不可逆的に膨張する．

(b) 最終体積 7.00 L になるまで，可逆等温的に膨張する．

練習問題 2.7

25 ℃，2.50 atm で体積 3.00 dm^3 のシリンダー中に気体が入れられている．このシリンダーは，気体がもれないように密着したピストンをもっている．この気体が，次の二つの経路で 7.50 dm^3 になるまで膨張する．一つ目の経路は，可逆等温膨張である．二つ目の経路は，次のような 2 段階の膨張である．1 段階目は，体積を一定に保ちながら，2.00 atm になるまで気体を冷却する．2 段階目は，

2.00 atm の一定圧力の外圧に対し，7.50 dm^3 になるまで膨張する．おのおのの経路でなされる仕事を計算せよ．

➡定圧条件では，気体を含む系は大気に対して膨張する．系は膨張仕事を行うわけであり，系のエネルギーが失われる．つまり，系の内部エネルギー，U，が失われることになる．このような反応に伴う熱が反応のエンタルピー変化，ΔH，である．気体を含まない，ほとんどの系に対して，ΔH は q に等しい．気体を含む系に対しても，定圧条件下なら，$\Delta H = q$ である（このことは，系が膨張もしくは収縮することができることを意味している）．

2.3 エンタルピー変化

系の**エンタルピー**（enthalpy）変化，ΔH，は定圧条件での系と外界との間を移動する熱と定義される．次の式のようになる．

$$\Delta H = \Delta U + p\Delta V$$

前の節で，$\Delta U = q + w$，$w = -p\Delta V$ であることを学んだ．ΔU を $q - p\Delta V$ で置き換えると，エンタルピー変化，ΔH，の式を得ることができる．

$$\Delta H = q - p\Delta V + p\Delta V = q$$

つまり，定圧下では $\Delta H = q$ となる．

例題 2.3A

RDX は，シクロトリメチレントリニトラミンという化学名をもち，$C_3N_3(NO_2)_3H_6$ という化学式で表される爆薬である．RDX は次の反応式により爆発する．

$$C_3N_3(NO_2)_3H_6(s) \longrightarrow 3\,N_2(g) + 3\,H_2O(g) + 3\,CO(g)$$

この反応のエンタルピー変化は −1251 kJ である．すべての発生する気体は理想気体であり，反応は 298 K で進行したとして，以下の量を計算せよ．

(a) 1.0 mol の RDX が爆発したとき，仕事に変わったエネルギー
(b) 1.0 mol の RDX が爆発したときの内部エネルギー変化

解き方

(a) これまでに示したように，体積変化と圧力から気体が生成される際の仕事を計算することができる．

$$w = -p\Delta V$$

すべての気体が理想気体であると仮定できるので，理想気体の式を使うことができる．

$$pV = nRT$$

体積変化に圧力をかける際，Δ という記号をつける．この記号は，‘全体の変化’ を意味する．理想気体の式の両辺に Δ 記号をつけると，

$$\Delta pV = \Delta nRT$$

温度と圧力が一定なら，これらの変数は変化しない．式のなかで変化する変数は体積と気体のモル数である．よって ΔV，Δn となり，p，R，T は一定である．上記の式は，次のようになる．

$$p\Delta V = \Delta n_{\text{gas}}RT$$

$w = -p\Delta V$ なので，式は

$$w = -\Delta n_{\text{gas}}RT$$

となる．この例題の反応では，反応式の反応物側には気体はなく，生成物側で気体が 9 モル生成される．よってモル数の変化，Δn は 9 となり，

$$w = -9.0\ \text{mol} \times 8.314\ \text{J K}^{-1}\ \text{mol}^{-1} \times 298\ \text{K} = -22\ 298\ \text{J} = -22\ \text{kJ}$$

計算結果が負になっていることから，RDX の爆発において，気体生成に伴う膨張仕事により 22 kJ の内部エネルギーが失われることがわかる．
(b) 定圧条件での内部エネルギー変化は，次の式を使って計算を行う．

$$\Delta U = q + w$$

符号が正しいことを確認するよう（w をたすこと）に注意すること．

定圧条件での RDX の爆発で，1 モル当たりの反応のエンタルピー変化（ΔH）は q，-1251 kJ に等しいことを思いだしてほしい．上の内部エネルギーの式に，q と w の値を入れると，内部エネルギー変化は，

$$\Delta U = q + w = -1251\ \text{kJ} + (-22\ \text{kJ}) = -1273\ \text{kJ}$$ となる．

➔エンタルピー変化は発熱反応であり，系が仕事をしているので，q および w とも負になる．

例題 2.3B

0.001 mol の過酸化水素の分解を考える．この反応が，1 気圧，273 K で触媒（MnO_2）を使って行われるとき，反応のエンタルピー変化と内部エネルギー変化との違いはどの程度か．

解き方

$\Delta H = \Delta U + p\Delta V$ である．

定圧条件での，エンタルピー変化（ΔH）と内部エネルギー変化（ΔU）の差は，$\Delta H = \Delta U + p\Delta V$ を変形して，$\Delta H - \Delta U = p\Delta V$ となる．まず，この反応式を書いてみると，

$$2\,H_2O_2(l) \longrightarrow 2\,H_2O(l) + O_2(g)^{\dagger}$$

物質の状態を表す記号は，非常に重要である．過酸化水素は液体であり，また生成する水も液体である．

この反応の量論式より，各物質の量論的関係が 2：2：1 であることに注意が必要である．0.001 mol の過酸化水素を反応に使ったとすると，反応の量論から 0.0005 mol の酸素が発生することがわかる．この気体（酸素）は大気圧に対して膨張し，この膨張に応じた仕事をする．生成物（酸素）の圧力と体積変化を計算すると，系のなす仕事を求めること

† 訳者注
物質についた記号，g はその物質が気体であることを示している．l は液体，s は固体であることを示している．

ができる.

$$\Delta H - \Delta U = p\Delta V \qquad p\Delta V = (\Delta n)RT$$

反応開始前には，気体はなく，反応終了時に 0.0005 mol 生成するので $\Delta n = +0.0005$ となる．よって，

$$p\Delta V = (\Delta n)RT = 0.0005\ \mathrm{mol} \times 8.314\ \mathrm{J\ mol^{-1}\ K^{-1}} \times 273\ \mathrm{K}$$
$$= 1.135\ \mathrm{J}$$

ΔH と ΔU の差は，$\Delta H - \Delta U = p\Delta V$ であるから，発生する酸素 0.0005 mol に対して $\Delta H - \Delta U = 1.135$ J となる．1 モルの気体に対して，ΔH と ΔU の差は，次のようになる.

$$\frac{1.135\ \mathrm{J}}{0.0005\ \mathrm{mol}} = 2270\ \mathrm{J\ mol^{-1}} = 2.27\ \mathrm{kJ\ mol^{-1}}$$

練習問題 2.8

0.050 mol の炭酸水素ナトリウムを 0.10 M の硫酸で処理すると，二酸化炭素（気体）が発生する．この反応の内部エネルギー変化とエンタルピー変化の差を計算せよ．ただし，この反応は 1.00 気圧の定圧下，298 K で行われたとする.

2.4 ヘスの法則

ヘスの法則（Hess's law）は，熱力学第一法則を表すもう一つの方法である[†].

ヘスの法則は，次のことを教えている.

反応の全エンタルピー変化は反応が進むどの経路ででも，最初と最後の状態が同じであるなら，その経路に依存しない.

実験的に測定することが困難な，あるいは不可能な反応のエネルギー変化を，この法則により計算することができる.

化学反応におけるエンタルピー変化を $\Delta_r H^\ominus$ で表す.

プリムソル記号（$\ominus$）は反応の標準エンタルピー変化であることを示している. つまり，反応が標準状態下で進んでいるときのエンタルピー変化であることを意味している.

物質の**標準状態**（standard state）とは，1 bar の圧力下での純物質に対しての状態である.

例題 2.4A

次のデータを使い，シクロプロパン（C_3H_6）の開裂反応の標準エンタルピー変化を求めよ.

† 訳者注
ここまでは，熱力学第一法則は $\Delta U = q + w$ として表されていた．この表現方法に加え，ヘスの法則でも表すことができるわけである.

➡ 標準状態（$\ominus$）は 1 bar（1.00×10^5 Pa）の圧力下での状態であり，反応物も生成物も標準状態にある．$\Delta_r H^\ominus$ の値は通常 298 K でのものである.

➡ 物質の標準生成エンタルピー（$\Delta_f H^\ominus$）とは，その物質 1 モルがその構成原子から，標準状態でつくられるときのエンタルピー変化である.

シクロプロパンの生成エンタルピー：$\Delta_f H^{\ominus} = +53.3\ \mathrm{kJ\ mol^{-1}}$
炭素（グラファイト）[†] の燃焼エンタルピー：$\Delta_c H^{\ominus}[\mathrm{C(gr)}] = -393.5\ \mathrm{kJ\ mol^{-1}}$
水素の燃焼エンタルピー：$\Delta_c H^{\ominus}[\mathrm{H_2(g)}] = -285.8\ \mathrm{kJ\ mol^{-1}}$

† 訳者注 炭素（グラファイト）は C(gr) と表される．

解き方

まず，エンタルピー変化を計算しようとしている反応式を書く．

$$\mathrm{C_3H_6(g)} + \frac{9}{2}\mathrm{O_2(g)} \longrightarrow 3\,\mathrm{CO_2(g)} + 3\,\mathrm{H_2O(l)} \quad \Delta_c H^{\ominus}[\mathrm{C_3H_6(g)}] \qquad (2.1)$$

$\Delta_c H^{\ominus}[\mathrm{C_3H_6(g)}]$ は，いま計算しようとしているエンタルピー変化である．図 2.2 の三角形の一つ目の辺となる．

式（2.1）の反応物〔$\mathrm{C_3H_6(g)} + 9/2\,\mathrm{O_2(g)}$〕と生成物〔$3\,\mathrm{CO_2(g)} + 3\,\mathrm{H_2O(l)}$〕は，図 2.2 のヘスの法則の三角形の二つの頂点にあたる．

問題文で，シクロプロパンの生成エンタルピーが与えられているので，標準状態での炭素原子と水素原子をヘスの法則の三角形の第三の頂点に置き，シクロプロパンの生成エンタルピーを図 2.2 に示す三角形の二つ目の辺とする．この反応は，次の式（2.2）となる．

$$3\,\mathrm{C(gr)} + 3\,\mathrm{H_2(g)} \longrightarrow \mathrm{C_3H_6(g)} \quad \Delta_f H^{\ominus}[\mathrm{C_3H_6(g)}] \qquad (2.2)$$

炭素と水素の燃焼反応のエンタルピーの情報を組み込んで，ヘスの法則の三角形が完成した．これが三角形の三つ目の辺となる．

$$\mathrm{C(gr)} + \mathrm{O_2(g)} \longrightarrow \mathrm{CO_2(g)} \quad \Delta_c H^{\ominus}[\mathrm{C(gr)}] \qquad (2.3)$$

$$\mathrm{H_2(g)} + \frac{1}{2}\mathrm{O_2(g)} \longrightarrow \mathrm{H_2O(l)} \quad \Delta_c H^{\ominus}[\mathrm{H_2(g)}] \qquad (2.4)$$

量論を合わせるため，式（2.3）と（2.4）を 3 倍し，図 2.2 に示されるようにしなければならない．

これで，3 モルの炭素と 3 モルの水素分子から始まり，3 モルの $\mathrm{CO_2}$ と 3 モルの $\mathrm{H_2O}$ を生成する二つの経路を得たことになる．一つの経路〔式（2.3）と（2.4）〕は，燃焼により，直接，3 モルの $\mathrm{CO_2}$ と 3 モルの $\mathrm{H_2O}$ を得る経路である．また，二つ目の経路は，まず 1 モルの

➡この種の問題の目的は，ヘスの法則による三角形をつくることである．エンタルピーに関しての三角形をつくることができれば，同じ反応物から同じ生成物に異なる二つの経路で変化させ，各経路のエンタルピー変化を等しいとすることができる．ヘスの法則の基礎である．

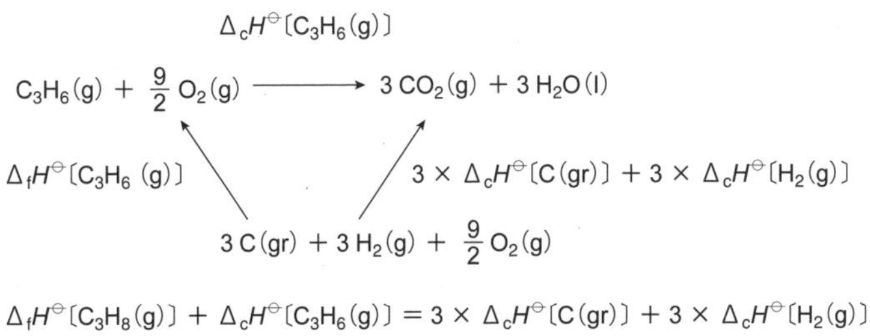

図 2.2 例題 2.4A のエンタルピーサイクル

C_3H_6 となり，それからこの C_3H_6 の燃焼により，3 モルの CO_2 と 3 モルの H_2O を得る間接的な経路である〔式 (2.1)〕．ヘスの法則から，この二つの経路のエンタルピー変化が等しいことがわかっており，

$$\Delta_f H^{\ominus}〔C_3H_6(g)〕+ \Delta_c H^{\ominus}〔C_3H_6(g)〕$$
$$= 3 \times \Delta_c H^{\ominus}〔C(gr)〕+ 3 \times \Delta_c H^{\ominus}〔H_2(g)〕$$

となる．また，求めたいエンタルピー変化は $\Delta_c H^{\ominus}(C_3H_6)$ であり，これを求める形に，上の式を変形すると，

$$\Delta_c H^{\ominus}〔C_3H_6(g)〕= 3 \times \Delta_c H^{\ominus}〔C(gr)〕$$
$$+3 \times \Delta_c H^{\ominus}〔H_2(g)〕- \Delta_f H^{\ominus}〔C_3H_6(g)〕$$

ここに，問題文で与えられている値を代入し，次のようになる．

$$\Delta_c H^{\ominus}〔C_3H_6(g)〕= (3 \times -393.5)\ \mathrm{kJ\ mol^{-1}}$$
$$+(3 \times -285.8)\ \mathrm{kJ\ mol^{-1}} - 53.3\ \mathrm{kJ\ mol^{-1}} = -2091\ \mathrm{kJ\ mol^{-1}}$$

例題 2.4B

以下のデータを使って，プロパン（C_3H_8）の標準生成エンタルピー $\Delta_f H^{\ominus}〔C_3H_8(g)〕$ を計算せよ．

$$H_2(g) + \frac{1}{2}O_2(g) \longrightarrow H_2O(l) \quad \Delta_c H^{\ominus}〔H_2(g)〕= -285.8\ \mathrm{kJ\ mol^{-1}}$$
$$C(gr) + O_2(g) \longrightarrow CO_2(g) \quad \Delta_c H^{\ominus}〔C(gr)〕= -393.5\ \mathrm{kJ\ mol^{-1}}$$
$$C_3H_8(g) + 5\,O_2(g) \longrightarrow 3\,CO_2(g) + 4\,H_2O(l)$$
$$\Delta_c H^{\ominus}〔C_3H_8(g)〕= -2220\ \mathrm{kJ\ mol^{-1}}$$

解き方

ここでも，計算しようとしているエンタルピー変化をもつ量論式を書くことから始める．

$$3\,C(gr) + 4\,H_2(g) \longrightarrow C_3H_8(g) \qquad \Delta_f H^{\ominus}〔C_3H_8(g)〕$$

この式は，左辺の反応物〔C(gr) と $H_2(g)$〕の燃焼のエンタルピー変化を与える形となっている．図 2.3 のように，C(gr)，$H_2(g)$ と $CO_2(g)$，$H_2O(l)$ との間の三角形の二つ目の辺を，与えられた値を使いつくることができる．1 モルのプロパンを生成するには，3 モルの炭素と 4 モルの水素分子が必要なので，この数を各燃焼エンタルピーにかけること

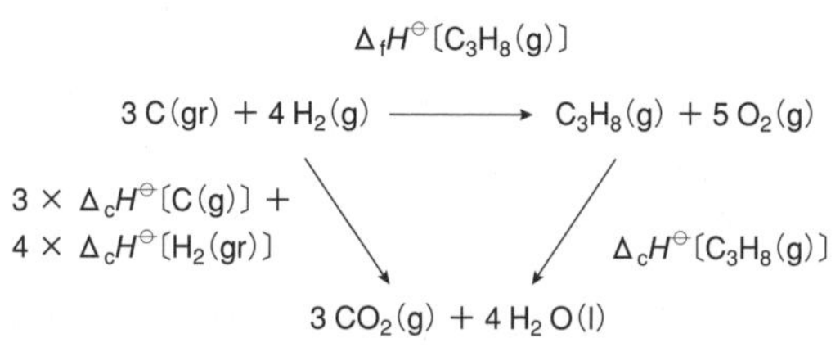

図 2.3 例題 2.4B のエンタルピーの三角形

熱化学方程式は代数方程式と同じ扱いができる．つまり，不要な試薬を消して，目的の反応の方程式を残すことができるわけである．正負の符号と量をきちんと押さえることが重要である†．

目的の反応の式を書くと，

$C_3H_6(g) + \frac{9}{2}O_2(g) \longrightarrow 3\,CO_2(g) + 3\,H_2O(l) \quad \Delta H = x$

情報の与えられている熱化学方程式を書くと，

$3\,C(gr) + 3\,H_2(g) \longrightarrow C_3H_6(g) \quad \Delta_C H^{\ominus} = +53.3\ \mathrm{kJ\ mol^{-1}}$

$3\,C(gr) + 3\,O_2(g) \longrightarrow 3\,CO_2(g) \quad \Delta_C H^{\ominus} = -393 \times 3\ \mathrm{kJ\ mol^{-1}}$

$3\,H_2(g) + \frac{3}{2}O_2(g) \longrightarrow 3\,H_2O(l) \quad \Delta_C H^{\ominus} = -285.8 \times 3\ \mathrm{kJ\ mol^{-1}}$

この三つの式を使って，目的の式となるようにすると，3 モルの炭素と 3 モルの水素は，以下のように両辺に存在する形となり消える．

$C_3H_6(g) + \cancel{3\,C(gr)} + 3\,O_2(g) + \cancel{3\,H_2(g)} + \frac{3}{2}O_2(g) \longrightarrow \cancel{3\,C(gr)} + \cancel{3\,H_2(g)} + 3\,CO_2(g) + 3\,H_2O(l)$

$C_3H_6(g) + \frac{9}{2}O_2(g) \longrightarrow 3\,CO_2(g) + 3\,H_2O(l) \quad \Delta H = x$

値を入れると，

$-53.3\ \mathrm{kJ\ mol^{-1}} + (-393.5 \times 3\ \mathrm{kJ\ mol^{-1}}) + (-285.8 \times 3\ \mathrm{kJ\ mol^{-1}}) = -2091\ \mathrm{kJ\ mol^{-1}}$

† 訳者注
側注の内容を具体的に示すと，$2\,H + O \rightarrow H_2O$ の反応のエンタルピー変化が標準生成エンタルピー変化である．

を忘れてはいけない．

三角形の三つ目の辺はプロパンの燃焼のエンタルピー変化であり，この値は，問題文で与えられている．図 2.3 にあるように，プロパン 1 モルの完全燃焼では，3 モルの $CO_2(g)$ と 4 モルの $H_2O(l)$ が生成し，また 5 モルの $O_2(g)$ が必要となる．

このエンタルピーサイクルを描けたことで，ヘスの法則を利用することができるようになった．炭素原子と水素分子から始め，反時計回りおよび時計回りの矢印の方向に進むと，3 モルの炭素と 4 モルの水素分子の燃焼によるエンタルピー変化が最初に 1 モルのプロパンが生成し $\Delta_f H^\ominus〔C_3H_8(g)〕$，続いて空気中で燃焼する $\Delta_c H^\ominus〔C_3H_8(g)〕$ 過程の全エンタルピー変化と等しくなり，

$$4 \times \Delta_c H^\ominus〔H_2(g)〕+3 \times \Delta_c H^\ominus〔C(gr)〕$$
$$= \Delta_f H^\ominus〔C_3H_8(g)〕+\Delta_c H^\ominus〔C_3H_8(g)〕$$

となる．$\Delta_f H^\ominus〔C_3H_8(g)〕$ を得られるように変形して

$$\Delta_f H^\ominus〔C_3H_8(g)〕= 4 \times \Delta_c H^\ominus〔H_2(g)〕$$
$$+3 \times \Delta_c H^\ominus〔C(gr)〕- \Delta_c H^\ominus〔C_3H_8(g)〕$$

値を入れると，

$$\Delta_f H^\ominus〔C_3H_8(g)〕= 4 \times -285.8\ \mathrm{kJ\ mol^{-1}} + 3 \times -393.5\ \mathrm{kJ\ mol^{-1}}$$
$$-(-2220\ \mathrm{kJ\ mol^{-1}}) = -1143.2\ \mathrm{kJ\ mol^{-1}}$$
$$-1180.5\ \mathrm{kJ\ mol^{-1}} + 2220\ \mathrm{kJ\ mol^{-1}} = -103.7\ \mathrm{kJ\ mol^{-1}}$$

➡エンタルピーのサイクルを書き，反応の方向を確認し，エンタルピー変化の符号を反応の方向に合わせると，得た解の符号が正しいかどうか〔**発熱**（exothermic）か**吸熱**（endothermic）か〕を確認することができる．

➡ここで，式中では $-\Delta_c H^\ominus〔C_3H_8(g)〕$ となっているが，$\Delta_c H^\ominus〔C_3H_8(g)〕$ 自体が負（$-2220\ \mathrm{kJ\ mol^{-1}}$）であるので，計算過程の次の行では正の数となっている．

例題 2.4C

次のデータが与えられている．

$$H_2(g)+F_2(g) \longrightarrow 2\,HF(g) \qquad \Delta_f H^\ominus〔HF(g)〕= -537\ \mathrm{kJ\ mol^{-1}}$$
$$C(s)+2\,F_2(g) \longrightarrow CF_4(g) \qquad \Delta_f H^\ominus〔CF_4(g)〕= -680\ \mathrm{kJ\ mol^{-1}}$$
$$2\,C(s)+2\,H_2(g) \longrightarrow C_2H_4(g) \qquad \Delta_f H^\ominus〔C_2H_4(g)〕= +52.3\ \mathrm{kJ\ mol^{-1}}$$

エテン（エチレン）のフッ素化反応のエンタルピー変化を計算せよ．

$$C_2H_4(g)+6\,F_2(g) \xrightarrow{\Delta_r H^\ominus} 2\,CF_4(g)+4\,HF(g)$$

解き方

ここでも，エンタルピー変化を求める反応の反応式を書くことから始める．この反応が，エンタルピーの三角形の一つ目の辺となる．

$$C_2H_4(g)+6\,F_2(g) \xrightarrow{\Delta_r H^\ominus} 2\,CF_4(g)+4\,HF(g)$$

この問題では，出発物質（炭素と水素分子）が酸化ではなくフッ素化されるが，解き方は，前の例題とよく似ている．エンタルピー変化の三

角形は図 2.4 のようになる.

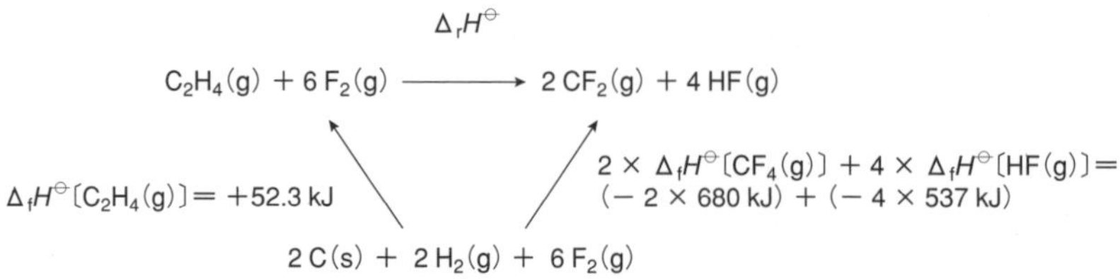

図 2.4 例題 2.4C のエンタルピーの三角形

ヘスの法則を使い, 炭素, 水素分子とフッ素分子から始める.

$$\Delta_f H^\ominus〔C_2H_4(g)〕+\Delta_r H^\ominus = 2 \times \Delta_f H^\ominus〔CF_4(g)〕+4 \times \Delta_f H^\ominus〔HF(g)〕$$
$$+52.3\ kJ\ mol^{-1}+\Delta_r H^\ominus = 2 \times -680\ kJ\ mol^{-1}+4 \times -537\ kJ\ mol^{-1}$$

求めようとしている反応のエンタルピーを求める形に式を変形して,

➡大きな値を簡単にするため, 1000 でわることで, kJ を MJ に変換した. どちらの答えでもよい.

$$\Delta_r H^\ominus = -1360\ kJ\ mol^{-1} - 2148\ kJ\ mol^{-1} - (+52.3\ kJ\ mol^{-1})$$
$$\Delta_r H^\ominus = -3560\ kJ\ mol^{-1} = -3.560\ MJ\ mol^{-1}$$

練習問題 2.9

与えられた情報を使い, プロパノン (C_3H_6O) の生成エンタルピーを計算せよ.

$$C_3H_6O(l)+4\ O_2(g) \longrightarrow 3\ CO_2(g)+3\ H_2O(l)$$
$$\Delta_c H^\ominus〔C_3H_6O(l)〕= -1790\ kJ\ mol^{-1}$$
$$\Delta_f H^\ominus〔CO_2(g)〕= -393.5\ kJ\ mol^{-1}$$
$$\Delta_f H^\ominus〔H_2O(l)〕= -285.8\ kJ\ mol^{-1}$$

練習問題 2.10

ロケットエンジンの燃料として, メチルヒドラジン (CH_3NHNH_2) と四酸化二窒素 (N_2O_4) が使われる. 次の, 標準生成熱 (標準生成エンタルピー) が与えられているとき, 次の反応のエンタルピー変化を計算せよ.

$$4\ CH_3NHNH_2(l)+5\ N_2O_4(l) \longrightarrow 4\ CO_2(g)+12\ H_2O(l)+9N_2(g)$$
$$\Delta_f H^\ominus〔CH_3NHNH_2(l)〕= +53\ kJ\ mol^{-1}$$
$$\Delta_f H^\ominus〔CO_2(g)〕= -393\ kJ\ mol^{-1}$$
$$\Delta_f H^\ominus〔N_2O_4(l)〕= +20\ kJ\ mol^{-1}$$
$$\Delta_f H^\ominus〔H_2O(l)〕= -286\ kJ\ mol^{-1}$$

練習問題 2.11

石炭と蒸気の反応により, 石炭ガスとよばれる混合物が生成する. 石炭ガスは燃料や, ほかの反応の原料として利用される. 石炭をグラファイトで置き換えることができるとすると，石炭ガスの生成反応は以下のようになる．

$$2\,C(gr) + 2\,H_2O(g) \longrightarrow CH_4(g) + CO_2(g)$$

次の反応の標準エンタルピー変化を用いて，石炭ガスの生成反応の標準エンタルピー変化を求めよ．

$$C(gr) + H_2O(g) \longrightarrow CO(g) + H_2(g) \qquad \Delta_r H^{\ominus} = +131.3\ \mathrm{kJ} \tag{2.11a}$$

$$CO(g) + H_2O(g) \longrightarrow CO(g) + H_2(g) \qquad \Delta_r H^{\ominus} = -41.2\ \mathrm{kJ} \tag{2.11b}$$

$$CH_4(g) + H_2O(g) \longrightarrow 3\,H_2(g) + CO(g) \qquad \Delta_r H^{\ominus} = +206.1\ \mathrm{kJ} \tag{2.11c}$$

2.5　ボルン・ハーバーサイクル

ボルン・ハーバーサイクル（Born–Haber cycle）は，ヘスの法則の応用であり，イオン性固体の格子エンタルピーを計算するのに用いられる．このサイクルは，異なる何種かのエネルギー変化のステップからなる閉じた経路であり，図 2.5 に示されている．ステップの一つに，気体状のイオンから固体の格子がつくられるステップがある．このステップの反応のエンタルピーを**格子形成エンタルピー**（lattice formation enthalpy）とよぶ．MX という形をとる固体について，格子形成エンタルピーは，$M^+(g) + X^-(g) \rightarrow MX(s)$ の過程のエンタルピー変化であると定義されており，気体状イオンから固体が形成されるときに，この格子エンタルピーと等しい熱量が放出される．

格子エンタルピーを，直接測定することはできない．よって，実験で測定できるほかの過程のエンタルピー変化を使い計算しなければならな

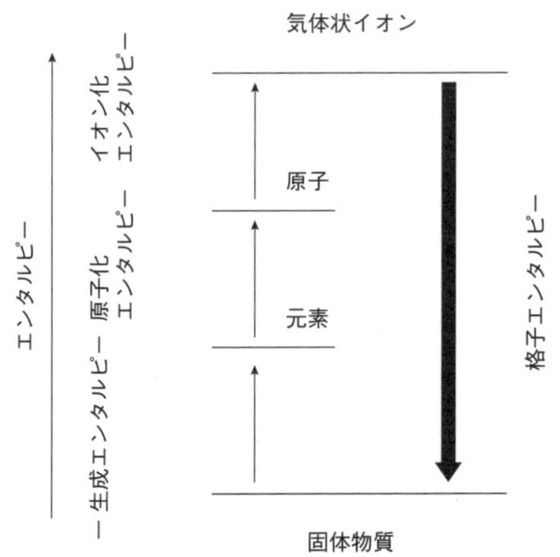

図 2.5　格子エンタルピーの計算のためのボルン・ハーバーサイクル

➔ほかの教科書では，図 2.5 の矢印と逆方向を格子エンタルピーとしているものがある．ここで，格子を形成する元素の気体状態のイオンから格子を形成する際のエンタルピー変化を格子エンタルピーと定義する．このエンタルピーは，ときどき「格子形成エンタルピー」とよばれる．重要な点は，陽イオンと陰イオンから格子がつくられるときには，いつもエネルギーが放出され，発熱反応となることである．また，イオンに分かれる際には，いつもエネルギーを吸収し，吸熱反応となることも重要な点である．

い．実験で測定できる量としては，実験的に測定できる物質の生成エンタルピーや，気体状原子に変換後，イオン化する過程のエネルギー変化が含まれている．

例題 2.5A

ボルン・ハーバーサイクルを使って，以下の値から KCl の格子形成エンタルピーを求めよ．

➡電子親和力 $\Delta_{EA}H$ は気体状の原子が電子を取り込むときに放出するエネルギーである．

$X(g) + e^- \rightarrow X^-(g)$

➡$\Delta_a H$ は物質を 1 モルの気体状の原子に変換するエンタルピー変化であり，IE_1 は物質の第一イオン化エネルギーである．

$\Delta_f H^\ominus$〔KCl(s)〕$= -437\ \mathrm{kJ\ mol^{-1}}$ IE_1〔K(g)〕$= 418.8\ \mathrm{kJ\ mol^{-1}}$

$\Delta_a H^\ominus$〔K(s)〕$= 90\ \mathrm{kJ\ mol^{-1}}$ $\Delta_{EA} H^\ominus$〔Cl(g)〕$= -349\ \mathrm{kJ\ mol^{-1}}$

$\Delta_a H^\ominus$〔Cl(g)〕$= 121\ \mathrm{kJ\ mol^{-1}}$

解き方

本問の格子形成エンタルピーは，次の反応のエンタルピーである．

$$K^+(g) + Cl^-(g) \longrightarrow KCl(s) \quad \Delta_{lat}H^\ominus$$

KCl(s) 形成のエンタルピーサイクルを図 2.6 に示す．

金属 K と塩素ガス，Cl_2 から始まり，KCl 形成の二つの経路が示されている．一つ目の経路は，構成元素からの KCl の標準生成エンタルピー（$\Delta_f H^\ominus$）で示される経路である．二つ目の経路は，気体状イオン K^+ と Cl^- が各元素からつくられ，KCl の固体状の格子がつくられる経路で，格子エンタルピーと同量のエネルギーが放出される．

ヘスの法則を使うと，

$$\Delta_f H^\ominus〔KCl(s)〕= \Delta_f H^\ominus〔K^+(g)〕+ \Delta_f H^\ominus〔Cl^-(g)〕+ \Delta_{lat} H^\ominus〔KCl(s)〕$$

となり，

$$\Delta_{lat} H^\ominus〔KCl(s)〕= \Delta_f H^\ominus〔KCl(s)〕- (\Delta_f H^\ominus〔K^+(g)〕+ \Delta_f H^\ominus〔Cl^-(g)〕)$$

$\Delta_f H^\ominus$〔K^+(g)〕と $\Delta_f H^\ominus$〔Cl^-(g)〕は，おのおの元素から気体状の K^+ と Cl^- が形成されるときの標準エンタルピーである．

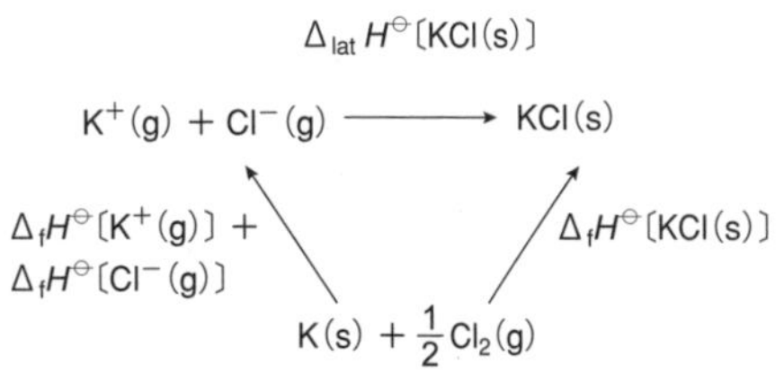

図 2.6 KCl(s) の格子エンタルピーの計算のためのヘスの法則によるエンタルピーの三角形

K^+(g) については，原子化のエンタルピーとイオン化エネルギーが，このエンタルピー変化に含まれている．

$$\Delta_f H^\ominus〔K^+(g)〕= \Delta_a H^\ominus〔K(s)〕+ IE_1〔K(g)〕$$

Cl^-(g) については，塩素ガスの原子化のエンタルピー（結合エンタルピーの半分）と電子親和力が，このエンタルピー変化に含まれている．

$$\Delta_f H^\ominus〔Cl^-(g)〕= \Delta_a H^\ominus〔Cl(g)〕+ \Delta_{EA} H^\ominus〔Cl(g)〕$$

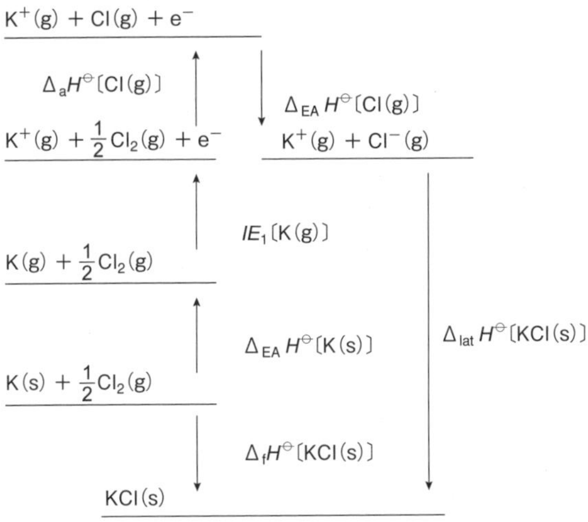

図 2.7　KCl 形成のボルン・ハーバーサイクル

図 2.7 に KCl 形成のボルン・ハーバーサイクル全体が示されており，このなかでエンタルピー変化の方向も示されている．

ここまでにわかっていることから，

$$\Delta_{lat}H^\ominus〔KCl(s)〕= \Delta_f H^\ominus〔KCl(s)〕- (\Delta_f H^\ominus〔K^+(g)〕+\Delta_f H^\ominus〔Cl^-(g)〕)$$

$$\Delta_{lat}H^\ominus〔KCl(s)〕= \Delta_f H^\ominus〔KCl(s)〕- (\Delta_a H^\ominus〔K(s)〕+ IE_1〔K(g)〕+\Delta_a H^\ominus〔Cl(g)〕+\Delta_{EA}H^\ominus〔Cl(g)〕)$$

この式に値を入れて，

$$\Delta_{lat}H^\ominus = -437 - (90+418.8+121-349)\ \mathrm{kJ\ mol^{-1}}$$
$$= -718\ \mathrm{kJ\ mol^{-1}}$$

$\Delta_{lat}H^\ominus$は負の値をもつ．これは，ボルン・ハーバーサイクル，すなわち気体状態のイオンが結合し格子を形成するサイクルは発熱過程であることを示している．

いくつかのほかのデータ集やデータの表では，格子エンタルピーは，格子がイオンに分かれ，無限遠に離れていく吸熱過程とされていることに注意してほしい．

➔格子エンタルピーを見積もったり導きだすとき，エンタルピー変化の方向やその符号を考えることが大切である．陽イオンと陰イオンから格子を形成する過程は，発熱過程で負の符号をもつ．格子がイオンに分かれる過程は，吸熱過程で正の符号をもつ．

? 練習問題 2.12

(a) 図 2.8 中の各エンタルピーの名前を答えよ．

(b) 次のデータを使い，ΔH_5 を計算せよ．

$\Delta H_1 = +193\ \mathrm{kJ\ mol^{-1}}$, $\Delta H_2 = +590\ \mathrm{kJ\ mol^{-1}}$,

$\Delta H_3 = +1150\ \mathrm{kJ\ mol^{-1}}$, $\Delta H_4 = +248\ \mathrm{kJ\ mol^{-1}}$,

$\Delta H_6 = -3513\ \mathrm{kJ\ mol^{-1}}$, $\Delta H_7 = -635\ \mathrm{kJ\ mol^{-1}}$

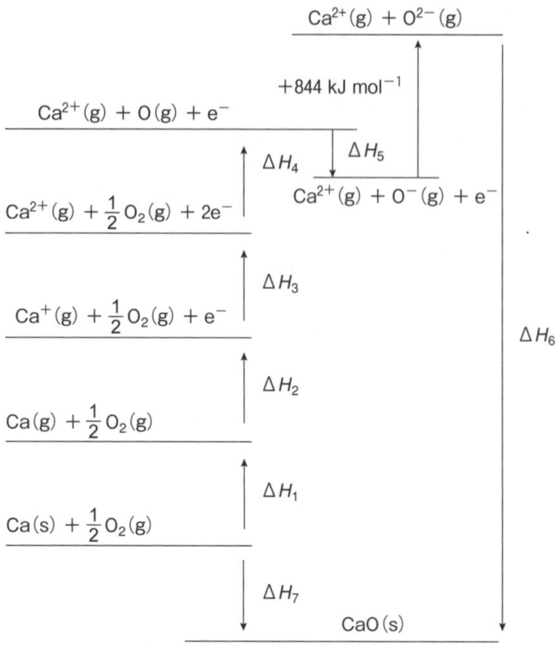

図 2.8　酸化カルシウムのボルン・ハーバーサイクル

(c) ΔH_5 の値を使い，酸素の第一電子親和力を計算せよ．ただし，酸素の第二電子親和力は $+844\ \mathrm{kJ\ mol^{-1}}$ である．

(d) 酸素の第二電子親和力が吸熱過程であるのに対し，第一電子親和は，なぜ，発熱過程なのかを説明せよ．

練習問題 2.13

以下の熱力学データを用いて，ZnO 生成のボルン・ハーバーサイクルをつくり，生成エンタルピーを計算せよ．

$\mathrm{Zn(s)} \longrightarrow \mathrm{Zn(g)}$　　$\Delta_a H^\ominus = 130\ \mathrm{kJ\ mol^{-1}}$

$\frac{1}{2}\mathrm{O_2(g)} \longrightarrow \mathrm{O(g)}$　　$\Delta_a H^\ominus = 248\ \mathrm{kJ\ mol^{-1}}$

$\mathrm{Zn(g)} \longrightarrow \mathrm{Zn^+(g)}$　　$IE_1 = 906\ \mathrm{kJ\ mol^{-1}}$

$\mathrm{Zn^+(g)} \longrightarrow \mathrm{Zn^{2+}(g)}$　　$IE_2 = 1733\ \mathrm{kJ\ mol^{-1}}$

$\mathrm{O(g)} \longrightarrow \mathrm{O^-(g)}$　　$\Delta_{EA} H^\ominus = -141\ \mathrm{kJ\ mol^{-1}}$

$\mathrm{O^-(g)} \longrightarrow \mathrm{O^{2-}(g)}$　　$\Delta_{EA} H^\ominus = 780\ \mathrm{kJ\ mol^{-1}}$

$\mathrm{Zn^{2+}(g) + O^{2-}(g)} \longrightarrow \mathrm{ZnO(s)}$　　$\Delta_{lat} H^\ominus = -4002\ \mathrm{kJ\ mol^{-1}}$

2.6　結合のエンタルピー

反応のエンタルピーを計算するもう一つの方法として結合エンタルピーを使う方法がある．**結合解離エンタルピー** (bond dissociation enthalpy)，$D_{(\mathrm{A-B})}$，は，気相で標準状態のもと，結合 A—B が切断されるときのエンタルピー変化と定義されている．同じ化学結合（たとえば，C—C や C—H）でも，その結合の存在する化学的環境により結合の強さが変わるので，通常，**平均結合エンタルピー**（mean bond enthalpy），$\overline{D}_{(A-B)}$，が使われる．

結合エンタルピーを使う問題では，全エンタルピー変化は，結合の切断（吸熱過程）と結合の形成によるエンタルピーの放出（発熱過程）の合計の結果として与えられる．結合が切断されるときは，エネルギーが必要となり ΔH は正となり，結合が形成されるときは，エネルギーが放出され ΔH は負となる．

例題 2.6A

1 モルの気体のエテン（エチレン），$C_2H_4(g)$ が気体のフッ素，$F_2(g)$ と反応し，気体の 1,2-ジフルオロエタン，$C_2H_4F_2(g)$ となるときの反応の標準エンタルピーを求めよ．

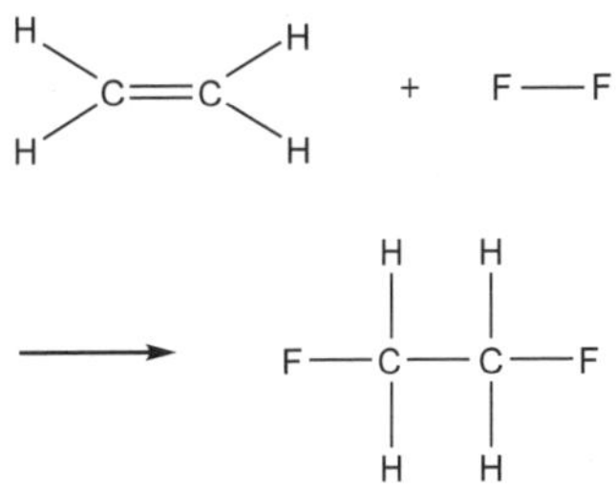

平均結合エンタルピーは以下のとおりである．

$\overline{D}_{(C=C)} = 612\ \mathrm{kJ\ mol^{-1}}$　　$\overline{D}_{(C-F)} = 484\ \mathrm{kJ\ mol^{-1}}$

$\overline{D}_{(C-H)} = 412\ \mathrm{kJ\ mol^{-1}}$　　$\overline{D}_{(C-C)} = 348\ \mathrm{kJ\ mol^{-1}}$

$\overline{D}_{(F-F)} = 158\ \mathrm{kJ\ mol^{-1}}$

解き方

この種の問題を解くには，次の二つのエネルギーを計算する必要がある．一つは，反応する分子のなかの結合を切断するのに必要な全エネルギーである．もう一つは，生成する分子中で，新たに結合が形成されたときに放出されるエネルギーである．この二つのエネルギーの合計が，反応の全エンタルピー変化であり，これは必要とされるエネルギーと放出されるエネルギーの差である．

式は次のようになる．

$\Delta_r H^{\ominus} =$ 「結合の切断に必要な全エネルギー」＋「結合の形成の際に放出される全エネルギー」

➲結合の切断ではいつもエネルギーが必要とされ，吸熱過程となる．逆に，結合がつくられるときは原子が近づきエネルギーが放出され，発熱過程となる．この違いを理解しておくことは，非常に大切である．

結合を切るために必要なエネルギーを知るには，反応する分子中で切断される結合の数と種類をリスト化しなければならない．

結合の切断

$1 \times \mathrm{C=C} = +612\ \mathrm{kJ\ mol^{-1}}$

$4 \times \mathrm{C{-}H} = 4 \times 412\ \mathrm{kJ\ mol^{-1}} = +1648\ \mathrm{kJ\ mol^{-1}}$

$1 \times \mathrm{F{-}F} = +158\ \mathrm{kJ\ mol^{-1}}$

合計 $= (612 + 1648 + 158)\ \mathrm{kJ\ mol^{-1}} = +2418\ \mathrm{kJ\ mol^{-1}}$

結合が新しく形成される際のエンタルピー変化，すなわち発熱反応

➔ 4本のC—H結合が反応物にあり，また4本のC—H結合が生成物にもあることに注目する必要がある．つまり，C—H結合の数に変化がなくなるため，C—H結合の平均結合エンタルピーは考えなくてもよくなり，計算が簡単になる．

結合の形成

$2 \times \text{C—F} = -2 \times 484\ \text{kJ mol}^{-1} = -968\ \text{kJ mol}^{-1}$

$4 \times \text{C—H} = -4 \times 412\ \text{kJ mol}^{-1} = -1648\ \text{kJ mol}^{-1}$

$1 \times \text{C—C} = -348\ \text{kJ mol}^{-1}$

合計$= (-968 - 1648 - 348)\ \text{kJ mol}^{-1} = -2964\ \text{kJ mol}^{-1}$

よって，上で示した式を使って，

$\Delta_r H^\ominus$ =「結合の切断に必要な全エネルギー」+「結合の形成の際に放出される全エネルギー」

$= [(+2418) + (-2964)]\ \text{kJ mol}^{-1}$

$= -546\ \text{kJ mol}^{-1}$

この種の計算は，平均結合エンタルピーを使っており，答えは平均値となることに注意が必要である．つまり，得られた答えは熱化学のデータ集にある値とは，正確に一致しないだろう．データ集にある値は，通常，掲載されている分子に関して実験などで得られた値であり，平均結合エンタルピーを使い計算したものではないからである．

結合	$\bar{D}$/kJ mol^{-1}
C—H	412
C—C	348
O=O	496
C=O	805
H—O	464

練習問題 2.14

左の表の平均結合解離エンタルピーを使って，酸素中でのプロパンの完全燃焼反応のエンタルピーを計算せよ．得られた値と文献値，$-2220\ \text{kJ mol}^{-1}$ を比較し，差について考察せよ．

練習問題 2.15

ヒドラジン〔N_2H_4(g)〕は，ロケット燃料としてよく使われる．ヒドラジンの酸素との反応は発熱反応であり，以下の反応で示されるように気体状の生成物だけをつくる．

$$N_2H_4(g) + O_2(g) \longrightarrow N_2(g) + 2\,H_2O(g)$$

以下の値を用いて，この反応のエンタルピー変化を求めよ．

$\bar{D}_{(\text{N—N})} = 163\ \text{kJ mol}^{-1}$　　$\bar{D}_{(\text{F—F})} = 158\ \text{kJ mol}^{-1}$

$\bar{D}_{(\text{N}\equiv\text{N})} = 945\ \text{kJ mol}^{-1}$　　$\bar{D}_{(\text{O—H})} = 464\ \text{kJ mol}^{-1}$

$\bar{D}_{(\text{N—H})} = 390\ \text{kJ mol}^{-1}$　　$\bar{D}_{(\text{F—H})} = 562\ \text{kJ mol}^{-1}$

$\bar{D}_{(\text{O=O})} = 496\ \text{kJ mol}^{-1}$

酸素の代わりにフッ素ガスを用いた場合，ヒドラジン/フッ素燃料は酸素を使った場合よりも効率的か否かを考えよ．

2.7 熱容量と熱量測定

熱容量（heat capacity），C，は，物質の温度を1K上昇させるのに必要な熱量である．比熱容量，C_s，は，1gの物質の温度を1K上昇させるのに必要な熱量である.

熱容量は，物質の温度を 1 ℃上昇させるのに必要な熱量であるとも定義できる．ケルビン単位の温度（絶対温度）は，同じセ氏よりも 273.15 度高くなるが，図 2.9 に描かれているように，1 K の温度変化は 1 ℃の温度変化と同じである.

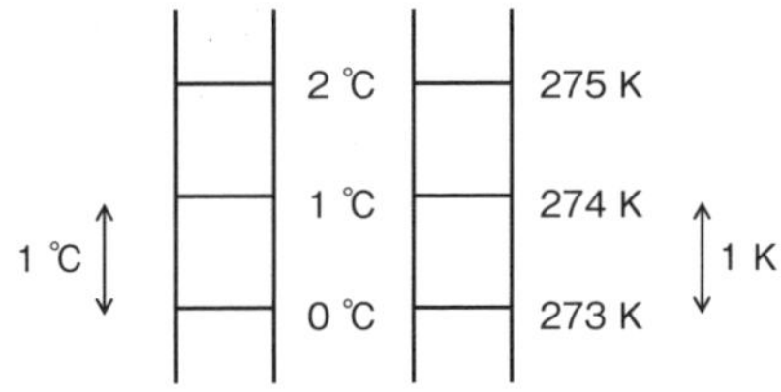

図 2.9　セ氏温度と絶対温度の尺度

セ氏温度を絶対温度に変換するには，セ氏温度に 273 を加えればよい．だが，1 ℃の大きさは，1 K の大きさと同じである．つまり，温度差，ΔT は同じ大きさである.

質量，m，の物質に熱量，q，が与えられ，温度が ΔT_1 上昇したとき，比熱容量は次の式で与えられる.

$$\text{比熱容量} = \frac{\text{与えられた熱量}}{\text{物質の質量} \times \text{上昇した温度}}$$

これは，次のように書ける.

$$C_s = \frac{q}{m \times \Delta T} \quad \text{または} \quad q = m \times C_s \times \Delta T$$

熱量（q）をジュール，J 単位，質量をグラム，g 単位，温度をケルビン，K 単位とすると，比熱容量の単位は $\mathrm{J/(g \times K) = J\,K^{-1}\,g^{-1}}$ となる．水の比熱容量は，$4.18\ \mathrm{J\,K^{-1}\,g^{-1}}$ または $4.18\ \mathrm{J\,℃^{-1}\,g^{-1}}$ となる.

熱容量は，物質 1 モル当たりの量としても定義できる．この場合，記号は C_m が使われ，次の式で表される.

$$C_m = \frac{q}{n \times \Delta T}$$

この式は変形され，次のようにできる：$q = C_m \times n \times \Delta T$

気体の熱容量は，定容過程なのか定圧過程なのかで大きさが異なる．定容過程では，記号は C_v となり，定圧過程では C_p となる．これらの記号 C_v と C_p を使うときは，気体のモル数も考慮しており，1 モル当たりの量であるときに使われる．C_v の測定は，実際には非常に難しく，C_v は C_p の関数として表される.

例題 2.7A

水の比熱容量は $4.18\ \mathrm{J\,℃^{-1}\,g^{-1}}$ である．20.0 ℃の水，500 $\mathrm{cm^3}$ を沸騰させるのに必要な熱量を計算せよ．ただし，容器で失われる熱は無視せよ.

解き方

熱エネルギーと熱容量，温度変化とモル数の間の関係を表す式を使う．

$$q = m \times C_s \times \Delta T$$

➡ q を求めるには，水の温度の上昇度，ΔT が必要になる．この値は，次のようになる．(100 − 20.0) ℃ = 80 ℃，これは単純に水が 100 ℃で沸騰するからである．

水の体積は cm^3 単位で与えらているが，比熱容量は物質のグラム当たりの量が与えられていることに注意しなければならない．よって，水の体積を水の密度，1 g cm^{-3} を使い，水の質量に換算しなければならない．換算すると，500 cm^3 の水は，500 g となる．

上の式に，数値を入れると，

$$q = 500\ \text{g} \times 4.18\ \text{J}\ ℃^{-1}\ \text{g}^{-1} \times (100 - 20.0)\ ℃ = 167\,200\ \text{J}$$
$$= 167\ \text{kJ}$$

† 訳者注
「容器の熱容量を無視する」とは，「容器は熱を吸収しない」ということを意味している．

上の問題では，容器の熱容量は無視されたが[†]，多くの場合，反応容器もいくらかの熱を吸収する．つまり，温度上昇に必要なエネルギーよりも多くのエネルギーが必要となるわけである．

この種の反応では，反応容器は典型的な熱量計であり，最初に熱量計の熱容量を較正しなければならない．この較正は，通常，電気的に行われる．較正では，必要な熱量が流れた電流と電圧から計算され，温度の上昇度は熱量計で測定され，また水の体積と熱量計の体積は同じであるとする．

例題 2.7B

30.0 g の銅片が 90 ℃に温められ，そして 20 ℃の水 100 cm^3 が入った熱容量 20 J ℃の熱量計に入れられた．熱量計と水の温度が 22 ℃に上昇した．銅の比熱容量を計算せよ．($C_{s\ water} = 4.18$ J ℃$^{-1}$ g^{-1})

解き方

この問題では，熱量は銅から供給され，水と熱量計に与えられる．次の式を書くことができる．

銅が失う熱量＝水が得る熱量＋熱量計が得る熱量
不明な量は，銅の比熱容量である＝ $C_{s\ Cu}$
よって，銅が失う熱量＝ $m_{Cu} \times C_{s\ Cu} \times \Delta T_{Cu}$
水が得る熱量＝ $m_{water} \times C_{s\ water} \times \Delta T_{water}$
熱量系が得る熱量＝ $C_{cal} \times \Delta T_{cal}$

銅が失う熱量＝水が得る熱量＋熱量計が得る熱量という関係を使って，

$$m_{Cu} \times C_{s\ Cu} \times \Delta T_{Cu} = m_{water} \times C_{s\ water} \times \Delta T_{water} + C_{cal} \times \Delta T_{cal}$$

この式に数値を入れればよい．ただし，次のことに注意が必要になる．それは，銅は最初 90 ℃であったが 22 ℃に冷えたのに対し，水と熱量計は最初 20 ℃であったが，銅の失った熱量で 22 ℃に温められた点である．

$$30.0\ \mathrm{g} \times C_{\mathrm{s\,Cu}} \times (90-20)\ ℃ = 100\ \mathrm{g} \times 4.18\ \mathrm{J}\ ℃^{-1}\ \mathrm{g}^{-1} \times (22-20)\ ℃ + 20\ \mathrm{J}\ ℃^{-1} \times (22-20)\ ℃$$

$$2100 \times C_{\mathrm{s\,Cu}}\ \mathrm{g}\ ℃ = (418+20) \times 2\ \mathrm{J}$$

$$C_{\mathrm{s\,Cu}} = \frac{438 \times 2\ \mathrm{J}}{2100\ \mathrm{g}\ ℃} = 0.42\ \mathrm{J}\ ℃^{-1}\ \mathrm{g}^{-1}$$

例題 2.7C

(a) 熱量計の較正で，80 kJ の熱量が電気的に熱量計に与えられ，熱量計の温度が +8.4 ℃変化した．熱量計の熱容量を計算せよ．

(b) 熱量計を，ある燃焼反応で発生する熱量の測定に用いた．+5.2 ℃の温度上昇がみられた．この反応で放出される熱量，q を計算せよ．

解き方

(a) この問題では，問 (a) にあるように，明らかに熱量計の熱容量を無視することはできない．熱量計は，通常，電気的に較正される．較正では，ある一定量の温度上昇に必要な熱量は，負荷された電圧と電流から求めることができる．負荷された電気エネルギーとそれによる温度上昇度が与えられているとき，熱量計の熱容量，C，は，直接，次式で求めることができる．

$$q = C \times \Delta T$$

C を求める形に変形すると，$C = \dfrac{q}{\Delta T}$　　$C = \dfrac{80\ \mathrm{kJ}}{8.4\ ℃} = 9.5\ \mathrm{kJ}\ ℃^{-1}$

(b) 熱量計の熱容量が求まると，温度をある一定量上昇させるのに必要な熱量を計算することができる．

$$q = C \times \Delta T \qquad q = 9.5\ \mathrm{kJ}\ ℃^{-1} \times 5.2\ ℃ = 49\ \mathrm{kJ}$$

練習問題 2.16

1.00 g のオクタンが，熱容量 994 J ℃$^{-1}$ の熱量計のなかで燃やされ，熱量計の温度が 4.88 ℃上昇した．オクタンから放出された熱量と，オクタンのモル燃焼エンタルピーを計算せよ．

練習問題 2.17

質量 200 g の鉄片が 20 ℃から 100 ℃に加熱され，20 ℃の水 300 mL が入った熱量計に沈められた．水と熱量計の温度は 25 ℃に上昇した．鉄の比熱容量，$C_{\mathrm{s\,Fe}}$，を計算せよ．ただし，熱量計の熱容量＝ 30 J K^{-1}，水の比熱容量＝ 4.184 J K^{-1} g^{-1} である．

熱量分析はよく例題 2.7D にあるように，燃料価[†]や燃焼エンタルピーを求めるのに使われる．

† 訳者注
燃料価は原文では “fuel value” となっており，燃料比という訳語もみつかる．これは，単位質量当たり放出される熱量である．

例題 2.7D

植物材料からつくられるバイオディーゼル燃料は，内燃機関でガソリンやディーゼルオイルの代替燃料として期待されている．バイオディーゼル燃料の燃焼エンタルピーを求めディーゼル燃料の燃焼エンタルピーと比較する実験を行った．この実験では，$5.00\ \mathrm{cm^3}$ のバイオディーゼル燃料が熱量計に入れられた．熱量計は 20.0 ℃の水 $1\ \mathrm{dm^3}$ で満たされた．バイオディーゼル燃料に点火し，完全燃焼させた．この燃焼により発生した熱により，熱量計の温度の最大値は 60.0 ℃となった．バイオディーゼル燃料の燃焼エンタルピーを計算し，ディーゼル燃料＝ $44.8\ \mathrm{MJ\ kg^{-1}}$ とガソリン＝ $44.4\ \mathrm{MJ\ kg^{-1}}$ と比較せよ．ただし，$C_{\mathrm{s\ water}} = 4.18\ \mathrm{J}\ ℃^{-1}\ \mathrm{g^{-1}}$，バイオディーゼル燃料の密度＝ $0.880\ \mathrm{g\ cm^{-3}}$

解き方

最初に行うことは，バイオディーゼル燃料を燃やしたときに発生する熱量を求めることである．この値は，熱量計中の水の温度の上昇度から計算できる．発生した全エネルギーが求まると，この値はバイオディーゼル燃料からの熱量となる．

➡ここでは，熱は水に与えられることと，水の体積はグラム単位の質量に換算されていることに注意．

ステップ 1：水の温度上昇から発生した熱を求める式を使う．

$$q = C_{\mathrm{s}} \times m \times \Delta T$$
$$q = 4.18\ \mathrm{J}\ ℃^{-1}\mathrm{g^{-1}} \times 1000\ \mathrm{g} \times (60.0 - 20.0)\ ℃$$
$$q = 167\ 200\ \mathrm{J} = 167\ \mathrm{kJ}$$

ステップ 2：$5.00\ \mathrm{cm^3}$ のバイオディーゼル燃料から放出される熱量がわかったので，$1\ \mathrm{kg}$ から放出されるエネルギーを計算し，問題で要求されている比較を行うために適切な単位に変換する．

バイオディーゼル燃料の密度＝ $0.880\ \mathrm{g\ cm^{-3}}$
バイオディーゼル燃料の体積＝ $5.00\ \mathrm{cm^3}$
バイオディーゼル燃料の質量＝密度×体積＝ $0.880\ \mathrm{g\ cm^{-3}} \times 5.00\ \mathrm{cm^3} = 4.40\ \mathrm{g}$

➡4.40 g のバイオディーゼル燃料から，167 kJ が放出されるので，1.00 g では 167 kJ/4.40 のエネルギーが放出される．
また，1000 g からは，167 kJ × 1000/4.40 ＝ 38 000 kJ のエネルギーが放出される．

よって，$4.40\ \mathrm{g}$ のバイオディーゼル燃料から完全燃焼した場合，$167\ \mathrm{kJ}$ が放出される．よって，$1000\ \mathrm{g}$（$1\ \mathrm{kg}$）では，$167\ \mathrm{kJ} \times 1000/4.40 = 38\ 000\ \mathrm{kJ}$ が放出される．

この値を 1000 でわり，MJ 単位に換算＝ $38\ 000/1000\ \mathrm{MJ} = 38.0\ \mathrm{MJ}$

MJ への換算は以下のようにして行う．1 MJ ＝ 1 000 000 J ＝ 1000 kJ

チェック：求めた値とディーゼル燃料の燃焼エンタルピー（$44.8\ \mathrm{MJ\ kg^{-1}}$），もしくは，ガソリンの燃焼エンタルピー（$44.4\ \mathrm{MJ\ kg^{-1}}$）を比較すると，得られたバイオディーゼル燃料の値は，ほかの燃料の値よりも少し低いが，桁数から，得た解の計算が正しいとみてよい．

練習問題 2.18

バイオエタノールの燃焼エンタルピーを求める実験で，2.50 g のエタノールを熱量計に入れた．このエタノールを完全燃焼させたところ，500 cm^3 の水で満たされている試料室の周りのジャケットの温度が 35.0 ℃上昇した．熱量計の熱容量が 50.0 J $℃^{-1}$ であったとすると，バイオエタノールの燃焼エンタルピーを計算せよ．ただし，$C_{s\ water} = 4.184$ J $℃^{-1}$ g^{-1}，エタノールの密度＝ 0.789 g cm^{-3}.

練習問題 2.19

プロパン-1-オールの標準燃焼エンタルピーを求める実験で，液体試料 0.60 g を 25.0 ℃の水 0.50 dm^3 の入った熱量計に入れ，完全燃焼させた．その結果，熱量計と熱量計のなかの物質の温度が 33.4 ℃に上昇した．これとは別に，熱量計の熱容量は，電気的に測定された．1.5 kJ の電気エネルギーで温度は 5.0 ℃上昇した．プロパン-1-オールのモル標準燃焼エンタルピーを計算せよ．
水の熱容量＝ 4.184 J K^{-1} g^{-1}

2.8　エントロピーと熱力学第二法則

エントロピー（entropy），S，には，何通りかの定義がある．化学では，系に属する分子間で，系のエネルギーを分配する方法の数とするのが一番いい定義だと考えられている．この定義は，エントロピーという概念を非常に簡単に理解でき，思い描くことができるようにするものである．系の無秩序さが増せば，エントロピーも増大するとされている．一般に，系のエネルギーが増せば，エネルギーの分配法の数も増える．系の分子数が増えれば，分子間のエネルギーの分配法の数も増える．上記の因子（系のエネルギーや分子数など）のどれかが増えると，系のエントロピーが増大するとされている．

分子が，さまざまなエネルギー準位をどのように占有しているのかを調べることで，エントロピーをより正確に定義できる．一方で，どの定義や説明をしても，エントロピーは系の無秩序さ，もしくは乱雑さの度合いを測る尺度である．

エントロピーは状態関数であり，エントロピーの変化は，系の最終状態のエントロピーと最初の状態のエントロピーの差として与えられる．

$$\Delta S = S_{\mathrm{final}} - S_{\mathrm{initial}}{}^{\dagger}$$

† 訳者注
下ツキの final，initial については，p. 34 を参照.

例題 2.8A

次の状態変化でのエントロピー変化，ΔS，の方向（正か負か）を述べよ．

(a) 沸騰しているやかんからでる水蒸気

(b) $2\,H_2(g) + O_2(g) \longrightarrow 2\,H_2O(g)$

(c) 溶融塩からの塩化ナトリウムの結晶化

(d) $2\,NaNO_3(s) \longrightarrow 2\,NaNO_2(s) + O_2(g)$

解き方

(a) 液体の水が蒸気に変化すると，気体分子は液体状態よりも分散した状態であり，より無秩序となる．よって，ΔS は正になる．

(b) この反応式は，水素と酸素の爆発により気体の水が生成する反応を示している．この反応は均一系（単一の相）の反応であるが，反応式の右辺の気体の分子数は左辺の分子数よりも減少している．分子数が減少すると，エントロピーも減少する．よって，ΔS は負になる．

(c) ここでは，液体状態のイオンから秩序のある結晶格子ができており，エントロピーは減少する．よって，ΔS は負になる．

(d) 2モルの固体の硝酸ナトリウムが分解し，2モルの亜硝酸ナトリウムと1モルの気体の酸素になる反応である．よって，全体のエントロピーは増大し，ΔS は正になる．

練習問題 2.20

次の状態変化でのエントロピー変化，ΔS，の方向（正か負か）を述べよ．

(a) $C_6H_{12}O_6(s) \longrightarrow 2\,C_2H_5OH(l) + 2\,CO_2(g)$

(b) 水に溶解した砂糖

(c) $N_2(g) + 3\,H_2(g) \longrightarrow 2\,NH_3(g)$

(d) $[Co(NH_3)_6]^{3+}(aq) + 3\,NH_2CH_2CH_2NH_2(aq) \longrightarrow [Co(NH_2CH_2CH_2NH_2)_3]^{3+}(aq) + 6\,NH_3(aq)$

定量的なエントロピー変化の決定法

熱力学第二法則（the second law of thermodynamics）は次のようなことを主張している．

自発的に進むプロセスは，宇宙の総エントロピーを増加させる．

これは，次のようなことを意味している．自発的に進むプロセスでは，系のエントロピーと外界のエントロピーに関連性が存在し，その合計は増加する．

定温条件での可逆変化では，エントロピー変化は系が吸収または放出した熱をケルビン単位の温度でわった量に等しい．

つまり，

$$\Delta S = \frac{q_{\mathrm{rev}}}{T}$$

例題 2.8B

冷凍庫のなかで，大きな氷の塊が 0.0 ℃で 50 J の熱を失ったときのエントロピー変化を計算せよ．エントロピー変化の符号について説明せよ．

解き方

$\Delta S = q_{rev}/T$ という関係を使って，問題で与えられている値を代入して，エントロピー変化の値を導く．

$$\Delta S = -\frac{50\ \mathrm{J}}{273\ \mathrm{K}} = -0.18\ \mathrm{J\ K^{-1}}$$

答えについて考えてみよう．全体のエントロピー変化は負である．エントロピー変化の大きさは，氷が冷える際の系が失うエネルギーの大きさと一致している[†1]．

> **練習問題 2.21**
>
> 大気圧下，沸点で， 1 モルのベンゼンが気化するときのエントロピー変化を計算し，その符号について説明せよ．
> ただし，$\Delta_{vap}H^{\ominus} = 30.8\ \mathrm{kJ\ mol^{-1}}$，$T_b$[†2] $= 80.1$ ℃

温度によるエントロピー変化

等温条件で進む可逆的な化学反応では，系の得た熱量，q_{rev}，は，定圧条件でのモル熱容量（定圧モル熱容量），C_p，と温度変化，物質のモル数，n，を使い，次の式のようになる．

$$q_{rev} = n \times C_p \times \Delta T$$

物質 1 モルの対しては：$q_{rev} = C_p \times \Delta T$

温度を二つの温度，T_i（初期温度）から T_f（終温度）まで変化させたときの物質 1 モルのエントロピー変化は次のようになる．

$$\Delta S = C_p \ln\frac{T_f}{T_i}$$

例題 2.8C

1 モルのアルゴンを 298 K から 500 K まで加熱したときのエントロピー変化を計算せよ．ただし，$C_{p\,Ar} = 20.8\ \mathrm{J\ K^{-1}\ mol^{-1}}$

解き方

エントロピー変化と温度の関係は，次の式になる．

$$\Delta S = C_p \ln\frac{T_f}{T_i}$$

熱容量と，初期温度および終温度を上の式に代入すると，エントロピー変化を求めることができる．

➡エントロピーの単位は $\mathrm{J\ K^{-1}}$ なので，セ氏温度に 273 を加えてケルビン単位の絶対温度に変換しなければならない．

➡熱エネルギーは系から失われるので，エントロピー変化の方向は負となる．

†1 訳者注
エントロピーは増えるはずではと思う人もいると思う．ここで計算しているのは，系（氷）のエントロピー変化である．当然，外界が系からの熱を受け取り，外界の気体分子の運動が激しくなるので，外界のエントロピーは増大する．熱力学第二法則は，宇宙（系＋外界）のエントロピーが増大するといっており，一方がマイナスでも，もう一方がプラスで，合計がプラスとなることをいっていると考えればよい．

†2 訳者注
T_b は沸点

➡定圧移送される熱量（$q_{rev} = \Delta H$）は，エンタルピー変化と同じである．

➡温度が高くなるように変化するとき（$T_f > T_i$）は，モルエントロピーは増大する．ただし，変化の割合は，この式が示すように直線的ではない．

$$\Delta S = 20.8\,\mathrm{J\,K^{-1}\,mol^{-1}} \times \ln\frac{500\,\mathrm{K}}{298\,\mathrm{K}} = 10.8\,\mathrm{J\,K^{-1}\,mol^{-1}}$$

練習問題 2.22

298 K の 1 モルの理想気体を，定圧条件で 423 K まで加熱したときのエントロピー変化，ΔS，を計算せよ．ただし，この気体の熱容量は $C_p = 12.48\,\mathrm{J\,K^{-1}\,mol^{-1}}$ である．

標準反応エントロピー

化学反応のエントロピー変化を計算するには，反応にかかわる物質すべてのモルエントロピーを知る必要がある．生成物のモルエントロピーの合計から反応物のモルエントロピーの合計をひいて，反応のエントロピーを求めることができる．

$$\Delta_r S^{\ominus} = \sum \nu_i S_m^{\ominus}(\text{生成物}) - \sum \nu_i S_m^{\ominus}(\text{反応物})$$

ここで，

- $\sum \nu_i S_m^{\ominus}$(生成物) は，生成物の標準モルエントロピーの合計
- $\sum \nu_i S_m^{\ominus}$(反応物) は，反応物の標準モルエントロピーの合計

量論式では，ν つまり各試薬の量論係数，もしくはモル数が生成物と反応物のモルエントロピーにかけられている．

（化学）量論係数，ν_i は，量論を合わせた化学反応式中の成分 i のモル数を表している．量論係数には，単位はない．

例題 2.8D

左に示す標準モルエントロピーを用いて，次の反応の標準エントロピー変化を計算せよ．また，変化の符号について考察せよ．

物質	$S_m^{\ominus}/\mathrm{J\,K^{-1}\,mol^{-1}}$
$CH_4(g)$	186
$H_2O(g)$	189
$CO(g)$	198
$H_2(g)$	131

$$CH_4(g) + H_2O(g) \longrightarrow CO(g) + 3\,H_2(g)$$

解き方

ここで使う式は次の式である．

$$\Delta_r S^{\ominus} = \sum \nu S_m^{\ominus}(\text{生成物}) - \sum \nu S_m^{\ominus}(\text{反応物})$$

反応物と生成物のエントロピーを代入して，量論係数をかけるのを忘れないようにして，以下のように答えを求めることができる．

ここで，3 倍している．これは，H_2 が反応式中に 3 モルあるからである．

$$\Delta_r S^{\ominus} = (198 + 131 \times 3)\,\mathrm{J\,K^{-1}\,mol^{-1}} - (186 + 189)\,\mathrm{J\,K^{-1}\,mol^{-1}}$$

$$\Delta_r S^{\ominus} = +216\,\mathrm{J\,K^{-1}\,mol^{-1}}$$

この反応では，気体分子のモル数が増えるので，エントロピーが増大する．よって反応物の状態と比較して，生成物の状態のほうがより無秩序であることがわかる．

練習問題 2.23

左に示す標準モルエントロピーを用いて，アンモニアと塩化水素の反応の標準エントロピー変化を計算せよ．また，変化の符号について考察せよ．

$$NH_3(g) + HCl(g) \longrightarrow NH_4Cl(s)$$

物質	$S_m^{\ominus}/\mathrm{J\,K^{-1}\,mol^{-1}}$
$NH_3(g)$	193
$HCl(g)$	187
$NH_4Cl(s)$	94.6

練習問題 2.24

右に示す標準モルエントロピーを用いて，リンと塩素から三塩化リンを得る反応の標準エントロピー変化を計算せよ．また，変化の符号について考察せよ．

$P_4(g) + 6\,Cl_2(g) \longrightarrow 4\,PCl_3(g)$

物質	$S_m^{\ominus}$/J K^{-1} mol^{-1}
$P_4(s)$	41
$Cl_2(g)$	223
$PCl_3(g)$	312

練習問題 2.25

液体のエタノール，$C_2H_5OH(l)$ の標準生成エンタルピーは -278 kJ mol^{-1} であり，以下の反応のエンタルピー変化は $+112$ kJ mol^{-1} である．

$C_2H_5OH(l) \longrightarrow CH_3CHO(g) + H_2(g)$

(a) 気相でのエタナール（アセトアルデヒド），$CH_3CHO(g)$ の標準生成エンタルピーを計算せよ．

(b) この反応のエントロピー変化，$\Delta_r S^{\ominus}$，の符号を予測し，その理由を説明せよ．

(c) 右の標準モルエントロピー，$S_m^{\ominus}$，を使って，反応のエントロピー変化を計算せよ．

物質	$S_m^{\ominus}$/J K^{-1} mol^{-1}
$C_2H_5OH(l)$	161
$CH_3CHO(g)$	266
$H_2(g)$	131

外界のエントロピー変化

熱力学第二法則は，次のようなことを教えている．自発的に進む反応では，宇宙の全エントロピーが増大する．宇宙のエントロピーとは，系のエントロピー（ΔS）に外界のエントロピー（ΔS_{surr}）を加えたものである：$\Delta S_{tot} = \Delta S + \Delta S_{surr}$

前節では，系のエントロピー，ΔS，をどのように計算するかをみてきた．また，通常，系のエントロピー変化は外界のエントロピー変化，ΔS_{surr}，を伴う（熱の移動が，しばしば起こるからである）．外界が非常に大きく，その温度と圧力が大きく変化しないとすると，定圧下での熱の移動では，移動した熱がエンタルピー変化と等しくなる：

$q_{surr} = -\Delta H$

よって，$\Delta S_{surr} = q_{surr}/T$ という式は，$\Delta S_{surr} = -\Delta H/T$ となる．

したがって，反応が自発的に進むかどうかを確信をもって述べるには，系と外界のエントロピー変化に注意する必要がある．

例題 2.8E

最も安定な形の構成元素から塩化水素が形成される以下の反応は，25 ℃で自発的に進むかどうかを述べよ．

$H_2(g) + Cl_2(g) \longrightarrow 2\,HCl(g) \quad \Delta_r H^{\ominus} = -185$ kJ mol^{-1}

物質	$S_m^{\ominus}$/J K^{-1} mol^{-1}
$H_2(g)$	131
$Cl_2(g)$	223
$HCl(g)$	187

解き方

この問題を解くには，以下のように 3 段階で考える必要がある．まず，量論式と次の関係を使って系のエントロピー変化を求める．

$$\Delta S^{\ominus}=\sum \nu S_{\mathrm{m}}^{\ominus}(\text{生成物})-\sum \nu S_{\mathrm{m}}^{\ominus}(\text{反応物})$$

次に，反応のエンタルピー変化と $\Delta S_{\mathrm{surr}}=-\Delta H/T$ という式を使って外界のエントロピー変化を求める．

最後に，系のエントロピー変化と外界のエントロピー変化を合計し，全エントロピー変化を求める．では，系のエントロピー変化を求めよう．

$$\begin{aligned}\Delta S^{\ominus}&=2\times 187\ \mathrm{J\,K^{-1}\,mol^{-1}}-(131+223)\ \mathrm{J\,K^{-1}\,mol^{-1}}\\&=(374-354)\ \mathrm{J\,K^{-1}\,mol^{-1}}=20\ \mathrm{J\,K^{-1}\,mol^{-1}}\end{aligned}$$

次に，外界のエントロピー変化（ΔS_{surr}）を求めるため，$\Delta S_{\mathrm{surr}}=-\Delta H/T$ という式にエンタルピー変化と温度の値を代入する．

$$\Delta S_{\mathrm{surr}}=-\frac{\Delta H}{T}=-\frac{-185\times 10^{3}\ \mathrm{J\,mol^{-1}}}{298\ \mathrm{K}}=+621\ \mathrm{J\,K^{-1}\,mol^{-1}}$$

以上より，全エントロピー変化（ΔS_{tot}）を知ることができる．

$$\begin{aligned}\Delta S_{\mathrm{tot}}&=\Delta S+\Delta S_{\mathrm{surr}}\\&=+20\ \mathrm{J\,K^{-1}\,mol^{-1}}+621\ \mathrm{J\,K^{-1}\,mol^{-1}}=641\ \mathrm{J\,K^{-1}\,mol^{-1}}\end{aligned}$$

この値より，宇宙の全エントロピー変化が正であり，この反応は自発的であるといえる．

練習問題 2.26

左のデータを用いて，25 ℃の標準状態にある構成元素からシクロヘキサンの形成反応が自発的に進むかどうかを計算せよ．

物質	$S_{\mathrm{m}}^{\ominus}/\mathrm{J\,K^{-1}\,mol^{-1}}$
C(gr)	5.7
H_2(g)	131
C_6H_{12}(l)	204
$\Delta_f H^{\ominus}$〔C_6H_{12}(l)〕$=-156\ \mathrm{kJ\,mol^{-1}}$	

ギブズ自由エネルギー

定温で進むプロセスの**ギブズ自由エネルギー変化**（Gibbs free energy）は，次の式で与えられる．

$$\Delta G=\Delta H-T\Delta S$$

この式は，標準的な教科書では熱力学第二法則から導かれている．ギブズ自由エネルギー変化は，反応のエンタルピー変化とエントロピー変化を組み合わせるもので，これを使って，定温定圧条件下で反応が自発的に進むかどうかを予想することができる．

熱力学第二法則から，反応が自発的に進むために求められることは，$\Delta S_{\mathrm{tot}}>0$ であることがわかっている．よって，定温定圧下では自発的に進む変化の向きは自由エネルギーが小さくなる向きである．つまり，$\Delta G_{p,T}$[†1] < 0 である．

†1 訳者注
下ツキで，一定とする条件（圧力，p，温度，T）．

例題 2.8F

与えられた条件のもとで次の反応が自発的に進むかどうかを決定せよ．

(a) エンタルピー変化，ΔH，は発熱過程で，エントロピー，ΔS，は増加する．

(b) エンタルピー変化，ΔH，は吸熱過程で，エントロピー，ΔS，は増加するが，$T\Delta S < \Delta H$.

(c) エンタルピー変化, ΔH, は吸熱過程で, エントロピー, ΔS, は減少する.

解き方

(a) ΔH は負であり，$T\Delta S$ は正である．よって $\Delta G = \Delta H - T\Delta S$ において，ΔG は常に負となる．つまり，この反応は，常に，自発的に進む．

(b) ΔH は正であり，$T\Delta S$ は正である．よって $\Delta G = \Delta H - T\Delta S$ において，$T\Delta S < \Delta H$ より，ΔG は正となる．つまり，この反応は自発的に進まない．

(c) ΔH は正であり，$T\Delta S$ は負である．つまり，$\Delta G = \Delta H - T\Delta S$ において，$-T\Delta S$ は正となり，ΔG は正となる．つまり，この反応は自発的に進まない．

例題 2.8G

(a) 系のエントロピーが減少した場合，反応が自発的に進むための ΔH の条件とは．

(b) 反応が自発的に進み，吸熱的であるなら，エントロピーはどのように変化するか．

(c)[†2] 以下の酸化鉄（Ⅲ）が炭素により還元される吸熱反応が，熱力学的に起こりうる温度を推定せよ．

$$2\,Fe_2O_3(s) + 3\,C(s) \longrightarrow 4\,Fe(s) + 3\,CO_2(g)$$

$$\Delta_r H^{\ominus} = +467.9\ \mathrm{kJ\ mol^{-1}},\ \Delta_r S^{\ominus} = 558.3\ \mathrm{J\ K^{-1}\ mol^{-1}}$$

†2 訳者注
例題 2.8G（c）の原文の解答は，本文に示したとおりであるが，もう少し詳しくみておきたい．この解答で求められた温度（838.1 K）は，自発的に進むと考えてよい最低温度となる．温度がこれよりも高ければ，$\Delta G < 0$ となるからである．ただし，問題に条件としては示されていないが，ΔH，ΔS がともに，温度により変化しないという条件があっての話である．

解き方

(a) エントロピーが減少するなら，$T\Delta S$ は負となり，$-T\Delta S$ は正となる．よって，ΔG が負となるには ΔH の絶対値が $T\Delta S$ の絶対値よりも大きく，かつ，負でなければならない．

(b) ΔH は正である．よって，ΔG が負になるには $T\Delta S > \Delta H$ となり，ΔS は正でなければならない．

(c) $\Delta G = \Delta H - T\Delta S$ の関係を使う．ΔG の符号は，$\Delta H = T\Delta S$ となる温度を境にしてプラス，マイナスが変化する．よって，ΔG が 0 になる温度を求めればよい．

$$T = \Delta H/\Delta S = 467.9 \times 10^3\ \mathrm{J\ mol^{-1}}/558.3\ \mathrm{J\ mol^{-1}\ K^{-1}} = 838.1\ \mathrm{K}$$

例題 2.8H

以下のデータを使い，298 K での次の反応の標準ギブズエネルギー変化を計算せよ．

$$CH_4(g) + N_2(g) \longrightarrow HCN(g) + NH_3(g)$$

	$CH_4(g)$	$N_2(g)$	$HCN(g)$	$NH_3(g)$
$\Delta_f H^{\ominus}/\mathrm{kJ\ mol^{-1}}$	−74.81	0.00	135.0	−46.11
$S^{\ominus}/\mathrm{J\ K^{-1}\ mol^{-1}}$	186.15	191.5	201.7	192.3

解き方

標準状態での反応のギブズエネルギー変化を計算するには，$\Delta G^{\ominus} = \Delta H^{\ominus} - T\Delta S^{\ominus}$を使う．反応のエンタルピー変化，$\Delta H^{\ominus}$，とエントロピー変化，$\Delta S^{\ominus}$，を与えられた表のデータより求める．

反応のエンタルピー変化は，次の式で求めることができる．

$$\Delta_r H^{\ominus} = \Delta_f H^{\ominus}(\text{生成物}) - \Delta_f H^{\ominus}(\text{反応物})$$

反応のエンタルピー変化を求めるには，表の値を以下の式のように，つまり生成物（HCN と NH_3）の生成エンタルピーの合計から，反応物（CH_4 と N_2）の生成エンタルピーの合計をひくように値を代入する．

$$\Delta_r H^{\ominus} = \sum \Delta_f H^{\ominus}(\text{生成物}) - \sum \Delta_f H^{\ominus}(\text{反応物})$$
$$= \sum \Delta_f H^{\ominus}(\text{HCN と NH}_3) - \sum \Delta_f H^{\ominus}(\text{CH}_4\text{ と N}_2)$$
$$\Delta_r H^{\ominus} = (135.05 - 46.11)\ \mathrm{kJ\ mol^{-1}} - (-74.81 + 0)\ \mathrm{kJ\ mol^{-1}}$$
$$= (88.89 + 74.81)\ \mathrm{kJ\ mol^{-1}}$$
$$\Delta_r H^{\ominus} = 163.7\ \mathrm{kJ\ mol^{-1}}$$

反応のエントロピー変化を求めるには，表の値を以下の式のように，つまり 298 K の生成物のエントロピーの合計から，298 K の反応物のエントロピーの合計をひくように値を代入する．

$$\Delta_r S^{\ominus} = \sum \nu S_m^{\ominus}(\text{生成物}) - \sum \nu S_m^{\ominus}(\text{反応物})$$
$$= (201.7 + 192.3)\ \mathrm{J\ K^{-1}\ mol^{-1}} - (186.15 + 191.5)\ \mathrm{J\ K^{-1}\ mol^{-1}}$$
$$= (394 - 377.65)\ \mathrm{J\ K^{-1}\ mol^{-1}}$$
$$= 16.35\ \mathrm{J\ K^{-1}\ mol^{-1}}$$

以上によりギブズの式に，必要な二つの値（反応のエンタルピー変化，$\Delta_r H^{\ominus}$，およびエントロピー変化，$\Delta_r S^{\ominus}$）を得た．これらの値と温度を$\Delta_r G^{\ominus} = \Delta_r H^{\ominus} - T\Delta_r S^{\ominus}$に代入して，

➡標準状態での反応の自由エネルギー，$\Delta_r G^{\ominus}$，は生成物のモル自由エネルギー，$\Sigma G_m^{\ominus}$(生成物)，と反応物のモル自由エネルギー，$\Sigma G_m^{\ominus}$(反応物)，との差となり，次のような式になる．$\Delta_r G^{\ominus} = \Sigma \nu G_m^{\ominus}$(生成物) − $\Sigma \nu G_m^{\ominus}$(反応物)．しかし，ここではモル自由エネルギーは与えられていないので，標準生成エンタルピーと標準反応エントロピーを使い，標準状態での$\Delta_r G^{\ominus}$を$\Delta G^{\ominus} = \Delta H^{\ominus} - T\Delta S^{\ominus}$より求めなければならない．

➡反応物 $N_2(g)$ は純元素であり，標準状態における純元素の生成エンタルピーは 0 となる．

$\Delta_r G^\ominus = \Delta_r H^\ominus - T\Delta_r S^\ominus = (163.7 \times 10^3\ \mathrm{J\ mol^{-1}}) - (298\ \mathrm{K}) \times (16.35\ \mathrm{J\ K^{-1}\ mol^{-1}}) = 158.83 \times 10^3\ \mathrm{J\ mol^{-1}} = 159\ \mathrm{kJ\ mol^{-1}}$

エンタルピーの値は kJ 単位で，エントロピーの値は J 単位であるので，エンタルピーの値に 10^3 をかけて，単位を揃えなければならない．

練習問題 2.27

ホルムアルデヒド（メタナール）は次の反応で生成する．

$H_2(g) + CO(g) \longrightarrow H_2CO(g)$

$\Delta_r H^\ominus = +1.96\ \mathrm{kJ\ mol^{-1}}$　　$\Delta_r S^\ominus = -110\ \mathrm{J\ K^{-1}\ mol^{-1}}$

反応温度 298 K での標準ギブズ自由エネルギー変化，$\Delta_r G^\ominus$，を計算し，この反応が，この温度（標準状態としてよい）で自発的に進むかどうかについて考察せよ．

練習問題 2.28

以下のデータを使って，25 ℃での次の反応の $\Delta_r G^\ominus$ を計算し，この反応がこの温度で自発的に進むかどうかについて考察せよ．

$CH_3COOH(l) + 2\ O_2(g) \longrightarrow 2\ CO_2(g) + 2H_2O(g)$

	$CH_3COOH(l)$	$O_2(g)$	$CO_2(g)$	$H_2O(g)$
$\Delta_f H^\ominus/\mathrm{kJ\ mol^{-1}}$	−484.5	0.00	−393.5	−241.8
$S^\ominus/\mathrm{J\ K^{-1}\ mol^{-1}}$	159.8	205.1	213.7	188.8

例題 2.81

(a) 25 ℃と (b) 500 ℃で，次の反応が自発的に進むかどうか予測せよ．

$N_2(g) + 3\ H_2(g) \rightleftharpoons 2\ NH_3(g)$

	$\Delta_f H^\ominus/\mathrm{kJ\ mol^{-1}}$	$S^\ominus/\mathrm{J\ K^{-1}\ mol^{-1}}$
$N_2(g)$	0.00	191.6
$H_2(g)$	0.00	130.7
$NH_3(g)$	−46.11	192.5

解き方

ここで，ギブズ自由エネルギーの符号を知るには，問題の表に与えられた反応物と生成物の $\Delta H^\ominus$ と $\Delta S^\ominus$ の値を以下の式に入れればよい．$\Delta G^\ominus$ の符号が負なら，反応は自発的に進む．

$$\Delta_r G^\ominus = \Delta_r H^\ominus - T\Delta_r S^\ominus$$

まず，反応の $\Delta_r H^\ominus$ と $\Delta_r S^\ominus$ を計算する．

$$\Delta_r H^\ominus = (2 \times -46.11)\ \mathrm{kJ\ mol^{-1}} - (0 + 3 \times 0)\ \mathrm{kJ\ mol^{-1}} = -92.22\ \mathrm{kJ\ mol^{-1}}$$

$$\Delta_r S^\ominus = (2 \times 192.5)\ \mathrm{J\ K^{-1}\ mol^{-1}} - (191.6 + 3 \times 130.7)\ \mathrm{J\ K^{-1}\ mol^{-1}} = -199\ \mathrm{J\ K^{-1}\ mol^{-1}}$$

(a) 25 ℃

25 ℃という温度に 273 を加えて 298 K に変換し，上で求めた $\Delta_r H^\ominus$ と $\Delta S^\ominus$ の値をギブズ自由エネルギーの式に代入する．

$$\Delta_r G^\ominus = -92.22 \text{ kJ mol}^{-1} - (298 \text{ K} \times -0.199 \text{ kJ K}^{-1} \text{ mol}^{-1})$$
$$= -32.9 \text{ kJ mol}^{-1}$$

$\Delta_r G^\ominus$ が負となり，反応はこの温度では自発的に進む．

(b) 500 ℃

再び 273 を加えてケルビン単位の温度に変換し，温度は 773 K となる．

$$\Delta_r G^\ominus = -92.22 \text{ kJ mol}^{-1} - (773 \text{ K} \times -0.199 \text{ kJ K}^{-1} \text{ mol}^{-1})$$
$$= +61.6 \text{ kJ mol}^{-1}$$

$\Delta_r G^\ominus$ が正となり，反応はこの温度では自発的に進まない．

上の計算では，298 K と 773 K で $\Delta_r H^\ominus$ と $\Delta_r S^\ominus$ は同じ値であると仮定した．この仮定より，反応が自発的に進むかどうかを予測できるが，$\Delta_r G^\ominus$ の正確な値を求めることはできない．さまざまな温度で $\Delta_r G^\ominus$ の正確な値を求めるために，**キルヒホッフの式**（Kirchhoff equation）を使う必要がある．

$$\Delta_r H^\ominus_{T_2} = \Delta_r H^\ominus_{T_1} + \Delta C_p \Delta T$$

$\Delta_r H^\ominus_{T_2}$ と $\Delta_r H^\ominus_{T_1}$ は，それぞれ二つの温度 T_2 と T_1 での反応の標準エンタルピーである．ΔC_p は生成物と反応物の熱容量の差である．この値は，次の式で求めることができる．

➔ ΔC_p が温度により変化しないと，よく仮定される．

$$\Delta C_p = \sum \nu_i C_p(\text{生成物}) - \sum \nu_i C_p(\text{反応物})$$

（ν_i は，量論式中の各反応物と各生成物のモル数である．）

例題 2.8J

例題 2.8I の反応について，500 ℃での $\Delta_r G^\ominus$ の正確な値を計算せよ．

$$N_2(g) + 3\,H_2(g) \rightleftharpoons 2\,NH_3(g)$$

	$\Delta_f H^\ominus_{298}$/kJ mol^{-1}	$S^\ominus_{298}$/ J K^{-1} mol^{-1}	C_p/ J K^{-1} mol^{-1}
$N_2(g)$	0	191.6	29.1
$H_2(g)$	0	130.7	28.8
$NH_3(g)$	−46.11	192.5	35.7

解き方

500 ℃という高温での $\Delta_r H^\ominus$ を求めるため，$\Delta_r H^\ominus_{T_2} = \Delta_r H^\ominus_{T_1} + \Delta C_p \Delta T$ を用いる．まず，ΔC_p を計算する必要がある．

$$\Delta C_p = \sum \nu_i C_p(\text{生成物}) - \sum \nu_i C_p(\text{反応物})$$

$$\Delta C_p = (2 \times 35.7\ \mathrm{J\ K^{-1}\ mol^{-1}}) - [(29.1\ \mathrm{J\ K^{-1}\ mol^{-1}}) + (3 \times 28.8\ \mathrm{J\ K^{-1}\ mol^{-1}})]$$

$$\Delta C_p = 71.4\ \mathrm{J\ K^{-1}\ mol^{-1}} - 115.5\ \mathrm{J\ K^{-1}\ mol^{-1}} = -44.1\ \mathrm{J\ K^{-1}\ mol^{-1}}$$

ここで，$\Delta_r H^\ominus_{T_2} = \Delta_r H^\ominus_{T_1} + \Delta C_p \Delta T$ を使い，$\Delta_r H^\ominus$を高温での値に変換する．

500 ℃は 273 を加え，ケルビン単位に変換され，773 K となる．

$$\Delta H^\ominus_{773} = -92.22\ \mathrm{kJ\ mol^{-1}} + [-44.1\ \mathrm{J\ K^{-1}\ mol^{-1}} \times (773 - 298)\ \mathrm{K}]$$
$$= -92.22\ \mathrm{kJ\ mol^{-1}} - 20.95\ \mathrm{kJ\ mol^{-1}} = -113.2\ \mathrm{kJ\ mol^{-1}}$$

$\Delta_r S^\ominus = \Delta C_p \ln(T_f/T_i)$ を使い，$\Delta_r S^\ominus$を高温での適切な値に変化させる．500 ℃（773 K）での $\Delta_r S^\ominus$の値を代入すると，

$$\Delta_r S^\ominus_{773} = \Delta_r S^\ominus_{298} + \Delta C_p \ln \frac{773\ \mathrm{K}}{298\ \mathrm{K}}$$

上で計算した ΔC_p と例題 2.8I で計算した $\Delta_r S^\ominus$を用いて，

$$\Delta_r S^\ominus_{773} = -198.7\ \mathrm{J\ K^{-1}\ mol^{-1}} + \left(-44.1\ \mathrm{J\ K^{-1}\ mol^{-1}} \ln \frac{773\ \mathrm{K}}{298\ \mathrm{K}}\right)$$
$$= -240.7\ \mathrm{J\ K^{-1}\ mol^{-1}}$$

➡室温でこの反応の $\Delta G^\ominus$は負であり反応は自発的に進むが，高温では，$\Delta G^\ominus$は正となり反応はもはや自発的に進まないことが計算からわかる．窒素と水素からアンモニアを得る反応は発熱反応であり，温度が下がると正反応が進む．

ギブズエネルギーの式を使い，高温でのギブズエネルギーを求めることができる．

$$\Delta_r G^\ominus = \Delta_r H^\ominus_{773} - T\Delta S^\ominus_{773}$$
$$= -113.2\ \mathrm{kJ\ mol^{-1}} - (773\ \mathrm{K} \times -240.7 \times 10^{-3}\ \mathrm{kJ\ K^{-1}\ mol^{-1}})$$
$$= +72.9\ \mathrm{kJ\ mol^{-1}}$$

500 ℃での $\Delta_r S^\ominus$の値は，J から kJ の単位に変換されている．

例題 2.8I（b）でみた近似的な値 $+61.6\ \mathrm{kJ\ mol^{-1}}$ と，上で得た値を比べると，$\Delta_r H^\ominus$と $\Delta S^\ominus$の正確な値を使ったときに，どのくらいの差がでてくるかをみることができる．

練習問題 2.29

右の表にある標準生成エンタルピーとエントロピーの値を使い，以下の反応の 25 ℃での $\Delta_r G^\ominus$を計算せよ．

$$2\,SO_2(g) + O_2(g) \longrightarrow 2\,SO_3(g)$$

	$\Delta H_f^\ominus/\mathrm{kJ\ mol^{-1}}$	$S^\ominus/\mathrm{J\ K^{-1}\ mol^{-1}}$
$SO_2(g)$	−297	248
$O_2(g)$	0.00	205
$SO_3(g)$	−395	256

ギブズ自由エネルギーと化学平衡

ある温度，圧力の条件下で反応が自発的に進むためには，その反応の標準ギブズ自由エネルギーが負，別のいい方をすれば 0 より小さい，すなわち $\Delta_r G^\ominus < 0$ でなければならない．

完全に終了†せず，**平衡**（equilibrium）（3 章を参照）に達する反応では，反応が平衡に達するまで，ギブズエネルギーは減少する．

同じ条件下でなら，平衡点で，反応のギブズエネルギーは最小となる．

†訳者注
反応が完全に終了するとは，反応物が 100%生成物に変わることを意味している．

もし，反応がさらに進むなら，ギブズエネルギーは増加に転じ，ギブズエネルギーの変化はもはや負とならない．つまり，いま考えている方向の反応は，自発的に進まなくなる．

反応が平衡に達する点で，$\Delta_r G^\ominus$は最小となる．平衡での反応物と生成物の濃度（あるいは気相反応での分圧）は，**平衡定数**（equilibrium constant），K，により決まる．つまり，反応の標準ギブズエネルギーと平衡定数の間に関連があることを意味している．反応のギブズエネルギーと平衡定数の関係は，次式で与えられる．

$$\Delta_r G^\ominus = -RT \ln K$$

ギブズエネルギーと平衡の関係をより深く知ろうとするなら，3章をみよ．

つまり，平衡定数の値が大きくなるほど（すなわち平衡がさらに生成物側に偏ると），反応のギブズエネルギーはより負になる（よって反応は自発的に進む）．この関係は，**反応等温式**（reaction isotherm）とよばれることもあり，またこの式の誘導は多くの標準的な教科書でみることができる．

例題 2.8K

物質	$\Delta_f G^\ominus$(kJ mol^{-1})
HCOOH(aq)	−372.3
H^+(aq)	0.00
$HCOO^-$(aq)	−351.0

左の標準状態での生成ギブズ自由エネルギーのデータを用いて，25 ℃でのギ酸の酸解離定数（K_a）を計算せよ．

解き方

まず，問題の平衡反応の式を書かなければならない．

$$\mathrm{HCOOH(aq)} \rightleftharpoons \mathrm{HCOO^-(aq)} + \mathrm{H^+(aq)}$$

$\Delta_r G^\ominus$は次の式により与えられる．

$$\Delta_r G^\ominus = \sum \nu \Delta_r G^\ominus(\text{生成物}) - \sum \nu \Delta_r G^\ominus(\text{反応物})$$
$$\Delta_r G^\ominus = -351.0\ \mathrm{kJ\ mol^{-1}} - (-372.3\ \mathrm{kJ\ mol^{-1}}) = +21.3\ \mathrm{kJ\ mol^{-1}}$$

続いて，$\Delta_r G^\ominus = -RT \ln K$を$\ln K$を求める形に変形する．

エネルギーの単位をJに，温度の単位をケルビンに変換している．

$$\ln K = -\frac{\Delta_r G^\ominus}{RT} = -\frac{+21.3 \times 10^3\ \mathrm{J\ mol^{-1}}}{8.314\ \mathrm{J\ K^{-1}\ mol^{-1}} \times 298\ \mathrm{K}} = -8.597$$
$$K = 1.85 \times 10^{-4}$$

となる．Kの値が小さく，標準ギブズ自由エネルギーが正の値をもつことは，この反応が自発的な反応ではないことを示唆している．

練習問題 2.30

シクロヘキサンの$\Delta_f G^\ominus$の値は$+26.8$ kJ mol^{-1}である．この反応のKを求めよ．構成元素からシクロヘキサンがつくられる反応を書き，平衡がどちらに寄っているかを示せ．

練習問題 2.31

(a) 水性ガス転化反応は好ましくない CO を H_2 に変える反応である.

$$H_2O(g) + CO(g) \rightleftharpoons H_2(g) + CO_2(g)$$

(i) 右の各物質の生成ギブズ自由エネルギーのデータを使って，上記の反応の 298 K での $\Delta_r G^\ominus$ を計算せよ.

(ii) 平衡定数，K，を計算せよ.

(b) $\Delta_f H^\ominus$ と $S^\ominus$ に関する次のデータを使って，$\Delta_r G^\ominus = 0$ となる $\Delta_r G^\ominus$ が正でも負でもない点の温度を計算せよ．この結果より，どのような仮定をたてることができるかも述べよ.

	$H_2O(g)$	$CO(g)$	$H_2(g)$	$CO_2(g)$
$\Delta_f H^\ominus$/kJ mol^{-1}	−242	−111	0	−394
$S^\ominus$/J K^{-1} mol^{-1}	+189	+198	+131	+214

物質	$\Delta_f G^\ominus$/kJ mol^{-1}
$H_2O(g)$	−229
$CO(g)$	−137
$H_2(g)$	0.00
$CO_2(g)$	−395

188 ページの演習問題に進み，この章のいくつかのテーマの解説や例題，練習問題で学んだ概念や問題解決戦略を使い，正解を目指して挑戦してほしい．解答は本書の巻末に掲載し，詳細な解答は化学同人のホームページでみることができる.
https://www.kagakudojin.co.jp/book/b590150.html

3 化学平衡

反応物を混合すると，**平衡**（equilibrium）に達するまで反応は進行する．‘動的平衡’という言葉は，以下のことをいい表している．いったん平衡に達すると，正反応と逆反応が同じ速度で進むようになる．反応物と生成物の両方とも存在するが，混合物全体がさらなる変化を受けることはない†1.

†1 訳者注
この文は平衡に達すると，組成を分析しても変化しているとはみえない（マクロな変化がない）が，分子レベルでみれば，正反応の進行により反応物が減少するが，同じ速度で逆反応により生成物の分解が起こり，反応物が補充される（ミクロな変化はある）ため，全体としては，変化がないようにみえることをいっている．

例として，水素とヨウ素の反応によりヨウ化水素が生成する次の反応について考えよう．

$$H_2(g) + I_2(g) \rightleftharpoons 2\,HI(g)$$

平衡に達する過程は，次のようにして調べることができるだろう．一つ目は，反応物の水素とヨウ素の反応混合物を密閉容器に入れ，平衡に達するまで反応をさせる，あるいは密閉容器に生成物であるヨウ化水素を入れ，平衡に達するまで反応させる．両方の反応容器中での反応が平衡に到達すると，その後は決まった比を保つような量の反応物と生成物が反応容器内に存在することになる．

平衡でのこの反応物と生成物の比は，反応の**平衡定数**（equilibrium constant）により決められる．この比が，反応物と生成物の濃度（$\mathrm{mol\,dm^{-3}}$ の単位をもつ）で表される場合は，反応の平衡定数，K_c†2，は次のようになる．

†2 訳者注
濃度平衡定数ということもある．

$$K_c = \frac{[HI]^2}{[H_2][I_2]}$$

基礎となる理論をきちんと勉強しようとするなら，例題を勉強することを強く進めたい．

3.1　平衡とギブズ自由エネルギー

反応の推移は反応進行度，ξ，をみることで理解できる．反応進行度はモル単位であり，反応がどの程度進行したかを示す指標である．反応の開始時では，この値は 0 である．平衡に到達すると，ジュール単位の混合物のギブズエネルギー，G，は図 3.1 にあるように最小となる．

図 3.1 に示されるような反応進行度，ξ，に対する反応のギブズエネルギーのグラフで平衡となる位置は，グラフの傾きが 0 となる位置である．$\Delta_r G$ は，一定の温度，T，と圧力，p，の条件下で，反応進行度，ξ，を用いて次の式により反応のギブズエネルギー，G，から導かれる．

$$\Delta_r G = \left(\frac{dG}{d\xi}\right)_{p,T}$$

ここで，$\Delta_r G$ は反応進行度，ξ，に対するギブズエネルギー，G，のグラフの傾きと定義される．$\Delta_r G$ が 0 より小さいなら正反応が自発的に進み，$\Delta_r G$ が 0 より大きいなら逆反応が自発的に進む．$\Delta_r G$ が 0 なら反応は平衡に達している．また，反応の自発性の度合いと速度の間には，何の関係もないことに注意してほしい．

反応のギブズエネルギー，$\Delta_r G$，は反応物の化学ポテンシャルと生成物の化学ポテンシャルの差である．化学ポテンシャルの和は組成により変化するので，$\Delta_r G$ も反応の進行に伴い変化する．反応のギブズエネルギー，$\Delta_r G$，と標準反応ギブズエネルギー，$\Delta_r G^{\ominus}$，を混同してはいけない．標準反応ギブズエネルギーは反応物と生成物の標準モルギブズエネルギーの差と定義されている．これら二つの量，$\Delta_r G$ と $\Delta_r G^{\ominus}$ の関係は次式のようになる．

$$\Delta_r G = \Delta_r G^{\ominus} + RT \ln Q$$

ここで $\Delta_r G$ は $\mathrm{J\,mol^{-1}}$ の単位をもつ反応のギブズエネルギー，$\Delta_r G^{\ominus}$，は $\mathrm{J\,mol^{-1}}$ の単位をもつ標準反応ギブズエネルギー，R は $\mathrm{J\,K^{-1}\,mol^{-1}}$ の単位の気体定数，T は K 単位の温度であり，Q は反応の商（単位のない量）[†1] である．

平衡時，$\Delta_r G$ は 0 となり，反応の商は以下の式でみるように平衡定数となる．

$$\Delta_r G = \Delta_r G^{\ominus} + RT \ln Q$$
$$0 = \Delta_r G^{\ominus} + RT \ln K$$
$$\Delta_r G^{\ominus} = -RT \ln K$$

ここで $\Delta_r G^{\ominus}$ は $\mathrm{J\,mol^{-1}}$ の単位をもつ標準反応ギブズエネルギーで，R は $\mathrm{J\,K^{-1}\,mol^{-1}}$ の単位の気体定数，T は K 単位の温度であり，K は平衡定数（単位のない量）である．

次節から，多くのさまざまな形の平衡を扱う．扱う平衡には気相反応，酸と塩基，難溶性塩や錯イオン形成などがある．反応物と生成物がすべて同じ相にある平衡は，均一相の平衡として知られており，気相系での反応などの例がある．反応物と生成物が異なる相の混合物である平衡は，

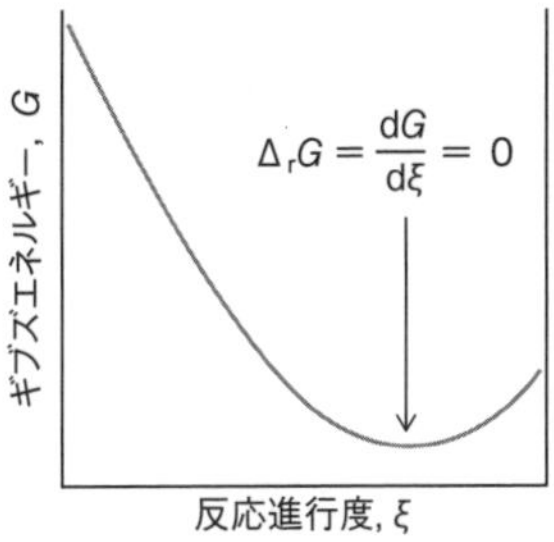

$\Delta_r G < 0$ なら，正反応が自発的に進む
$\Delta_r G > 0$ なら，逆反応が自発的に進む
$\Delta_r G = 0$ なら，反応は平衡に達する

図 3.1 反応進行度，ξ に対するギブズエネルギー，G
反応のギブズエネルギー，$\Delta_r G$，は，このグラフの傾きである．平衡点は，このグラフの最小値の位置であり，傾きが 0 となる位置である．

➡ $\Delta_r G$ は反応進行度，ξ，に対するギブズエネルギー，G，のグラフの傾きである．反応のギブズエネルギー，$\Delta_r G$，と標準反応ギブズエネルギー，$\Delta_r G^{\ominus}$，を混同しないよう注意してほしい．

†1 訳者注
反応の商は平衡定数と同じ形をもつ量であり，平衡定数は平衡が成立するという特別な条件下での Q であると理解すればよい．

➡ 化学ポテンシャル[†2] は，物質が物理的もしくは化学的に変化するために必要なポテンシャルとされている．1 成分系では，化学ポテンシャルはモルギブズエネルギーであり，混合物では化学ポテンシャルは部分モルギブズエネルギーである．平衡状態の系では，系の化学ポテンシャルは一定となる．

†2 訳者注
ポテンシャルという概念は単なる位置エネルギーだけではなく，物質が潜在的にもつエネルギー全般を指す概念であり，ポテンシャルという言葉が広く使われる．本書でもこの例にならい，ポテンシャルのまま使うことにする．

不均一相の平衡として知られ，難溶性塩の溶解の例がある．

平衡の位置は，反応の平衡定数の値により定量的に扱えるようになる[†1]．通常，平衡定数の値が大きくなると，平衡状態にある混合物中の反応物の濃度に対する生成物の濃度の比は大きくなる．同様に，平衡定数が小さくなると，平衡状態にある混合物中の反応物の濃度に対する生成物の濃度の比は小さくなる．生成物の濃度の反応物の濃度に対する正確な比は，平衡定数の式より求めることができる．平衡に関する議論には，反応速度にかかわる議論は含まれていないことを記憶にとどめてほしい．自発的に進む反応の速度が遅くても長い時間をかければ，必ず平衡に到達するからである．

3.2 平衡定数—実在系の近似

一般的な形をした次の反応に対して，

$$xA + yB \rightleftharpoons mC + nD$$

熱力学的平衡定数，K，は平衡時の反応物と生成物の**活量**（activity），a を使い，次の式で表される．

$$K = \frac{(a_C)^m (a_D)^n}{(a_A)^x (a_B)^y}$$

完全気体（理想気体と考えてよい）では，活量，a，はその分圧，p，（bar の単位をもつ）の標準状態での圧力，$p^{\ominus}$（bar の単位をもつ），に対する比となり，完全溶液では，活量，a，は溶液中の溶質のモル濃度（$\mathrm{mol\ dm^{-3}}$ の単位をもつ）の標準溶液[†2]のモル濃度（$\mathrm{mol\ dm^{-3}}$ の単位をもつ）に対する比となる．

つまり，

$$K = \frac{(a_C)^m (a_D)^n}{(a_A)^x (a_B)^y} = \frac{\left(\frac{p_C}{p^{\ominus}}\right)^m \left(\frac{p_D}{p^{\ominus}}\right)^n}{\left(\frac{p_A}{p^{\ominus}}\right)^x \left(\frac{p_B}{p^{\ominus}}\right)^y}$$

あるいは，

$$K = \frac{(a_C)^m (a_D)^n}{(a_A)^x (a_B)^y} = \frac{\left(\frac{[C]}{[C]^{\ominus}}\right)^m \left(\frac{[D]}{[D]^{\ominus}}\right)^n}{\left(\frac{[A]}{[A]^{\ominus}}\right)^x \left(\frac{[B]}{[B]^{\ominus}}\right)^y}$$

不均一系の平衡定数は単純である．というのは，一定温度のもとでは純粋な（混合物ではないと考えるとよい）固体や純粋な液体（溶媒）の濃度（もしくは活量）は変化せず，1 であるとしてよい．K は，単位が

➡ $\ln Q$ は，反応の商，生成物の活量（次節で説明される）の反応試薬の活量に対する比の自然対数を表している．反応の商は単位がない．

➡ 記号 $\ominus$ が熱力学量についているときは，標準状態（1 bar の圧力）での値であることを示す．温度は，標準状態の定義には含まれていないことに注意．

†1 訳者注
平衡定数にかかわる議論は，平衡に達した状態での議論である．本文にあるように，そこに至るまでの時間や速度は平衡の議論には関係がないことに注意すること．

➡ 平衡を議論するとき，反応式をいつも提示しなければならないことに注意すること．

➡ 反応系中のある化学種（物質と考えてもよい）の活量は，その有効濃度である．活量は，単位のない量である．

†2 訳者注
標準溶液の濃度は，通常，$1\ \mathrm{mol\ dm^{-3}}$ とされる．

ないことにも注意が必要である．

ただし，通常，よく上記の式を以下のように近似して用いる．平衡状態にある気相系では，生成物と反応物の分圧の比をとり，定数を K_p としている[†1]．

$$K_p = \frac{(p_C)^m (p_D)^n}{(p_A)^x (p_B)^y}$$

また，平衡状態の溶液については，生成物と反応物の濃度の比をとり，定数を K_c としている．

$$K_c = \frac{[C]^m [D]^n}{[A]^x [B]^y}$$

K_p と K_c はよい近似式となり，希薄混合物の性質をよく表す．これら二つの平衡定数の単位は，反応の量論により変わってくる[†2]．

表 3.1 に，これら三つの異なる形の平衡定数についてまとめてある．

表 3.1 異なる形の平衡定数のまとめ

K	K_p	K_c
無単位	圧力単位（正確には，単位は K_p の形と p の単位に依存する．ときどき，すべての単位が消える[†3]）	濃度単位（正確には，単位は K_c の形に依存する．ときどき，すべての単位が消える）
活量で表される熱力学的平衡定数	分圧で表される平衡定数（分圧が低く，気体が完全気体のように振る舞うとき，よく合う近似となる）	濃度で表される平衡定数（濃度が低く，溶液が理想溶液のように振る舞うとき，よく合う近似となる）

例題 3.2A

窒素と水素からアンモニアが生成する反応の平衡を考える．

$$N_2(g) + 3\,H_2(g) \rightleftharpoons 2\,NH_3(g)$$

K，K_p，K_c の形を求め，単位も示せ．

解き方

反応物（窒素と水素）は反応式の左辺にあり，生成物（アンモニア）は右辺にある．反応物側の各元素の原子数は，生成物側の各元素の原子数と数が合うようにして反応式がつくられている．K，K_p，K_c の形を示すと，

$$K = \frac{(a_{NH_3})^2}{(a_{N_2})(a_{H_2})^3} \qquad 単位はない．$$

$$K_p = \frac{(p_{NH_3})^2}{(p_{N_2})(p_{H_2})^3} \qquad 単位は\ atm^{-2}\ である．$$

および，

†1 訳者注
圧平衡定数ということもある．

†2 訳者注
たとえば，(水素)＋(ヨウ素) → 2（ヨウ化水素）という反応では K_c に単位はないが，3（水素)＋(窒素 → 2（アンモニア）では K_c の単位は $(mol\ dm^{-3})^{-2}$ となる．例題 3.2A 参照のこと．

†3 訳者注
「すべての単位が消える」とは，水素とヨウ素からヨウ化水素が生成する反応で平衡定数の分母と分子の単位が同じとなり，無単位となることを思い浮かべれば理解できる．

➔ほかの圧力を示す単位を使ってもよい．

➡生成物は分子に置かれ，反応物は分母に置かれることを確認してほしい．反応の量論関係にも，とくに注意をはらい，正しい指数を使うようにしてほしい．この場合，量論係数によりアンモニアの項は2乗，水素の項は3乗となる．

$$K_c = \frac{[NH_3]^2}{[N_2][H_3]^3}$$ 単位は $mol^{-2}\ dm^6$ である．

例題 3.2B

ニッケルと一酸化炭素からテトラカルボニルニッケル（ニッケルカルボニルともいう）を生成する反応を考える．テトラカルボニルニッケルの融点（43 ℃）よりも高い温度では，生成物は気体である．

$$Ni(s) + 4\,CO(g) \rightleftharpoons Ni(CO)_4(g)$$

K，K_p，K_c の形を求め，適切な単位を示せ．

解き方

反応物（ニッケルと一酸化炭素）は反応式の左辺にあり，生成物（テトラカルボニルニッケル）は右辺にある．反応物側の各元素の原子数は，生成物側の各元素の原子数と数が合うようにして，反応式がつくられている．ニッケルは固体の形で反応式に現れており，活量が1となるため，平衡定数には現れない．K，K_p，K_c の形を示すと，

$$K = \frac{(a_{Ni(CO)_4})}{(a_{Ni})(a_{CO})^4} = \frac{(a_{Ni(CO)_4})}{(a_{CO})^4}$$ 単位はない．

➡ほかの圧力を示す単位を使ってもよい．

$$K_p = \frac{p_{Ni(CO)_4}}{(p_{CO})^4}$$ 単位は atm^{-3} である．

および，

$$K_c = \frac{[Ni(CO)_4]}{[CO]^4}$$ 単位は $mol^{-3}\ dm^9$ である．

練習問題 3.1

以下の反応の K，K_p，K_c の形を求め，適切な単位を示せ．

(a) $H_2(g) + I_2(g) \rightleftharpoons 2\,HI(g)$

(b) $2\,SO_3(g) \rightleftharpoons 2\,SO_2(g) + O_2(g)$

(c) $PCl_5(g) \rightleftharpoons PCl_3(g) + Cl_2(g)$

(d) $2\,H_2S(g) \rightleftharpoons 2\,H_2 + S_2(s)$

(e) $N_2(g) + O_2(g) \rightleftharpoons 2\,NO(g)$

3.3 K_p，K_c，および K はどのように関連しているのか

K_p と K_c は以下の式により，関連づけられている．

$$K_p = K_c(RT)^{\Delta n}$$

ここで，

- K_p は分圧を使った平衡定数
- K_c は濃度を使った平衡定数
- R は気体定数（さまざまな値と単位を使うことができる）
- T は温度（単位はK）
- Δn は反応による気体のモル数の変化の合計（つまり，「気体状態の生成物のモル数の合計」すなわち「気体状態の反応物のモル数の合計」）

$\Delta n = 0$ なら K_p と K_c は同じ値となり，K_p の単位が atm なら K_p と K は同じ値となる．

➡ K_p の単位は，そこで使用されている R の値による．

例題 3.3A

次の反応で表される 350 K での N_2O_4 の平衡解離反応の K_p を求めよ（K_p は最初 atm の単位で求め，その後 Pa 単位で求めよ）．

$$N_2O_4(g) \rightleftharpoons 2\,NO_2(g) \quad K_c = 0.13\ \mathrm{mol\ dm^{-3}}$$

解き方

この場合，気体状態の生成物のモル数が 2 なら，気体状態の反応物のモル数は 1 となる．よって，$\Delta n = 1$ となる．K_c の値が $0.13\ \mathrm{mol\ dm^{-3}}$ であることより，K_p は圧力単位に atm を使って，

$$K_p = K_c(RT)^{\Delta n} = (0.13\ \mathrm{mol\ dm^{-3}}) \times [(0.0821\ \mathrm{dm^3\ atm\ K^{-1}\ mol^{-1}}) \times (350\ \mathrm{K})]^1 = 3.7\ \mathrm{atm}$$

また，単位に Pa を使うと，

$$K_p = K_c(RT)^{\Delta n} = (130\ \mathrm{mol\ m^{-3}}) \times [(8.314\ \mathrm{m^3\ J\ K^{-1}\ mol^{-1}}) \times (350\ \mathrm{K})]^1 = 370\ \mathrm{kPa}$$

となる．$1\ \mathrm{atm} = 1.013 \times 10^5\ \mathrm{Pa}$ であり，上で得られた二つの答えは同等であることみることができる．

➡ K_c は Pa 単位をもつ解を求めるため，$\mathrm{mol\ m^{-3}}$ の単位をもつ必要のあることに注意する必要がある．$1\ \mathrm{mol\ dm^{-3}} = 1000\ \mathrm{mol\ m^{-3}}$ であるので，$0.13\ \mathrm{mol\ dm^{-3}} = 130\ \mathrm{mol\ m^{-3}}$．$1\ \mathrm{J} = \mathrm{kg\ m^2\ s^{-2}}$ および $1\ \mathrm{Pa} = \mathrm{kg\ m^{-1}\ s^{-2}}$ であるので，解は Pa 単位となる．

例題 3.3B

25 ℃で窒素と水素からアンモニアが生成する平衡反応の K_c を求めよ．

$$N_2(g) + 3\,H_2(g) \rightleftharpoons 2\,NH_3(g) \quad K_p = 6.10 \times 10^5\ \mathrm{atm^{-2}}$$

解き方

この場合，気体状態の生成物のモル数を 2 とすると，気体状態の反応物のモル数の合計は 4 となる．よって，$\Delta n = -2$ となる．K_p の値が $6.10 \times 10^5\ \mathrm{atm^{-2}}$ なので，K_c は，

$$K_p = K_c(RT)^{\Delta n}$$

$$K_c = \frac{K_p}{(RT)^{\Delta n}} = \frac{(6.10 \times 10^5\ \mathrm{atm^{-2}})}{[(0.0821\ \mathrm{dm^3\ atm\ K^{-1}\ mol^{-1}}) \times (298\ \mathrm{K})]^{-2}}$$

$$= 3.6 \times 10^8\ \mathrm{mol^{-2}\ dm^6}$$

➡ 温度の単位を，セ氏温度からケルビン温度に変換しなければならないことに注意．

練習問題 3.2

次の反応の K_c を求めよ．

(a) $N_2O_4(g) \rightleftharpoons 2\,NO_2(g)$　327 ℃で，$K_p = 1.78 \times 10^4$ atm

(b) $N_2(g) + 3\,H_2(g) \rightleftharpoons 2\,NH_3(g)$　400 K で，$K_p = 40.7$ atm^{-2}

(c) $2\,SO_2(g) + O_2(g) \rightleftharpoons 2\,SO_3(g)$

298 K で，$K_p = 4.0 \times 10^{24}$ atm^{-1}

(d) $H_2(g) + I_2(g) \rightleftharpoons 2\,HI(g)$　427 ℃で，$K_p = 54$

3.4 正反応と逆反応

前進する反応（正反応）と後退する反応（逆反応）の平衡定数は同じ形の式ではないため，注目している反応の反応式を常に与える必要があることに注意しなければならない．次のような一般的な形の反応について，

$$2\,A + B \rightleftharpoons 2\,C + 2\,D$$

平衡定数 K_{c1} は，次のように表される．

$$K_{c1} = \frac{[C]^2[D]^2}{[A]^2[B]}$$

一方で，上の一般系の逆方向で書かれる反応について，

$$2\,C + 2\,D \rightleftharpoons 2\,A + B$$

では，平衡定数 K_{c2} は次のように表される．

$$K_{c2} = \frac{[A]^2[B]}{[C]^2[D]^2}$$

K_{c1} と K_{c2} を比べると，これらは同じではないことがわかる．しかし，次の関係がある．

$$K_{c1} = \frac{1}{K_{c2}}$$

例題 3.4A

四酸化二窒素が解離して二酸化窒素となる次の平衡反応を考える．

$$N_2O_4(g) \rightleftharpoons 2\,NO_2(g) \quad 600\ \text{K で，} K_p = 1.78 \times 10^4\ \text{atm}$$

逆反応の平衡定数を求めよ．

解き方

逆反応：

$$2\,\mathrm{NO_2(g)} \rightleftharpoons \mathrm{N_2O_4(g)}$$

の平衡定数は，

$$K_{\mathrm{p\,逆反応}} = \frac{1}{K_{\mathrm{p\,正反応}}}$$

$$K_{\mathrm{p\,逆反応}} = \frac{1}{(1.78 \times 10^{4}\,\mathrm{atm})} \qquad K_{\mathrm{p\,逆反応}} = 5.62 \times 10^{-5}\,\mathrm{atm}^{-1}$$

➡温度は計算では使われないが，反応を記述するときに記載されることに注意.

練習問題 3.3

次の反応について，逆反応の平衡定数の値を計算せよ.

(a) $\mathrm{N_2(g)} + 3\,\mathrm{H_2(g)} \rightleftharpoons 2\,\mathrm{NH_3(g)}$　400 K で，$K_\mathrm{p} = 40.7\,\mathrm{atm}^{-2}$

(b) $2\,\mathrm{SO_2(g)} + \mathrm{O_2(g)} \rightleftharpoons 2\,\mathrm{SO_3(g)}$

298 K で，$K_\mathrm{p} = 4.0 \times 10^{24}\,\mathrm{atm}^{-1}$

(c) $\mathrm{H_2(g)} + \mathrm{I_2(g)} \rightleftharpoons 2\,\mathrm{HI(g)}$　700 K で，$K_\mathrm{p} = 54$

3.5 ル・シャトリエの原理

ル・シャトリエの原理（Le Chatelier's principle）では，次のことを教えている．平衡状態の系が乱されたとき，この乱れの方向とは，系では以下のように逆の方向の変化を起こすような変化で対応がなされる.

温度変化：一定の温度のもとでは，K はある値に固定されている．しかし，反応の進行により温度が変化すると，次のようにして平衡定数の値が変化する．反応が発熱反応か吸熱反応かにより，平衡定数が増加したり減少したりする．温度が上昇する場合は吸熱反応は進み，平衡混合物の組成が変化する．温度が下がる場合は発熱反応が進み，平衡混合物の組成が変化する.

不活性ガスの添加による圧力の変化：平衡定数は，一定温度のもとでは圧力には依存しない．反応物や生成物の分圧が変化せず，平衡混合物の組成に影響はない.

系の体積の変化による圧力の変化：平衡定数は，一定温度のもとでは圧力に依存しない．しかし，反応により圧力が変化するとき，系の体積が小さくなったり大きくなったりすると反応物や生成物の分圧が変化する．反応によっては平衡定数の値を一定に保持するように，この変化を補う方向に平衡の位置が変化する．たとえば，反応の進行により気体分子の数が変化し圧力が上昇したとき，気体分子の生成が少なくなるように反応が進行する．気体分子の数に変化のない反応では，反応が進んだときの圧力は平衡の位置に影響しない.

3.6 標準ギブズエネルギー変化と平衡の位置

反応の熱力学的平衡定数，K，は次の式に示されるように**標準ギブズエネルギー変化**（standard Gibbs energy change），$\Delta_r G^{\ominus}$，と関連がある．

$$\Delta_r G^{\ominus} = -RT\ln K$$

ここで，

- $\Delta_r G^{\ominus}$は標準ギブズエネルギー変化（単位は J mol^{-1}）
- R は気体定数（8.314 J K^{-1} mol^{-1}）
- T は温度（単位は K）
- K は熱力学的平衡定数（単位がない数，無次元数）

$\Delta_r G^{\ominus}$は，標準状態の構成元素から 1 bar のもとで，その物質 1 mol が生成されるときのギブズエネルギー変化である．この値は正の値も負の値もとりうる．熱力学量をまとめたデータ表を使って，任意の温度での反応の熱力学的平衡定数をこの式より予測することができるが，そのために $\ln K$ を求める形に変形しなければならない．

$$\ln K = -\frac{\Delta_r G^{\ominus}}{RT}$$

K の値を求めるため，左辺の自然対数の真数を求める形にする必要がある．このときに $\ln x = y$ なら $x = e^y$ の関係を使う．

➡e は数学的な定数である．これは自然対数の底であり，2.718 という値である．科学計算のできる電卓では，真数キー e^x があり，そのキーを使うことで指数関数の値を求めることができる．

$$K = e^{-\left(\frac{\Delta_r G^{\ominus}}{RT}\right)}$$

K の値は，$\Delta_r G^{\ominus}$の符号により小さくなったり，大きくなったりしうる．$\Delta_r G^{\ominus}$が正なら小さくなり，$\Delta_r G^{\ominus}$が負なら大きくなる．

例題 3.6A

ある反応について，25 ℃で $\Delta_r G^{\ominus} = -2.50$ kJ mol^{-1} である．熱力学的平衡定数 K を計算せよ．

➡セ氏温度をケルビン温度に変換することと，$\Delta_r G^{\ominus}$を J mol^{-1} の単位にすることを忘れてはいけない．答えは，理にかなっているか．　はい：標準ギブズエネルギー変化は負であるので，答えは 1 より大きくなると予想できる．

解き方

K の式を書いて，数値を入れて解くと，K の値を求めることができる．

$$K = e^{-\left(\frac{\Delta_r G^{\ominus}}{RT}\right)} \qquad K = e^{-\left(\frac{-2.50\times 10^3\ \mathrm{J\ mol^{-1}}}{8.314\ \mathrm{J\ K^{-1}\ mol^{-1}} \times 298\ \mathrm{K}}\right)} = 2.74$$

例題 3.6B

ある反応について，25 ℃で $K = 6.0 \times 10^5$ である．標準ギブズエネルギー変化を計算せよ．

➡答えは理にかなっているか．はい：平衡定数は大きな値をもち，反応が自発的に進むことを示唆している．よって，標準ギブズエネルギー変化は負であることがわかる．

解き方

$\Delta_r G^{\ominus}$の式を書いて数値を入れて解くと，$\Delta_r G^{\ominus}$の値を求められる．

$$\Delta_r G^{\ominus} = -RT\ln K$$
$$\Delta_r G^{\ominus} = -(8.314\ \mathrm{J\ K^{-1}\ mol^{-1}}) \times (298\ \mathrm{K}) \times (\ln 6.0 \times 10^5)$$
$$\Delta_r G^{\ominus} = -33\ \mathrm{kJ\ mol^{-1}}$$

練習問題 3.4

(a) ある反応について，25 ℃で $\Delta_r G^{\ominus} = 3.250\ \mathrm{kJ\ mol^{-1}}$ である．熱力学的平衡定数 K を計算せよ．

(b) ある反応について，25 ℃で $K = 2 \times 10^{-5}$ である．標準ギブズエネルギー変化，$\Delta_r G^{\ominus}$ を計算せよ．

3.7 温度の影響

反応の平衡定数の値は温度により変化する．温度が上昇したとき，反応が吸熱反応か発熱反応かにより平衡定数の値は増加もしくは減少する．吸熱反応では，温度の上昇により，平衡定数の値は**増加**（increases）する．発熱反応では，温度の上昇により，平衡定数の値は**減少**（decreases）する．

以下の二つの式により温度と反応のエンタルピー変化の関係を表すことができる．

$$\Delta_r G^{\ominus} = -RT\ln K$$

ここで，

- $\Delta_r G^{\ominus}$は反応の標準ギブズエネルギー変化（単位は $\mathrm{J\ mol^{-1}}$）
- R は気体定数（$8.314\ \mathrm{J\ K^{-1}\ mol^{-1}}$）
- T は温度（単位は K）
- K は熱力学的平衡定数（単位がない数，無次元数）

そして，

$$\Delta_r G^{\ominus} = \Delta_r H^{\ominus} - T\Delta_r S^{\ominus}$$

ここで，

- $\Delta_r G^{\ominus}$は反応の標準ギブズエネルギー変化（単位は $\mathrm{J\ mol^{-1}}$）
- $\Delta_r H^{\ominus}$は反応の標準エンタルピー変化（単位は $\mathrm{J\ mol^{-1}}$）
- T は温度（単位は K）
- $\Delta_r S^{\ominus}$は反応の標準エントロピー変化（単位は $\mathrm{J\ K^{-1}\ mol^{-1}}$）

まず，これら二つの式より，

$$-RT\ln K = \Delta_r H^{\ominus} - T\Delta_r S^{\ominus}$$

両辺を $-RT$ でわって，

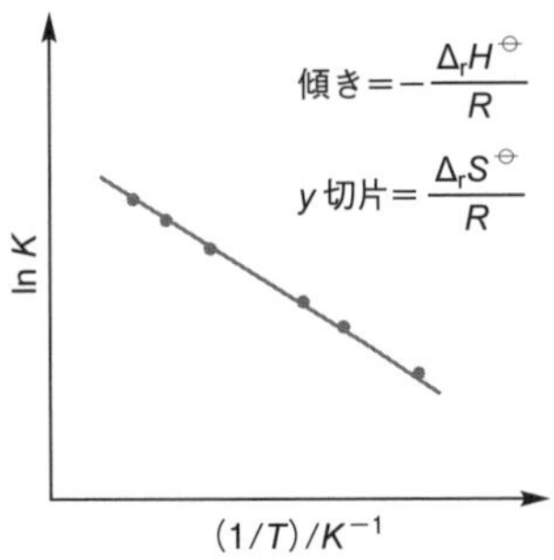

図 3.2　ln K の 1/T に対するプロット
標準エンタルピー変化は，傾きより求めることができる．

$$\ln K = \frac{\Delta_r H^\ominus}{-RT} - \frac{T\Delta_r S^\ominus}{-RT}$$

式を簡単にして，

$$\ln K = -\frac{\Delta_r H^\ominus}{RT} + \frac{\Delta_r S^\ominus}{R}$$

この関係は，**ファントホッフの式**（van't Hoff equation）として知られている．温度を変えて何点かの平衡定数を測定することで，反応の標準エンタルピー変化と標準エントロピー変化を求めることができる．

$$\ln K = -\frac{\Delta_r H^\ominus}{RT} + \frac{\Delta_r S^\ominus}{R}$$

この式は，次のように書き直すことができる．

$$\ln K = -\frac{\Delta_r H^\ominus}{R}\frac{1}{T} + \frac{\Delta_r S^\ominus}{R}$$

$\ln K$ を $1/T$ に対してプロットすれ†ば，図 3.2 のような傾きが $-\Delta_r H^\ominus/R$ で y 切片が $\Delta_r S^\ominus/R$ の直線が描ける．

† 訳者注
「プロットする」は自然科学でよく使われる．「点を打つ」という意味から，データ点を打ち，グラフ化するときに使われる．

ある反応に対して，反応の標準エンタルピー変化とある一つの温度での平衡定数がわかっていれば，次の式を使い，ほかの温度での平衡定数の値を予測することができる．

$$\ln\frac{K_2}{K_1} = \frac{-\Delta_r H^\ominus}{R}\left(\frac{1}{T_2} - \frac{1}{T_1}\right)$$

ここで，K_1 と K_2 はそれぞれ温度 T_1 と T_2 での熱力学的平衡定数である．$\Delta_r H^\ominus$ は反応の標準エンタルピー変化，R は気体定数（8.314 J K^{-1} mol^{-1}）である．

➡この式の誘導において，想定の温度変化の範囲で反応の標準エンタルピー変化と標準エントロピー変化は一定であると仮定している．

例題 3.7A

25 ℃で窒素と水素からアンモニアが生成する平衡反応は次のように表される．

$$N_2(g) + 3\,H_2 \rightleftharpoons 2\,NH_3(g) \quad K = 6.10 \times 10^5$$

標準エンタルピー変化，$\Delta_r H^\ominus$，は -92.2 kJ mol^{-1} である．67 ℃での平衡定数の値を予測せよ．

解き方

以下の式を使う．問題に示された温度の範囲で，標準エンタルピー変化は一定であるとし，わかっている値を代入する．

$$\ln\frac{K_2}{K_1} = \frac{-\Delta_r H^\ominus}{R}\left(\frac{1}{T_2} - \frac{1}{T_1}\right)$$

$$\ln\frac{K_2}{K_1}=\frac{-(-92.2\times10^3\ \mathrm{J\,mol^{-1}})}{8.314\ \mathrm{J\,K^{-1}\,mol^{-1}}}\left(\frac{1}{340\ \mathrm{K}}-\frac{1}{298\ \mathrm{K}}\right)$$

$$\ln\frac{K_2}{K_1}=-4.60$$

$\ln K_2/K_1$ は K_2/K_1 の自然対数である．K_2 を推定するには，まず逆対数をとる．

$$\frac{K_2}{K_1}=\mathrm{e}^{-4.60}=0.010$$

K_2 を求める形に変形する．

$$K_2=(0.010\times6.10\times10^5)=6.1\times10^3\qquad K_2=6.1\times10^3$$

➡セ氏温度をケルビン温度に変換することを忘れてはいけない．また，$\Delta_r H^{\ominus}$ は単位を $\mathrm{J\,mol^{-1}}$ に直す．こうすると，この単位が式にあるように消える．

➡$\ln K_2/K_1=-x$ は，$K_2/K_1=\mathrm{e}^{-x}$ となる．

➡答えは理にかなっているか．はい：標準エンタルピー変化は負であり，発熱反応である．温度が上昇するので，平衡定数は小さくなると考えられる．

練習問題 3.5

(a) 25 ℃で，窒素と水素からアンモニアが生成する平衡反応は次のように表される．

$$N_2(g)+3\,H_2(g)\rightleftharpoons 2\,NH_3(g)\quad K=6.1\times10^5$$

標準エンタルピー変化，$\Delta_r H^{\ominus}$，は $-92.2\ \mathrm{kJ\,mol^{-1}}$ である．350 ℃での平衡定数の値を予測せよ．

(b) 25 ℃で，二酸化硫黄と酸素から三酸化硫黄が生成する平衡反応は次のように表される．

$$2\,SO_2(g)+O_2(g)\rightleftharpoons 2\,SO_3(g)\quad K=4.0\times10^{24}$$

標準エンタルピー変化，$\Delta_r H^{\ominus}$，は $-198\ \mathrm{kJ\,mol^{-1}}$ である．700 ℃での平衡定数の値を予測せよ．

3.8　平衡定数と平衡状態での組成の計算

対象としている反応の平衡状態での各成分の濃度，もしくは平衡状態での各成分の分圧がわかればその反応の K_c あるいは K_p の値を求めることができる．同様に，K_c と K_p の値を使って，反応の平衡状態での各成分の濃度，もしくは平衡状態での各成分の分圧を求めることができる．しかし，ほとんどの場合，問題を解くにはしっかりとした代数の理解が求められる．以下の例題で，この分野の広範な例を示す．

例題 3.8A

水素とヨウ素からヨウ化水素をつくる平衡反応を考える．

$$H_2(g)+I_2(g)\rightleftharpoons 2\,HI(g)$$

700 K で，不純物のない水素と不純物のないヨウ素を混合し，平衡に

生成物が分子に，反応物が分母に置かれていることに注意してほしい．また，反応の量論にとくに注意が必要であり，正しい指数を使ってほしい．平衡定数には単位がない．これは，反応の量論から濃度の単位が分子と分母で消えるためである．

平衡定数の値と平衡状態での反応物の濃度は，問題文で与えられている．

K_c の式に平衡状態の全濃度（反応物も生成物も）を入れることで，答えが正しいかどうか確認してほしい．つまり，計算結果が54となることを確認してほしい．こうなれば，答えは正しい．

平衡定数は，温度が一定なら一定値となる．この性質を使うことで，温度一定の条件が成り立つ場合，さまざまな初期状態が平衡に達した際の組成を計算することができる．

到達させる．水素とヨウ素の平衡状態での濃度は，ともに $4.9\ \mathrm{mol\ dm^{-3}}$ である．K_c の値が 54 の場合，ヨウ化水素の平衡状態での濃度を求めよ．

解き方

まず，K_c の形を書く．

$$K_c = \frac{[\mathrm{HI}]^2}{[\mathrm{H_2}][\mathrm{I_2}]}$$

次に，問題にある情報によりわかっている値を代入する．

$$K_c = \frac{[\mathrm{HI}]^2}{[\mathrm{H_2}][\mathrm{I_2}]} = \frac{[\mathrm{HI}]^2}{(4.9\ \mathrm{mol\ dm^{-3}}) \times (4.9\ \mathrm{mol\ dm^{-3}})} = 54$$

$[\mathrm{HI}]^2$ を求める形に変形して，

$$[\mathrm{HI}]^2 = 54 \times (4.9\ \mathrm{mol\ dm^{-3}}) \times (4.9\ \mathrm{mol\ dm^{-3}})$$

両辺の平方根をとり，[HI] を求める．

$$[\mathrm{HI}] = \sqrt{54 \times (4.9\ \mathrm{mol\ dm^{-3}}) \times (4.9\ \mathrm{mol\ dm^{-3}})} = 36\ \mathrm{mol\ dm^{-3}}$$

ヨウ化水素の平衡状態での濃度は，$36\ \mathrm{mol\ dm^{-3}}$ である．

例題 3.8B

水素とヨウ素からヨウ化水素が生成する平衡反応を考える．

$$\mathrm{H_2(g)} + \mathrm{I_2(g)} \rightleftharpoons 2\,\mathrm{HI(g)}$$

$2.00\ \mathrm{dm^3}$ の容器中で，4.00 mol の水素が 4.00 mol のヨウ素と反応し，K_c が 54.0 となるとき，平衡混合物の組成を求めよ．

解き方

問題に解答するには，平衡状態での [HI]，[$\mathrm{H_2}$]，および [$\mathrm{I_2}$] の値を求める必要がある．だが，問題文には試薬の反応開始時のモル数，反応容器の体積と K_c の値についての情報が与えられているだけである．よって，答えを得るには何段階かの計算の過程が必要である．ここでは，解答の過程を 5 段階に分ける．

ステップ 1：まず，K_c の形を書き，問題文にある情報からわかる値を代入する．

$$K_c = \frac{[\mathrm{HI}]^2}{[\mathrm{H_2}][\mathrm{I_2}]} = 54.0$$

ステップ 2：反応物の反応開始時の量と反応容器の体積についての情報が，問題文で与えられている．この情報を使い，二つの反応物の初濃度を求める．

$$[H_2]_{initial} = \frac{4.00\ \mathrm{mol}}{2.00\ \mathrm{dm^3}} = 2.00\ \mathrm{mol\ dm^{-3}} \qquad [I_2]_{initial} = \frac{4.00\ \mathrm{mol}}{2.00\ \mathrm{dm^3}} = 2.00\ \mathrm{mol\ dm^{-3}}$$

ステップ 3：平衡表をつくる.

	H_2	I_2	HI
初濃度	$2.00\ \mathrm{mol\ dm^{-3}}$	$2.00\ \mathrm{mol\ dm^{-3}}$	$0.00\ \mathrm{mol\ dm^{-3}}$
濃度の変化	$-x\ \mathrm{mol\ dm^{-3}}$	$-x\ \mathrm{mol\ dm^{-3}}$	$+2x\ \mathrm{mol\ dm^{-3}}$
平衡時の濃度	$(2.00 - x)\ \mathrm{mol\ dm^{-3}}$	$(2.00 - x)\ \mathrm{mol\ dm^{-3}}$	$(0.00 + 2x)\ \mathrm{mol\ dm^{-3}}$

ステップ 4：問題の解を得るため，表の最終行の x の値を求めなければならない．K_c の式を使い，その右辺に平衡表の最終行の値を代入し，x について解く．

$$K_c = \frac{[HI]^2}{[H_2][I_2]} \qquad 54.0 = \frac{(0.00 + 2x)^2}{(2.00 - x)(2.00 - x)}$$

この式を簡単にすると，以下のようになる．

$$54.0 = \frac{(2x)^2}{(2.00 - x)^2}$$

x について解くと，

$$\sqrt{54.0} = \frac{\sqrt{(2x)^2}}{\sqrt{(2.00 - x)^2}}$$

平方根の符号に気をつけて

$$7.35 = \frac{2x}{2.00 - x}$$

$$7.35(2.00 - x) = 2x$$

$$14.70 - 7.35x = 2x$$

$$14.70 = 2x + 7.35x$$

$$14.70 = 9.35x$$

$$\frac{14.70}{9.35} = x \qquad x = 1.57$$

ステップ 5†：平衡混合物の組成を求める．

平衡時の $[H_2]$ は，$[H_2] = (2.00 - x)\ \mathrm{mol\ dm^{-3}} = (2.00 - 1.57)\ \mathrm{mol\ dm^{-3}} = 0.43\ \mathrm{mol\ dm^{-3}}$

平衡時の $[I_2]$ は，$[I_2] = (2.00 - x)\ \mathrm{mol\ dm^{-3}} = (2.00 - 1.57)\ \mathrm{mol\ dm^{-3}} = 0.43\ \mathrm{mol\ dm^{-3}}$

平衡時の [HI] は，$[HI] = (0.00 + 2x)\ \mathrm{mol\ dm^{-3}} = [0.00 + 2(1.57)]\ \mathrm{mol\ dm^{-3}} = 3.14\ \mathrm{mol\ dm^{-3}}$

➡ステップ 3 の平衡表をつくることを勧める．この表は，反応物や生成物のモル数を追いかけるのに使うことができる．この表中の x は平衡に達するまでに反応し消費された反応試薬の $1\ \mathrm{dm^{-3}}$ 当たりのモル数の絶対値であることを忘れないように．

初濃度は，反応開始時の濃度である．

濃度の変化は，反応の量論関係より求めることができる．この問題では，1 mol の水素が 1 mol のヨウ素と反応し，2 mol のヨウ化水素を生成する．よって，平衡時には $2x$ mol のヨウ化水素が生成される．

平衡時の濃度は，反応物と生成物，おのおのの初濃度と反応で変化した濃度の合計で与えられる．

➡x は，平衡に達するまでに反応し消費された反応試薬の $1\ \mathrm{dm^{-3}}$ 当たりのモル数の絶対値であることを忘れないように．

➡K_c の式に平衡状態の全濃度（反応物も生成物も）を入れることで，答えが正しいかどうか確認してほしい．K_c の値として 53 という値が得られ，問題文の値（54）に非常に近い．よって答えは正しい．

† 訳者注
実際に，ステップ 5 の数値を入れて平衡定数を計算してみてほしい．53.324 という値になる．

➡一見すると，この問題は前の例題と似ているようにみえるだろう．しかし，解を得るために使われる数学的な過程は前の例題とは異なる．

例題 3.8C

水素とヨウ素からヨウ化水素が生成する平衡反応を考える．

$$H_2(g) + I_2(g) \rightleftharpoons 2\,HI(g)$$

$2.00\ dm^3$ の容器中で，4.00 mol の水素が 6.00 mol のヨウ素が反応し，K_c が 54 であるとき，平衡時の各成分のモル濃度を求めよ．

解き方

この問題でも問題に解答するため，平衡状態での [HI]，$[H_2]$，および $[I_2]$ の値を求める必要がある．だが，問題文には試薬の反応開始時のモル数，反応容器の体積と K_c の値についての情報が与えられているだけである．よって，答えを得るには何段階かの計算の過程が必要である．ここでは，解答の過程を 5 段階に分ける．

ステップ 1：まず，K_c の形を書き，問題文にある情報からわかる値を代入する．

$$K_c = \frac{[HI]^2}{[H_2][I_2]} = 54$$

ステップ 2：反応物の反応開始時の量と反応容器の体積についての情報が問題文で与えられている．この情報を使い，二つの反応物の**初濃度**を求める．

$$[H_2]_{initial} = \frac{4.00\ mol}{2.00\ dm^3} = 2.00\ mol\ dm^{-3}$$

$$[I_2]_{initial} = \frac{6.00\ mol}{2.00\ dm^3} = 3.00\ mol\ dm^{-3}$$

➡この表中の x は，平衡に達するまでに反応し消費された反応試薬の $1\ dm^{-3}$ 当たりのモル数の絶対値であることを忘れないように．

ステップ 3：平衡表をつくる．

	H_2	I_2	HI
初濃度	$2.00\ mol\ dm^{-3}$	$3.00\ mol\ dm^{-3}$	$0.00\ mol\ dm^{-3}$
濃度の変化	$-x\ mol\ dm^{-3}$	$-x\ mol\ dm^{-3}$	$+2x\ mol\ dm^{-3}$
平衡時の濃度	$(2.00-x)\ mol\ dm^{-3}$	$(3.00-x)\ mol\ dm^{-3}$	$(0.00+2x)\ mol\ dm^{-3}$

初濃度は，反応開始時の濃度である．

濃度の変化は，反応の量論関係より求めることができる．この問題では，1 mol の水素が 1 mol のヨウ素と反応し，2 mol のヨウ化水素を生成する．

平衡時の濃度は，反応物と生成物，おのおのの初濃度と反応で変化した濃度の合計で与えられる．

ステップ 4：問題の解を得るため，表の最終行の x の値を求めなければならない．K_c の式を使い，その右辺に平衡表の最終行の値を代入し，x について解く．

$$K_c = \frac{[HI]^2}{[H_2][I_2]} \qquad 54 = \frac{(0.00+2x)^2}{(2.00-x)(3.00-x)}$$

括弧を外し，展開すると，

$$54 = \frac{4x^2}{6 - 2x - 3x + x^2}$$

$$54 = \frac{4x^2}{6 - 5x + x^2}$$

$$54(6 - 5x + x^2) = 4x^2$$

$$324 - 270x + 54x^2 = 4x^2$$

$$54x^2 - 4x^2 - 270x + 324 = 0$$

$$50x^2 - 270x + 324 = 0$$

この場合，得られた式は二次方程式の形，$ax^2 + bx + c = 0$ となる．ここで，$a = +50$，$b = -270$，$c = +324$ であり，次の解の公式を使い解くことができる．

$$x = \frac{-b \pm \sqrt{b^2 - 4ac}}{2a}$$

$$x = \frac{-(-270) \pm \sqrt{(-270)^2 - 4 \times 50 \times 324}}{2 \times 50}$$

$$x = \frac{+270 \pm \sqrt{8100}}{100} \qquad x = 3.6 \text{ または } 1.8$$

上のように x について解くと，x に二つの解が得られる．だが，得られた解の一方だけが正しい解である．正しい解を求めるために，反応の詳細をみていこう．この問題では，反応は 2.00 mol dm^{-3} の水素と 3.00 mol dm^{-3} のヨウ素から始まり，平衡に達したとき，水素とヨウ素はそれぞれ x（単位は mol dm^{-3}）使用されている．よって，$x < 2.00$ でなければならない．得られた解の一方は < 2.00 である．この解を答えとして採用し，$x = 1.8$ mol dm^{-3} となる．

➡ x は，平衡に達するまでに反応し消費された反応試薬の 1 dm^{-3} 当たりのモル数の絶対値であることを忘れないように．

ステップ 5：平衡時の各成分のモル濃度を求める．

平衡時の $[H_2]$ は，$[H_2] = (2.00 - x)$ mol dm^{-3}

$= (2.00 - 1.8)$ mol dm^{-3} $= 0.2$ mol dm^{-3}

平衡時の $[I_2]$ は，$[I_2] = (3.00 - x)$ mol dm^{-3}

$= (3.00 - 1.8)$ mol dm^{-3} $= 1.2$ mol dm^{-3}

平衡時の [HI] は，[HI] $= (0.00 + 2x)$ mol dm^{-3}

$=〔0.00 + 2(1.8)〕$ mol dm^{-3} $= 3.6$ mol dm^{-3}

➡ K_c の式に平衡状態の全濃度（反応物も生成物も）を入れることで，答えが正しいかどうか確認してほしい．K_c の値として 54 という値が得られ，問題文の値（54）に等しい．よって，答えは正しい．

例題 3.8D

三酸化硫黄が二酸化硫黄と酸素に解離する平衡反応を考える．

$$2\,SO_3(g) \rightleftharpoons 2\,SO_2(g) + O_2(g)$$

上の反応で，三酸化硫黄の反応開始時の分圧が 1.000 atm で，平衡に達したときの K_p の値が 4.000×10^{-11} atm であるとき，平衡時の各成分の分圧を求めよ．

➡ 一見すると，この問題は前の例題と似ているようにみえるだろう．しかし，解を得るために使われる数学的な過程は，前の例題とは異なる．

解き方

問題に解答するため，平衡状態での $[SO_3]$，$[SO_2]$，および $[O_2]$ の値を求める必要がある．だが，問題文には試薬の反応開始時の分圧と K_p の値についての情報のみが与えられているだけである．よって，答えを得るには何段階かの計算の過程が必要である．

➡この段階で，与えられているのが K_p の値だけであることに注意すること．

ステップ 1：まず K_p の形を書き，問題文にある情報からわかる値を代入する．

$$K_p = \frac{(p_{SO_2})^2 p_{O_2}}{(p_{SO_3})^2} = 4.000 \times 10^{-11}\ \text{atm}$$

ステップ 2：平衡表をつくる．

➡この表中の x は，平衡に達するまでに反応し消費された反応試薬の分圧の絶対値（分圧の変化量）であることを忘れないように．

	$2\,SO_3$	$2\,SO_2$	O_2
反応開始時の分圧	1.00 atm	0.00 atm	0.00 atm
分圧の変化	$-x$ atm	$+x$ atm	$+0.5\,x$ atm
平衡時の分圧	$(1.00 - x)$ atm	$(0.00 + x)$ atm	$(0.00 + 0.5\,x)$ atm

ステップ 3：問題の解を得るため，表の最終行の x の値を求めなければならない．K_p の式を使い，その右辺に平衡表の最終行の値を代入し，x について解く．

➡両辺とも同じ単位 atm をもつことに注意すること．しかし本文では，みやすいように単位は式中には書かれていない．

$$K_p = \frac{(p_{SO_2})^2 p_{O_2}}{(p_{SO_3})^2}$$

$$4.000 \times 10^{-11} = \frac{(0.00 + x)^2(0.00 + 0.5\,x)}{(1 - x)^2}$$

$$4.000 \times 10^{-11} = \frac{x^2(0.5\,x)}{(1 - x)^2} \qquad 4.000 \times 10^{-11} = \frac{0.5\,x^3}{(1 - x)^2}$$

この段階で，式中に三次の項が入っていることがわかる．よって前の例題のように，二次方程式の解の公式を使い，x を求めることはできない．しかし，以下のような反復的な解法をとれば，x を解くことができる．x が非常に小さいという仮定から始める．こうすると分母は 1 に等しくなり，式が簡単になり，x を代数的に解くことができる．

$$4.000 \times 10^{-11} = 0.5\,x^3$$

$$\frac{4.000 \times 10^{-11}}{0.5} = x^3$$

$$8.000 \times 10^{-11} = x^3$$

$$\sqrt[3]{8.000 \times 10^{-11}} = x \qquad 4.309 \times 10^{-4} = x$$

この場合，x 分圧の変化量，試薬の反応開始時の分圧（1 atm）より小さくなるはずである．実際，変化は約 0.04%程度である．よって，上で扱った仮定は有効である．しかし K_p の式の分母に得られた x の値を入れて，分子の

x の値を求め，確認する必要がある．この作業は正しい解を得るため，分母と分子の x の値が同じになるまで繰り返す必要があることに注意してほしい．

$$4.000 \times 10^{-11} = \frac{0.5\,x^3}{(1-x)^2}$$

$$4.000 \times 10^{-11} = \frac{0.5\,x^3}{(1-4.309 \times 10^{-4})^2}$$

$$4.000 \times 10^{-11} \times (1-4.309 \times 10^{-4})^2 = 0.5\,x^3$$

$$\sqrt[3]{\frac{4.000 \times 10^{-11} \times (1-4.309 \times 10^{-4})^2}{0.5}} = x$$

➡ x は分圧の変化量であることを忘れないように．

$$x = 4.308 \times 10^{-4}$$

x の値が同じとなり，解が得られた：

$$x = 4.308 \times 10^{-4}\ \text{atm}$$

ステップ 4：平衡時の各成分の分圧を求める．

➡ K_p の式に平衡状態の全試薬の分圧（反応物も生成物も）を入れることで，答えが正しいかどうか確認してほしい．得られた値が問題文の値に近ければ，答えは正しい．

平衡時の SO_3 の分圧は，$SO_3 = (1.00 - x)$ atm

$= (1.00 - 4.308 \times 10^{-4})$ atm $= 0.9996$ atm

平衡時の SO_2 の分圧は，$SO_2 = (0.00 + x)$ atm

$= (0.00 + 4.308 \times 10^{-4})$ atm $= 4.308 \times 10^{-4}$ atm

平衡時の O_2 の分圧は，$O_2 = (0.00 + 0.5\,x)$ atm

$= [0.00 + 0.5(4.308 \times 10^{-4})]$ atm $= 2.154 \times 10^{-4}$ atm

❓ 練習問題 3.6

水素とヨウ素からヨウ化水素が生成する平衡反応を考える．

$$H_2(g) + I_2(g) \rightleftharpoons 2\,HI(g)$$

水素，ヨウ素，およびヨウ化水素の混合物の平衡が 700 K で成立している．平衡時の水素とヨウ素の濃度は，それぞれ 3.2 mol dm^{-3} である．K_c の値を 54 として，平衡時のヨウ化水素の濃度を求めよ．

❓ 練習問題 3.7

水素とヨウ素からヨウ化水素が生成する平衡反応を考える．

$$H_2(g) + I_2(g) \rightleftharpoons 2\,HI(g)$$

2.00 dm^3 の容器中で，6.00 mol の水素が 8.00 mol のヨウ素が反応し，K_c が 54 であるとき，平衡時の各成分のモル濃度を求めよ．

❓ 練習問題 3.8

三酸化硫黄が二酸化硫黄と酸素に解離する平衡反応を考える．

$$2\,SO_3(g) \rightleftharpoons 2\,SO_2(g) + O_2(g)$$

上の反応で，三酸化硫黄の反応開始時の分圧が 1.50 atm で，平衡に達したときの K_p の値が 9.00×10^{-12} atm であるとき，平衡時の各成分の分圧を求めよ．

3.9 溶解度

物質の溶解度，s，とは，1 dm^3 の溶媒にその物質が溶解されることができる最大のモル数である．物質は，易溶性，可溶性，および難溶性に分類される．イオン性物質の量が溶解度を超えて存在するとき，物質のうち溶解せず固体として残った部分と溶液中のイオンとなった部分の間で平衡が成り立つ．溶解度積，K_{sp}，が，この過程の平衡定数となる．

溶解過程を理解するには，生成するイオンの数と価数を考えなければならない．M_xA_y という形のイオン性物質が，次のように溶液で解離しているとする．

➡溶解したときに生じるイオンの数と種を特定するときに，イオンの名称や形（化学形）をよく知っていると非常に役に立つ．

$$M_xA_y(s) \rightleftharpoons xM^{a+}(aq) + yA^{b-}(aq)$$

このイオン性物質がその飽和溶液中にあるとき，熱力学的平衡定数，K は次のような式になる．

➡純粋な固体の活量＝1 であることに注意してほしい．

$$K = \frac{(a_{M^{a+}})^x (a_{A^{b-}})^y}{(a_{M_xA_y})} = (a_{M^{a+}})^x (a_{A^{b-}})^y$$

この式で一般的に行われる近似は，右辺として溶液中のイオン濃度を使い，溶解度積，K_{sp}，を左辺の定数として扱うものである．

$$K_{sp} = [M^{a+}]^x [A^{b-}]^y$$

一般的な規則として，生成するイオンのみが K_{sp} の式に関係するということである．固体は式中には現れない．これは，$[M_xA_y]$ が一定（実際は固体の密度となる）であるからである．このため，$[M_xA_y]$ は式の変数とはならない．

例題 3.9A

ヨウ化銀，AgI は難溶性塩で，8×10^{-17} $mol^2\ dm^{-6}$ という K_{sp} の値をもつ．溶解度を求めよ．

解き方

1 mol の AgI が溶解すると，1 モルの 1 価の銀の陽イオン，Ag^+，と 1 価の 1 モルのヨウ素の陰イオン，I^-，を生成する．

$$AgI(s) \rightleftharpoons Ag^+(aq) + I^-(aq)$$

固体の AgI がその飽和溶液と接しているとき，溶解度積，K_{sp}，はおのおののイオンの濃度を使って表される．上の例では，イオン性物質中の構成イオンのモル単位の量論関係は 1：1 なので，各イオンの濃度項の指数は 1 である．

$$K_{sp} = [Ag^+][I^-]$$

大括弧は溶液中の各イオンの濃度を表しており，上の反応ではその濃度は各イオンの溶解度，s，と同じである．

$$K_{sp} = s \times s = s^2$$

問題では K_{sp} の値が与えられており，この値を式に代入し s について解くと，

$$8 \times 10^{-17}\ \mathrm{mol^2\ dm^{-6}} = s^2$$
$$\sqrt{8 \times 10^{-17}\ \mathrm{mol^2\ dm^{-6}}} = 9 \times 10^{-9}\ \mathrm{mol\ dm^{-3}} = s$$

よって AgI の溶解度，s，は $9 \times 10^{-9}\ \mathrm{mol\ dm^{-3}}$ となる．

➡AgI に関しては，K_{sp} は $\mathrm{mol^2\ dm^{-6}}$ という単位をもち，溶解度，s，は $\mathrm{mol\ dm^{-3}}$ という単位をもつ．

➡答えは正しいだろうか．　はい：得た答えは，溶解度は（ナノモル領域で）低い，これは難溶性塩といわれることと合致している．

例題 3.9B

水酸化ニッケル，$Ni(OH)_2$ は難溶性塩で，$6.5 \times 10^{-18}\ \mathrm{mol^3\ dm^{-9}}$ という K_{sp} をもつ．溶解度を求めよ．

解き方

まず，溶解の反応式を書く〔1 mol の $Ni(OH)_2$ が溶解すると，1 モルの 2 価の Ni^{2+} イオンと 2 モルの 1 価の OH^- イオンを生成する〕．

$$Ni(OH)_2(s) \rightleftharpoons Ni^{2+}(aq) + 2\,OH^-(aq)$$

続いて，おのおののイオンの濃度を使って K_{sp} の式を書く．この問題では，量論関係が 1：2 なので $[Ni^{2+}]$ の指数は 1，$[OH^-]$ の指数は 2 となる．

$$K_{sp} = [Ni^{2+}][OH^-]^2$$

大括弧は溶液中の各イオンの濃度を表しており，ここでも各イオンの溶解度，s，が使われる．この問題では $[Ni^{2+}]$ は s となり，一方 $[Ni^{2+}]$ の 2 倍ある $[OH^-]$ は $2s$ となる．

$$K_{sp} = s \times (2s)^2 = 4s^3$$

問題では，K_{sp} の値が与えられており，この値を式に代入し s について解くと，

$$6.5 \times 10^{-18}\ \mathrm{mol^3\ dm^{-9}} = 4s^3$$

➡K_{sp} の単位は $\mathrm{mol^3\ dm^{-9}}$ である．

➡この代数式に注意すること．この式は，$s \times 4s^2 = 4s^3$ となる．

➡答えは正しいだろうか．はい：得た答えは，溶解度は（マイクロモル領域で）低い，これは難溶性塩といわれることと合致している．

$$\sqrt[3]{\frac{6.5 \times 10^{-18}}{4}\ \mathrm{mol^3\,dm^{-9}}} = 1.2 \times 10^{-6}\ \mathrm{mol\,dm^{-3}} = s$$

よって $Ni(OH)_2$ の溶解度，s，は，$1.2 \times 10^{-6}\ \mathrm{mol\,dm^{-3}}$ となる．

例題 3.9C

水酸化カルシウム，$Ca(OH)_2$ はわずかに水に溶解し，その溶解度は $1.1 \times 10^{-2}\ \mathrm{mol\,dm^{-3}}$ である．K_{sp} の値を求めよ．

➡ここでは，わずかに水に溶解する塩を考えている．この問題では，これまでの問題より物質の溶解度が大きくなるので，溶液中のイオン-イオン相互作用のため，状況が複雑になる．よって，得る最終的な解は不正確であると思われる．したがって，これまでみてきたような溶解度と溶解により生じる生成物についての計算法は，通常，難溶性塩の計算にのみ使うように制限される．

解き方

まず，完全にイオンに解離すると仮定して，溶解の式を書く〔1 mol の $Ca(OH)_2$ が溶解すると，1 モルの 2 価の Ca^{2+} と 2 モルの 1 価の OH^- を生成する〕．

$$Ca(OH)_2(s) \rightleftharpoons Ca^{2+}(aq) + 2\,OH^-(aq)$$

続いて，おのおののイオンの濃度を使って K_{sp} の式を書く．この問題では，量論関係が 1：2 なので，$[Ca^{2+}]$ の指数は 1，$[OH^-]$ の指数は 2 となる．

$$K_{sp} = [Ca^{2+}][OH^-]^2$$

大括弧は溶液中の各イオンの濃度を表しており，ここでも各イオンの溶解度，s，が使われる．この問題では $[Ca^{2+}]$ は s となり，一方，$[Ca^{2+}]$ の 2 倍ある $[OH^-]$ は $2s$ となる．

➡この代数式に注意すること．この式は，$s \times 4s^2 = 4s^3$ となる．

$$K_{sp} = s \times (2s)^2 = 4s^3$$

問題では s の値が与えられており，この値を式に代入し，K_{sp} について解くと，

➡K_{sp} の単位は $\mathrm{mol^3\,dm^{-9}}$ である．

$$K_{sp} = 4s^3 \qquad K_{sp} = 4(1.1 \times 10^{-2})^3 = 5.3 \times 10^{-6}\ \mathrm{mol^3\,dm^{-9}}$$

練習問題 3.9

(a) 臭化銀，AgBr は難溶性塩で，$7.7 \times 10^{-13}\ \mathrm{mol^2\,dm^{-6}}$ という K_{sp} の値をもつ．溶解度を求めよ．

(b) 水酸化鉄（Ⅱ），$Fe(OH)_2$ は難溶性塩で，$1.6 \times 10^{-14}\ \mathrm{mol^3\,dm^{-9}}$ という K_{sp} をもつ．溶解度を求めよ．

(c) 硫化鉛，PbS は難溶性塩で，その溶解度は $1.8 \times 10^{-14}\ \mathrm{mol\,dm^{-3}}$ である．K_{sp} の値を求めよ．

3.10 酸，塩基，水

酸，HA の強さは，そのイオン化の度合いに関係する．イオン化の度合いが大きくなるほど，酸の強さは強くなる．強酸は溶液中で完全にイ

オン化しているが，一方，弱酸は部分的にしかイオン化していない．

$$\mathrm{HA(aq) + H_2O(l) \rightleftharpoons A^-(aq) + H_3O^+(aq)}$$

熱力学的平衡定数，K，は次のようになる．

$$K = \frac{(a_{\mathrm{A^-}})(a_{\mathrm{H_3O^+}})}{(a_{\mathrm{HA}})(a_{\mathrm{H_2O}})} = \frac{(a_{\mathrm{A^-}})(a_{\mathrm{H_3O^+}})}{(a_{\mathrm{HA}})}$$

➡純粋な液体（溶媒）の活量＝1であることに注意．

この式で一般的に行われる近似は，右辺として溶液中のイオン濃度を使い，酸解離定数，K_a，を左辺の定数として扱うものである．

➡純粋な液体（溶媒）は平衡定数の式中に現れないことを思いだしてほしい．よって，K_a の単位は mol dm^{-3} である．

$$K_a = \frac{[\mathrm{H_3O^+}][\mathrm{A^-}]}{[\mathrm{HA}]}$$

酸が強くなると K_a は大きくなる．一方，酸が弱くなると K_a は小さくなる．K_a の大きさを比較する際の助けとするために，対数尺度で表す方法がよく使われる．

➡式中の p は $-\log_{10}$ をとる（常用対数をとる）ことを意味している．このような関係は pH と $[\mathrm{H_3O^+}]$ の間にもある．

$$\mathrm{p}K_a = -\log_{10}K_a$$

酸はプロトン（$\mathrm{H^+}$）を放出する．よって，$\mathrm{H_3O^+}$†の濃度の常用対数をとり，これを通常，pH とする．

† 訳者注
本書の式中では $\mathrm{H_3O^+}$ と書かれている部分を $\mathrm{H^+}$ としているものも多い．

$$\mathrm{pH} = -\log_{10}[\mathrm{H_3O^+}]$$

同様のことを，塩基についても行うことができる．塩基，B，の強さをイオン化の度合いで表す．

$$\mathrm{B(aq) + H_2O(l) \rightleftharpoons BH^+(aq) + OH^-(aq)}$$

熱力学的平衡定数，K，は次のようになる．

➡純粋な液体（溶媒）の活量＝1であることに注意．

$$K = \frac{(a_{\mathrm{BH^+}})(a_{\mathrm{OH^-}})}{(a_{\mathrm{B}})(a_{\mathrm{H_2O}})} = \frac{(a_{\mathrm{BH^+}})(a_{\mathrm{OH^-}})}{(a_{\mathrm{B}})}$$

この式で一般的に行われる近似は，右辺として溶液中のイオン濃度を使い，塩基解離定数，K_b，を左辺の定数として扱うものである．

$$K_b = \frac{[\mathrm{BH^+}][\mathrm{OH^-}]}{[\mathrm{B}]}$$

➡再度，純粋な液体（溶媒）は平衡定数の式中に現れないことを思いだしてほしい．よって，K_b の単位は mol dm^{-3} である．

塩基が強くなると K_b は大きくなる．一方，塩基が弱くなると K_b は小さくなる．ここでも，K_b の大きさを比較する際の助けとするために，対数尺度で表すがよく使われる．

$$\mathrm{p}K_b = -\log_{10}K_b$$

塩基はプロトン（$\mathrm{H^+}$）を受け取る．アルカリ溶液では $\mathrm{OH^-}$ の濃度を使うのが便利でよい．この常用対数をとり，これを通常 pOH とする．

$$pOH = -\log_{10}[OH^-]$$

強酸と強塩基は完全にイオン化し，また弱酸と弱塩基のイオン化の度合いは，通常，pK_a と pK_b の値で表されることを思いだしてほしい．また，弱酸と強酸の両方について，以下の説明のように pH と pOH を決定することも通常行われる方法である．水は両性である．これは，水が酸としても塩基としても働くことができることを意味している．

$$2\,H_2O(l) \rightleftharpoons H_3O^+(aq) + OH^-(aq)$$

この反応の平衡定数は，次のように表される．

$$K_w{}^{\dagger 1} = [H_3O^+][OH^-]$$

➡ K_w の単位は $mol^2\,dm^{-6}$ である．

†1 訳者注
K_w は「水のイオン積」とよばれる．

次の関係もよく使われる．

$$pK_w = -\log_{10}K_w$$

298 K では，$K_w = 1.00 \times 10^{-14}\,mol^2\,dm^{-6}$ で，$pK_w = 14.00$ である．

次のような関係は，ここでは定義されるものではなく，上にある関係式から誘導され，計算でよく使われる．

$$K_a \times K_b = K_w$$
$$pK_a + pK_b = pK_w \qquad pH + pOH = pK_w$$

例題 3.10A

プロピオン酸の K_a の値が $1.3 \times 10^{-5}\,mol\,dm^{-3}$ のとき，pK_a を求めよ．

➡ プロピオン酸は弱酸である．この pK_a の計算では，解の対数をとったときの真数の小数点以下の桁数は，データの数値の有効数字の数と同じである[†2]．

解き方

$$pK_a = -\log_{10}K_a$$
$$pK_a = -\log 1.3 \times 10^{-5} \qquad pK_a = 4.89$$

プロピオン酸の pK_a の値は 4.89 である．

†2 訳者注
上の注のとおりなら，有効数字は 2 桁であるので $pK_a = 4.9$ となるはずであるが，2 桁では少し誤差が大きいので，解では小数点以下の桁数が 1 桁増えていると考えればよい．

例題 3.10B

298 K でのフェノールの pK_a が 9.99 であるとすると，pK_b の値を求めよ．

➡ フェノールは非常に弱い酸である．

解き方

$$pK_a + pK_b = pK_w \qquad pK_b = pK_w - pK_a$$

298 K では，$pK_w = 14.00$ であるので，

$$pK_b = 14.00 - 9.99 = 4.01$$

フェノールの pK_b は 4.01 である．

例題 3.10C

硝酸の pK_a が −1.40 であるとき，K_a の値を求めよ．

➡硝酸は強酸である．

解き方

$$pK_a = -\log_{10}K_a$$
$$-1.40 = -\log_{10}K_a$$
$$10^{1.40} = K_a \qquad 25 = K_a$$

➡計算に用いるのは対数関数の逆関数（指数関数）である．電卓の第二機能としてよくみられる．この第二機能は，一般的に，まずシフトボタンを押してから log ボタンを押すと利用できる．

硝酸の K_a の値は 25 mol dm^{-3} である．

例題 3.10D

0.1 mol dm^{-3} HCl 水溶液の pH を計算せよ．

➡HCl は強酸である．この pH 計算では，解の小数点以下の桁数は，問題文中のデータの数値の有効数字の数と同じである．

解き方

$$pH = -\log_{10}[H_3O^+]$$

HCl は強酸であり，水のなかでは完全にイオン化している．よって，H_3O^+ = 0.1 mol dm^{-3} であり，

$$pH = -\log_{10}[0.1] = 1.0$$

0.1 mol dm^{-3} HCl 水溶液の pH は 1.0 である．

例題 3.10E

0.25 mol dm^{-3} の NaOH 水溶液の pOH を計算せよ．

➡水酸化ナトリウムは強塩基である．この pOH 計算では，解の小数点以下の桁数は問題文中のデータの数値の有効数字の数と同じである．

解き方

$$pOH = -\log_{10}[OH^-]$$
$$[OH^-] = 0.25\ \mathrm{mol\ dm^{-3}} \qquad pOH = -\log_{10}[0.25] = 0.60$$

0.25 mol dm^{-3} の NaOH 水溶液の pOH は 0.60 である．

例題 3.10F

0.050 mol dm^{-3} のカルボン酸（RCOOH）水溶液の pH を計算せよ．ただし，この酸の K_a の値は 2.8×10^{-5} mol dm^{-3} である．

➡カルボン酸は弱酸である．ここでは，有効数字は 2 桁である．よって，解の小数点以下の桁数は 2 桁となる†（次ページ）．

解き方

pH を求めるため，最初に［H_3O^+］を求める．まず，カルボン酸のイオン化の反応式を書くと，

$$RCOOH(aq) + H_2O(l) \rightleftharpoons H_3O^+(aq) + RCOO^-(aq)$$

次に，酸解離定数の式を書く．

➡水は純粋な液相として取り扱うので，［H_2O］は一定であり，式中には現れない．

$$K_a = \frac{[H_3O^+][RCOO^-]}{[RCOOH]}$$

上の解離反応では［H_3O^+］=［$RCOO^-$］なので，

$$K_a = \frac{[H_3O^+]^2}{[RCOOH]}$$

解離度が小さいと仮定すると，平衡時の［RCOOH］は反応開始時の濃度と同じ値と考えてよい．問題文で，K_a の値も与えられており，$[H_3O^+]^2$ を求める形に式を変形し，わかっている数値を代入すれば $[H_3O^+]$ の値を求めることができる．

$$[H_3O^+]^2 = K_a[RCOOH]$$
$$[H_3O^+]^2 = (2.8 \times 10^{-5}\ mol\ dm^{-3}) \times (0.050\ mol\ dm^{-3})$$
$$[H_3O^+] = \sqrt{(2.8 \times 10^{-5}\ mol\ dm^{-3}) \times (0.050\ mol\ dm^{-3})}$$
$$[H_3O^+] = 1.2 \times 10^{-3}\ mol\ dm^{-3}$$

ここで，$[H_3O^+]$ と［RCOOH］を比べて，解離度が小さいという仮定が成り立つことを確認する必要がある．

$[H_3O^+] = 1.2 \times 10^{-3}\ mol\ dm^{-3}$ で［RCOOH］$= 0.050\ mol\ dm^{-3}$ であることから，$[H_3O^+] \ll [RCOOH]$ となり，仮定は成立する．よって，pH を求めることができ，

$$pH = -\log_{10}[H_3O^+] \qquad pH = -\log_{10}[1.2 \times 10^{-3}] = 2.92$$

$0.050\ mol\ dm^{-3}$ の $2.8 \times 10^{-5}\ mol\ dm^{-3}$ という K_a の値をもつカルボン酸（RCOOH）水溶液の pH は 2.92 である．

†訳者注（前ページより）
有効数字は2桁であるので $pK_a = 2.9$ となるはずであるが，2桁では少し誤差が大きいので，解では小数点以下の桁数が1桁増えていると考えればよい．

練習問題 3.10

次の物質の pK_a を計算せよ．

(a) $1 \times 10^{10}\ mol\ dm^{-3}$ という K_a の値をもつ塩酸

(b) $4.5 \times 10^{-7}\ mol\ dm^{-3}$ という K_a の値をもつ炭酸

練習問題 3.11

次の物質の K_a を計算せよ．

(a) 4.76 という pK_a の値をもつエタン酸（酢酸）

(b) −9.0 という pK_a の値をもつ臭化水素酸

練習問題 3.12

298 K での次の溶液の pH と pOH を計算せよ．

(a) $0.022\ mol\ dm^{-3}$ HCl (aq)　　(b) $0.048\ mol\ dm^{-3}$ KOH (aq)

練習問題 3.13

$0.17\ mol\ dm^{-3}$ のカルボン酸（RCOOH）水溶液の pH を計算せよ．ただし，この酸の K_a の値は $4.1 \times 10^{-5}\ mol\ dm^{-3}$ である．

3.11 配位子置換反応

ルイス酸として働くd-ブロック金属イオンにルイス塩基として働く**配位子**（ligand，リガンドと表記されることもある）[†1]が配位して配位化合物（錯体）を形成する．

どの錯体でも，生成後，配位子交換反応を受ける可能性がある．錯体は，いくつかの異なる幾何構造をとることに注意が必要である．たとえば，溶液中のヘキサアクア金属錯イオン $[M(H_2O)_6]^{2+}$ について考えてみる．中心金属に配位したアコ配位子（H_2O）[†2]はアンミン配位子（NH_3）と置換できる．

$$[M(H_2O)_6]^{2+}(aq) + 6\,NH_3(aq) \longrightarrow [M(NH_3)_6]^{2+}(aq) + 6\,H_2O(l)$$

この配位子置換反応は次のように連続した6段階の反応に分解できる．

$$[M(H_2O)_6]^{2+}(aq) + NH_3(aq) \longrightarrow [M(NH_3)(H_2O)_5]^{2+}(aq) + H_2O(l) \quad \text{ステップ 1}$$

$$[M(NH_3)(H_2O)_5]^{2+}(aq) + NH_3(aq) \longrightarrow [M(NH_3)_2(H_2O)_4]^{2+}(aq) + H_2O(l) \quad \text{ステップ 2}$$

$$[M(NH_3)_2(H_2O)_4]^{2+}(aq) + NH_3(aq) \longrightarrow [M(NH_3)_3(H_2O)_3]^{2+}(aq) + H_2O(l) \quad \text{ステップ 3}$$

$$[M(NH_3)_3(H_2O)_3]^{2+}(aq) + NH_3(aq) \longrightarrow [M(NH_3)_4(H_2O)_2]^{2+}(aq) + H_2O(l) \quad \text{ステップ 4}$$

$$[M(NH_3)_4(H_2O)_2]^{2+}(aq) + NH_3(aq) \longrightarrow [M(NH_3)_5(H_2O)]^{2+}(aq) + H_2O(l) \quad \text{ステップ 5}$$

$$[M(NH_3)_5(H_2O)]^{2+}(aq) + NH_3(aq) \longrightarrow [M(NH_3)_6]^{2+}(aq) + H_2O(l) \quad \text{ステップ 6}$$

どの段階にも安定度定数 K（この例では，各段階に K_1，K_2，K_3，K_4，K_5，および K_6 が存在している）[†3]として知られる平衡定数が存在する．一般的に，安定度定数は反応が進むに連れて減少していき，このことは段階が進むに連れて反応が起こりにくくなっていることを示唆している．

全配位子が交換された錯体の生成定数は β_n[†4]と表記される．ここで，n は配位子数もしくは反応の段階数である．この反応で，$[M(NH_3)_6]^{2+}$ の生成定数（八面体錯体，β_6）は6個すべての安定度定数の積となる．

$$\beta_6 = K_1 \times K_2 \times K_3 \times K_4 \times K_5 \times K_6$$

配位子のなかの電子対供与原子の数は1個だけとは限らず2個以上存在する場合もあり，その数に応じて錯体の名前がつけられる〔たとえば，単座配位子（供与原子数は1個），二座配位子（供与原子数は2個）

➡ルイス酸は電子対受容体と定義され，ルイス塩基は電子対供与帯として定義される．配位子は，金属イオンに配位する原子や分子である．

†1 訳者注
配位子には NH_3 や H_2O，OH^- といった分子，ハロゲンのような原子があり，どれも非共有電子対をもち，これを使い配位結合を形成する．

†2 訳者注
アコ配位子（H_2O）はアクア配位子とよぶこともある．

†3 訳者注
錯体化学では K_1，K_2，K_3，K_4，K_5，および K_6 を逐次安定度定数とよぶ．

†4 訳者注
β_n を全安定度定数ともよぶ．

または三座配位子（供与原子数は 3 個）〕．そして，d-ブロック錯体の形もさまざまである（いくつかの幾何構造の例をあげると，三角錐，平面四面体，および八面体である）．生成定数と安定度定数の単位は，反応により変わる．

例題 3.11A

アンモニアをニッケルイオン水溶液に加えるとアコ配位子がアンミン配位子と交換する．ヘキサアコニッケル（Ⅱ）錯イオン中のアコ配位子がアンミン配位子と交換する反応を書け．また，各反応に対しての安定度定数の式，K_1～ K_6 を書け．

解き方

$$[Ni(H_2O)_6]^{2+}(aq) + NH_3(aq) \longrightarrow [Ni(NH_3)(H_2O)_5]^{2+}(aq) + H_2O(l) \quad \text{ステップ 1}$$

$$K_1 = \frac{〔[Ni(NH_3)(H_2O)_5]^{2+}〕}{〔[Ni(H_2O)_6]^{2+}〕[NH_3]}$$

$$[Ni(NH_3)(H_2O)_5]^{2+}(aq) + NH_3(aq) \longrightarrow [Ni(NH_3)_2(H_2O)_4]^{2+}(aq) + H_2O(l) \quad \text{ステップ 2}$$

$$K_2 = \frac{〔[Ni(NH_3)_2(H_2O)_4]^{2+}〕}{〔[Ni(NH_3)(H_2O)_5]^{2+}〕[NH_3]}$$

$$[Ni(NH_3)(H_2O)_4]^{2+}(aq) + NH_3(aq) \longrightarrow [Ni(NH_3)_3(H_2O)_3]^{2+}(aq) + H_2O(l) \quad \text{ステップ 3}$$

$$K_3 = \frac{〔[Ni(NH_3)_3(H_2O)_3]^{2+}〕}{〔[Ni(NH_3)_2(H_2O)_4]^{2+}〕[NH_3]}$$

$$[Ni(NH_3)_3(H_2O)_3]^{2+}(aq) + NH_3(aq) \longrightarrow [Ni(NH_3)_4(H_2O)_2]^{2+}(aq) + H_2O(l) \quad \text{ステップ 4}$$

$$K_4 = \frac{〔[Ni(NH_3)_4(H_2O)_2]^{2+}〕}{〔[Ni(NH_3)_3(H_2O)_3]^{2+}〕[NH_3]}$$

$$[Ni(NH_3)_4(H_2O)_2]^{2+}(aq) + NH_3(aq) \longrightarrow [Ni(NH_3)_5(H_2O)]^{2+}(aq) + H_2O(l) \quad \text{ステップ 5}$$

$$K_5 = \frac{〔[Ni(NH_3)_5(H_2O)]^{2+}〕}{〔[Ni(NH_3)_4(H_2O)_2]^{2+}〕[NH_3]}$$

$$[Ni(NH_3)_5(H_2O)]^{2+}(aq) + NH_3(aq) \longrightarrow [Ni(NH_3)_6]^{2+}(aq) + H_2O(l) \quad \text{ステップ 6}$$

$$K_6 = \frac{〔[Ni(NH_3)_6]^{2+}〕}{〔[Ni(NH_3)_5(H_2O)]^{2+}〕[NH_3]}$$

➡反応式は量論的に合っているか，安定度定数の式の分子に生成物が分母に反応物が置かれているかを確認すること．純粋な液体（溶媒）は平衡定数の式中に現れないことを思いだしてほしい．したがって，H_2O（l）は書かれず，各安定度定数の単位は $mol^{-1}\,dm^3$ となる．

例題 3.11B

[M(H_2O)$_6^{2+}$] と二座配位子，L の反応を考える．この反応では，6 個すべての水分子が置換され，3 個の安定度定数は $K_1 = 140\ \mathrm{mol^{-1}\ dm^3}$，$K_2 = 47\ \mathrm{mol^{-1}\ dm^3}$，$K_3 = 8\ \mathrm{mol^{-1}\ dm^3}$ と決定されている．量論に合った反応式を，三つの置換反応それぞれに書き，生成定数 β_3 の値を求めよ．

➡単座配位子は 1 個の供与原子をもち，二座配位子は 2 個の供与原子をもつ．

解き方

$$[\mathrm{M(H_2O)_6}]^{2+}(\mathrm{aq}) + \mathrm{L(aq)} \longrightarrow [\mathrm{M(L)(H_2O)_4}]^{2+}(\mathrm{aq}) + 2\,\mathrm{H_2O(l)}$$
ステップ 1

$$[\mathrm{M(L)(H_2O)_4}]^{2+}(\mathrm{aq}) + \mathrm{L(aq)} \longrightarrow [\mathrm{M(L)_2(H_2O)_2}]^{2+}(\mathrm{aq}) + 2\,\mathrm{H_2O(l)}$$
ステップ 2

$$[\mathrm{M(L)_2(H_2O)_2}]^{2+}(\mathrm{aq}) + \mathrm{L(aq)} \longrightarrow [\mathrm{M(L)_3}]^{2+}(\mathrm{aq}) + 2\,\mathrm{H_2O(l)}$$
ステップ 3

配位子は二座配位子（2 個の供与原子を分子中にもち，2 個の水分子を置換する）であり，安定度定数と生成定数には次の関係がある．

$$\beta_3 = K_1 \times K_2 \times K_3 = 140 \times 47 \times 8 = 52.6 \times 10^3\ \mathrm{mol^{-3}\ dm^9}$$

練習問題 3.14

銅イオンの水溶液にアンモニアを加えると，アコ配位子が 4 個のアンミン配位子で置換される．ヘキサアコ銅（II）錯イオンの各アコ配位子がアンミン配位子で置換される反応式を書き，各反応の安定度定数 K_1～ K_4 も書け．

➡ヘキサアコ銅（II）錯イオンは正方晶に歪んだ構造をもつため，配位する 6 個の水分子中 4 個が置換される†．

†訳者注

六配位銅錯体は正八面体（立方晶）よりも *z* 軸（結晶的には *c* 軸）が伸びた正方晶のほうが安定する．これを，**ヤーン・テラー効果**（Jahn-Teller effect）という．

189 ページの演習問題に進み，この章のいくつかのテーマの解説や例題，練習問題で学んだ概念や問題解決戦略を使い，正解を目指して挑戦してほしい．解答は本書の巻末に掲載し，詳細な解答は化学同人のホームページでみることができる．
https://www.kagakudojin.co.jp/book/b590150.html

4 相平衡

相は物質のとる形態（気体，液体，固体，もしくは超臨界流体）であり，一つの相のうちでは，物質の化学組成と物理的状態は均一である．次の用語の使い方に注意が必要である．‘蒸気’という用語は，室温で液体もしくは固体である物質の気相をいうのによく使われ，‘蒸気圧’という用語は，ある温度での密閉容器中の液体のもつ平衡状態での分圧のことをいう．この章では，1 成分系および束一的性質†を含めた 2 成分系での相挙動と相転移を取り扱う．必要なら，基礎事項を確認するため，この章の議論の背景となる知識を教科書で勉強することを勧める．

† 訳者注
p. 98 の欄外参照.

4.1 気相，液相，固相

気相：気相では，原子や分子は自由に移動し，動くことが可能な空間を満たすように広がる．気相での原子や分子の挙動は圧力（p），体積（V），温度（T），および気体の物質量（n）により記述できる．いくつかの有用な関係式を示す．

温度一定，および気圧の物質量一定	$V \propto \frac{1}{p}$	$p_1V_1 = p_2V_2$	ボイルの法則
圧力一定，および気体の物質量一定	$V \propto T$	$\frac{V_1}{T_1} = \frac{V_2}{T_2}$	シャルルの法則
温度および圧力一定	$V \propto n$	$\frac{V}{n} =$ 一定	アボガドロの法則

これらの方程式を合わせると，

$$V \propto \frac{nT}{p}$$

変形すると，

$$pV \propto nT$$

比例記号を定数と置き換えると，理想気体の式を得る．

$$pV = nRT$$

ここで，

- p は圧力（単位は Pa）
- V は体積（単位は m^3）
- n は気体のモル数
- R は気体定数（$8.314\ J\ K^{-1}\ mol^{-1}$）
- T は温度（単位は K）

➡理想気体の式を使うときには，物理量の単位は SI 単位でなければならない．

また，気体の物質量を一定にすると，次の式が条件の変化の影響を知るのに役に立つ．

$$\frac{p_1V_1}{T_1} = \frac{p_2V_2}{T_2}$$

ここで，

- p_1 は条件 1 の圧力
- V_1 は条件 1 の体積
- T_1 は条件 1 の温度
- p_2 は条件 2 の圧力
- V_2 は条件 2 の体積
- T_2 は条件 2 の温度

➡この式を使うとき，温度はケルビンの単位でなければならないが，圧力と体積の単位は SI 単位でなくてもよい．これは，これらの単位が計算を行う過程で消えるからである．しかし，圧力と体積の単位は両辺で同じでなければならない．

理想混合気体では，**ドルトンの法則**（Dalton's law）により全圧は各成分気体の分圧の和となる．たとえば，混合気体が三つの成分気体 A，B，および C よりなっているとすると，混合による全圧は，

$$p_{total} = p_A + p_B + p_C$$

となる．ここで，

- p_{total} は全圧
- p_A は気体 A の分圧
- p_B は気体 B の分圧
- p_C は気体 C の分圧

〔すべての圧力の単位はパスカル（Pa）である〕

混合物気体の各気体の割合は個々の成分気体の**モル分率**（mole fraction）で表される．たとえば，混合気体中の気体 A の割合を考える．これは，次のように表される．

$$x_A = \frac{n_A}{n_{total}}$$

ここで，

- x_A は気体 A のモル分率（無次元）
- n_A は気体 A のモル数（単位はモル）
- n_{total} は混合気体中の気体の全モル数（単位はモル）

混合気体中のほかの気体の割合も，同様にして表される．よって，気体 B と C についても，これらの気体の割合は以下のようになる．

$$x_B = \frac{n_B}{n_{total}}$$

および，

$$x_C = \frac{n_C}{n_{total}}$$

すべてのモル分率の和をとると 1 とならなければならない．

各気体の分圧は，次のようにモル分率を使い表すことができる．

$$p_A = x_A p_{total}$$

ここで，

- p_A は気体 A の分圧〔単位はパスカル（Pa）〕
- x_A は気体 A のモル分率（無次元）
- p_{total} は全圧〔単位はパスカル（Pa）〕

気相でのギブズエネルギーの変化

‘理想気体’ とは，分子間力が気体分子間に働かない系である．高圧，もしくは気体が液化するような低温でなければ理想気体と考えて実在気体の挙動を十分説明が可能である．理想気体のモルギブズエネルギーは圧力に依存する．

$$G_m = G_m^{\ominus} + RT\ln\frac{p}{p^{\ominus}}$$

- G_m はモルギブズエネルギー（単位は J mol^{-1}）
- $G_m^{\ominus}$ は標準モルギブズエネルギー（単位は J mol^{-1}）
- R は気体定数（8.314 J K^{-1} mol^{-1}）
- T は温度（単位は K）
- p は圧力（単位は bar）
- $p^{\ominus}$ は標準圧力（1 bar）

気相の化学ポテンシャル

➔部分モルギブズエネルギーは，混合物の全モルギブズエネルギーに対する物質の寄与度である．

混合気体では，p は気体の分圧から考えることができる．G_m はモルギブズエネルギー，もしくは化学ポテンシャルである．混合物中のある物質の化学ポテンシャルは，混合物の全ギブズエネルギーに対する各成分の寄与の大きさである．

$$\mu = \mu^{\ominus} + RT\ln\frac{p}{p^{\ominus}}$$

ここで，各成分について，

- μ は気体成分の化学ポテンシャル（単位は $\mathrm{J\,mol^{-1}}$）
- $\mu^{\ominus}$は気体成分の標準化学ポテンシャル（単位は $\mathrm{J\,mol^{-1}}$）
- R は気体定数（$8.314\ \mathrm{J\,K^{-1}\,mol^{-1}}$）
- T は温度（単位は K）
- p は圧力（単位は bar）
- $p^{\ominus}$は標準圧力（1 bar）

p を $p^{\ominus}$に比例していると定義すると，p の値を bar 単位とすることで上記の式は次のような単純な形となる．

$$\mu = \mu^{\ominus} + RT\ln p$$

実在気体

非理想，もしくは実在系を考えなければならないときは，圧力をフガシティーとよばれる有効圧力で置き換える．

$$G_{\mathrm{m}} = G_{\mathrm{m}}^{\ominus} + RT\ln\frac{f}{p^{\ominus}}$$

ここで，

- G_{m} はモルギブズエネルギー（単位は $\mathrm{J\,mol^{-1}}$）
- $G_{\mathrm{m}}{}^{\ominus}$は標準モルギブズエネルギー（単位は $\mathrm{J\,mol^{-1}}$）
- R は気体定数（$8.314\ \mathrm{J\,K^{-1}\,mol^{-1}}$）
- T は温度（単位は K）
- f はフガシティー（単位は bar）
- $p^{\ominus}$は標準圧力（1 bar）

フガシティーは以下のように，圧力で表される．

$$f = \phi p$$

ここで ϕ はフガシティー係数（無次元）で，p は圧力（単位は bar）である．

理想気体では，フガシティー係数は 1 となる．気体分子どうしが強く引き合う実在系では，フガシティー係数の値は < 1 となる．よって，f の値は p の値よりも小さくなり，モルギブズエネルギーは同じ条件下の理想気体のモルギブズエネルギーの値よりも小さくなる．気体分子どうしが強く反発し合う実在系では，フガシティー係数の値は > 1 となり，f の値は p の値よりも大きくなる．

液 相

液体は決まった体積と温度のもとでは，決まった体積をとり，容器の形のとおりの形となる．重力の作用により，液体は容器の下部を占めるようになり，そこには明確な表面が存在することがわかる．液体と平衡状態にある蒸気の圧力を蒸気圧とよぶ.

液相の化学ポテンシャル

理想溶液とは分子間の相互作用がすべて同じ溶液である．このような溶液では，液体Aの化学ポテンシャルは次のようになる.

$$\mu_A = \mu_A^{\ominus} + RT\ln x_A$$

ここで,

- μ_A は液体Aの化学ポテンシャル（単位は $\mathrm{J\,mol^{-1}}$）
- $\mu_A^{\ominus}$ は純粋な液体Aの化学ポテンシャル（単位は $\mathrm{J\,mol^{-1}}$）
- R は気体定数（$8.314\ \mathrm{J\,K^{-1}\,mol^{-1}}$）
- T は温度（単位はK）
- x_A はAのモル分率（無次元）

実在液体

すべての液体が理想液体として振る舞うわけではない．よって，各成分ごとに上の式を修正しなければならない．たとえば，Aについては以下のように式を修正する.

$$\mu_A = \mu_A^{\ominus} + RT\ln a_A$$

ここで，a_A はAの活量（無次元）である.

理想性からのズレは，溶液中の分子の間での相互作用が同じではなく，個々別々な形となるときに生じる†．このズレは，しばしば分子種の活量という言葉で表される.

†訳者注
分子間相互作用は数値，もしくは数式で表される．この文章は，分子間相互作用を表す数値や数式が一つだけなら理想液体だが，分子間ごとに異なれば実在溶液となることをいっている.

$$a_A = \gamma_A \frac{b_A}{b^{\ominus}}$$

ここで,

- a_A はAの活量（無次元）
- γ_A はAの活量係数（無次元）
- b_A はAの質量モル濃度（単位は $\mathrm{mol\,kg^{-1}}$）
- $b^{\ominus}$ は $1\ \mathrm{mol\,kg^{-1}}$

➡質量モル濃度（重量モル濃度ともいう）は，溶質の物質量を溶媒の質量でわったものであり，モル濃度は溶質の物質量を溶媒の体積でわったものである.

➡束一的性質は，溶質粒子（分子もしくは原子）の数にのみ依存し，それらの種類（化学種など）には依存しない.

溶液に関していうと，溶媒の活量係数は溶液の束一的性質（沸点上昇，凝固点降下，および溶液からの蒸気圧降下）を測定することで求めることができる．溶質の活量係数は次の**ギブズ・デュエムの式**（Gibbs–Duhem equation）を使い溶媒の活量から求めることができる.

$$x_A \mathrm{d}\mu_A + x_B \mathrm{d}\mu_B = 0$$

ここで,

- x_A はAのモル分率（無次元）

- $d\mu_A$ は成分 A の化学ポテンシャルの変化量（単位は $J\ mol^{-1}$）
- x_B は B のモル分率（無次元）
- $d\mu_B$ は成分 B の化学ポテンシャルの変化量（単位は $J\ mol^{-1}$）

よって，

$$d\mu_B = -\frac{x_A d\mu_A}{x_B}$$

固　相

固相はある温度と圧力のもとで，決まった体積を占める．そして，固有の形や種類をとる．固体混合物もある．たとえば，鉄鋼にさまざまな種類があるのは，混合さてれている金属が異なるからである．

ほとんどの物質で，その相がどの範囲で存在するかが決まっている．そして，物質の標準状態とは，1 bar のときに物質がとる状態である（定義では温度は指定されていないが，便宜上，標準状態のデータとして 298.15 K もしくは 25 ℃でのデータが報告される）．

例題 4.1A

500 cm^3 の容器中の酸素 8.0 g の 25 ℃での圧力を計算せよ．

解き方

気体が理想気体として振る舞うと仮定して，次の式を使う．

$$pV = nRT$$

ここで，

- p は圧力（単位は Pa）
- V は体積（単位は m^3）
- n は気体のモル数
- R は気体定数（$8.314\ J\ K^{-1}\ mol^{-1}$）
- T は温度（単位は K）

上で示されている単位を考慮し，問題文に与えられているデータを利用できるようにいくつかの変数の単位を変換する必要のあることに注意すること．

まず，気体分子のモル数，n，について考える．問題では，酸素の量は g 単位で与えられているのでモル数に変換しなければならない．モル数への変換は，酸素の質量（8.0 g）を酸素の分子質量（M）（$32.0\ g\ mol^{-1}$）でわればよい．

$$n = \frac{m}{M} = \frac{8.0\ g}{32\ g\ mol^{-1}} = 0.25\ mol$$

2 番目に考えるのは，温度，T，である．問題では，温度は℃単位の値で与えられているので，ケルビン単位の値に変換しなければならない．

$$0.00\ ℃ = 273.15\ \mathrm{K}$$

よって，

$$25.00\ ℃ = 25.00 + 273.15 = 298.15\ \mathrm{K}$$

3番目に考えるのは，体積，V，である．問題では，体積は $\mathrm{cm^3}$ 単位の値で与えられているので，$\mathrm{m^3}$ 単位の値に変換しなければならない．

➡ $1\ \mathrm{m^3} = 100\ \mathrm{cm} \times 100\ \mathrm{cm} \times 100\ \mathrm{cm} = 1\,000\,000\ \mathrm{cm^3}$

$$1\ \mathrm{cm^3} = 1 \times 10^{-6}\ \mathrm{m^3}$$

よって，

$$500\ \mathrm{cm^3} = 500 \times 10^{-6}\ \mathrm{m^3}$$

理想気体の式を，圧力を求める形に変形して，

$$p = \frac{nRT}{V}$$

$$p = \frac{0.25\ \mathrm{mol} \times 8.314\ \mathrm{J\,K^{-1}\,mol^{-1}} \times 298.15\ \mathrm{K}}{500 \times 10^{-6}\ \mathrm{m^3}} = 1.2 \times 10^6\ \mathrm{J\,m^{-3}}$$

➡丸め誤差を避けるために，計算結果の数値は最終段階まで丸めずに残すように．

$1\ \mathrm{J\,m^{-3}}$ は $1\ \mathrm{Pa}$ なので，気体の圧力は $1.2 \times 10^6\ \mathrm{Pa}$ となる．

練習問題 4.1

(a) $0.05\ \mathrm{dm^3}$ の容器中の窒素 6.5 g の 37.00 ℃での圧力を計算せよ．

(b) 標準温度（0.00 ℃）および標準圧力（1.00 atm）での理想気体 2.00 mol が占める体積を計算せよ．

4.2 1成分系―相挙動

ある系では，特定の温度，T，と圧力，p，のもとで，各相が安定となる．このことは相図（T に対し p がプロットされたグラフで，ある条件下で各相の熱力学的な安定性を示している）に示されている．図 4.1 は，典型的な相図である．相図を解釈する際，次のことに注意が必要である．

- 相図中の線は，二つの相（線の両側にみられる相である）が平衡となる条件を示しており，この線つまり境界を越えることは相が変わることを意味している．
- 相図で三つの線が交わる交点は，三重点として知られており，物質の三つの相（気相，液相，固相）がすべて平衡となる条件を示している．
- 臨界点（気相と液相の境界が終わる点）は，ここから物質は超臨界流体となることを示す点である．

相転移は一般にみられる現象であり，この現象を表すための基礎熱力学方程式は，

$$G_m = H_m - TS_m$$

ここで,

- G_m はモルギブズエネルギー（単位は J mol^{-1}）
- H_m はモルエンタルピー（単位は J mol^{-1}）
- T は温度（単位は K）
- S_m はモルエントロピー（単位は J K^{-1} mol^{-1}）

最も安定な相は，その条件で最も低いギブズエネルギーをもつ相である．そして，圧力や温度の変化がどのようにギブズエネルギーに影響するかを理解することは，相挙動を理解するうえで重要なことである．相図のなかには，同素性や多形のために複雑な形となっているものがある．多形では，各形態が異なる相であると考えられている．同じ元素だが異なる構造をとるものは，同素体として知られている．同素体をもつ元素としてよく知られている例は，炭素，リン，硫黄，およびスズである．同じ化合物だが異なる結晶構造をとることは，多形として知られている．多形をとる化合物としてよく知られた例は，二酸化ケイ素，炭酸カルシウムおよび氷である．

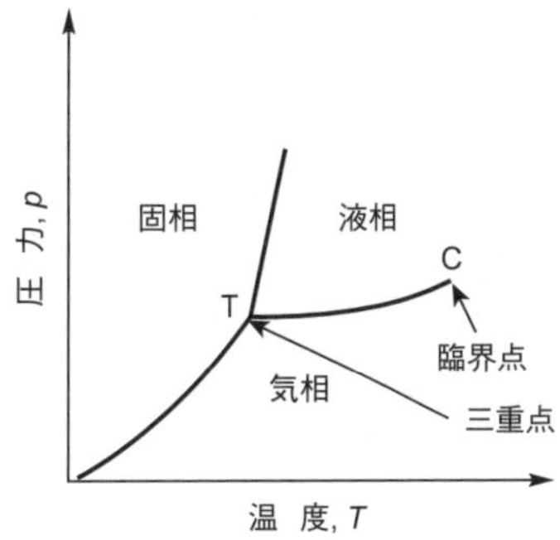

図 4.1　典型的な 1 成分系の相図
この相図には，固相，液相，気相が最も安定となる温度および圧力の条件が示されており，三重点（T），臨界点（C）の位置が示されている．また，各線は 2 相が平衡であることを示している．

相図を理解する際，相律がよく使われる．

$$F = C - P + 2$$

F は自由度（平衡における相の数に関係なく変化することができる圧力や温度のような示強変数の数）であり，C は系の成分数，そして P は相の数である．

1 成分系を考えると，

$$F = 1 - P + 2 \qquad F = 3 - P$$

表 4.1 に，P により F がどう変化するかをまとめている．

表 4.1　1 成分系における P による F の変化の説明

C	P	F	解説
	1	2	一つの相が相図中の‘領域’として示される．その領域内では，p と T は独立して変化する† ことができる．
1	2	1	平衡状態にある二つの相が，相図中の‘線’として示される．線上では，p もしくは T は変化することができるが，独立して変化はできない．
	3	0	平衡状態にある三つの相が，相図中の特定の‘点’として表される．この点では，p と T は変化せず，特定の値をとる．

† 訳者注
「p と T が独立に変化する」とは，p の変化が T の変化とは連動しない，つまり無関係に変化すること．T についても，同様のことがいえる．

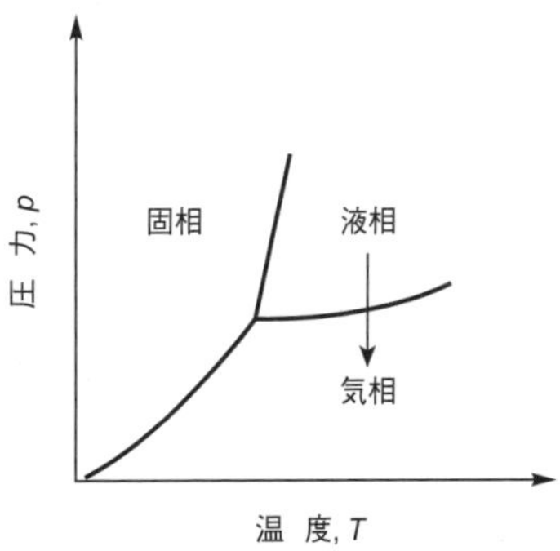

図 4.2　純粋な 1 成分系の相図
系は単一の固相，単一の液相，単一の気相として存在し，液相から気相への変化が図中に示されている．

例題 4.2A

図 4.2 に示されるように，p と T の条件により純粋な物質は固相，液相，また気相のいずれかの相で存在する．系が液相から気相に相転移す

るときの系の自由度の変化を求めよ．

解き方

まず，液相について考える．続いて，相律より液相の自由度，F，を求める．

$$F = C - P + 2$$

C は系の成分数$= 1$　　P は相数$= 1$

よって，

$$F = C - P + 2 = 1 - 1 + 2 = 2$$

次に，圧力が下がったときに何が起こるかを考えると，液相と気相が平衡となる（矢印に沿って変化し線に到達する）．相律より液相と気相が平衡となった（融点である）ときの自由度，F，を求める．

$$F = C - P + 2$$

C は系の成分数$= 1$　　P は相数$= 2$

よって，

$$F = C - P + 2 = 1 - 2 + 2 = 1$$

相律より気相の自由度，F，を求める．

$$F = C - P + 2$$

C は系の成分数$= 1$　　P は相数$= 1$

よって，

$$F = C - P + 2 = 1 - 1 + 2 = 2$$

つまり，この問題では系が液相から気相に変化する際，自由度，F，の数は‘2’から‘1’，そして‘2’へと変化する．

➡この場合，C と P はともに 1 である．つまり，1 成分（‘純粋な物質’）のみで，単一相（‘液相’）のみからなるということに注意．

➡相図の液相部分では，自由度 $F = 2$ であることに注目．このことは，互いに独立な二つの示強変数が存在していることを示している．その変数は‘温度’と‘圧力’である．

➡この場合，C は 1 で P は 2 である．つまり，依然として 1 成分（‘純粋な物質’）のみであるが，二つの相（‘液相’と‘気相’）からなるということに注意．

➡相転移では，自由度，$F = 1$ であることに注目．このことは，融点では独立な示強変数は一つのみであることを示している．‘温度’もしくは‘圧力’は変化することができるが，一方が変化すれば連動してもう一方も変化する．

➡この場合，C と P はともに 1 である．つまり，1 成分（‘純粋な物質’）のみで，単一相（‘気相’）のみからなるということに注意．

➡相図の気相部分では，自由度，$F = 2$ であることに注目．このことは，相図のこの部分に互いに独立な二つの示強変数が存在していることを示している．その変数は‘温度’と‘圧力’である．

練習問題 4.2

純粋な物質は，その系の置かれている条件により，固相，液相，また気相のいずれかの相で存在する．系の構成が以下のような場合での系の自由度，F，の変化を求めよ．

(a) 純粋な固相　　(d) 任意の二つの相の平衡混合物
(b) 純粋な液相　　(e) 固相，液相，気相の平衡混合物
(c) 純粋な気相

4.3　1成分系—ギブズエネルギー，エンタルピー，エントロピー

ある条件下で最も安定な相は，そのモルギブズエネルギー，G_m，が最も低い相である．温度や圧力が変化すると，モルギブズエネルギー，G_m，も変化する．温度が一定の場合，以下のようになる．

$$dG_m = V_m dp$$

ここで，

- G_m はモルギブズエネルギー
- V_m はモル体積
- p は圧力

モル体積は，物質1モル当たりの体積．

圧力の増加に伴い，物質のとる形態が気体（g）から液体（l），さらに固体（s）へと変化する際の圧力，p，に対する物質のモルギブズエネルギー，G_m，の典型的な変化のようすを，図4.3に示す．

図4.3のグラフの傾きは，物質のモル体積，V_m，となることに注意．予想できるように，V_m（s）と V_m（l）は V_m（g）よりも圧力の影響を受けていない．

圧力が一定の場合は以下のようになる．

$$dG_m = -S_m dT$$

ここで，

- G_m はモルギブズエネルギー
- S_m はモルエントロピー
- T は温度

温度の上昇に伴い，物質のとる形態が固体（s）から液体（l），さらに気体（g）へと変化する際の温度，T，に対する物質のモルギブズエネルギー，G_m，の典型的な変化の様子を図4.4に示す．

図4.4のグラフの傾きは，物質のモルエントロピー，S_m，となることに注意．予想のように，$S_m(s) < S_m(l) < S_m(g)$．

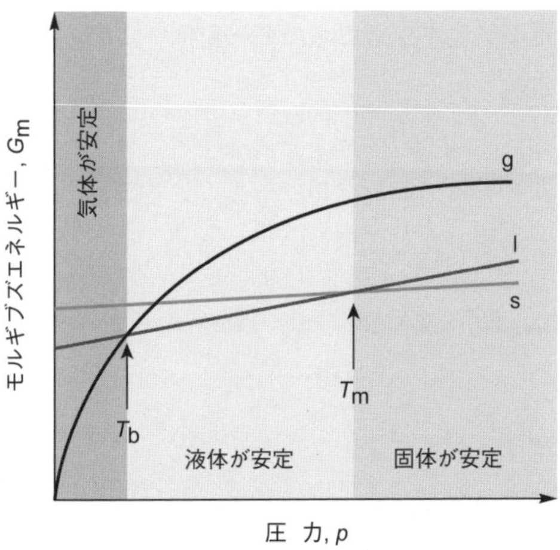

図4.3　圧力の上昇に伴い，物質のとる形態が気体（g）から液体（l），さらに固体（s）へと変化する際の圧力，p に対する物質のモルギブズエネルギー，G_m，の典型的な変化　T_b は沸点，T_m は融点†．

†訳者注
沸点：boiling point（b.p.），
融点：melting point（m.p.）．

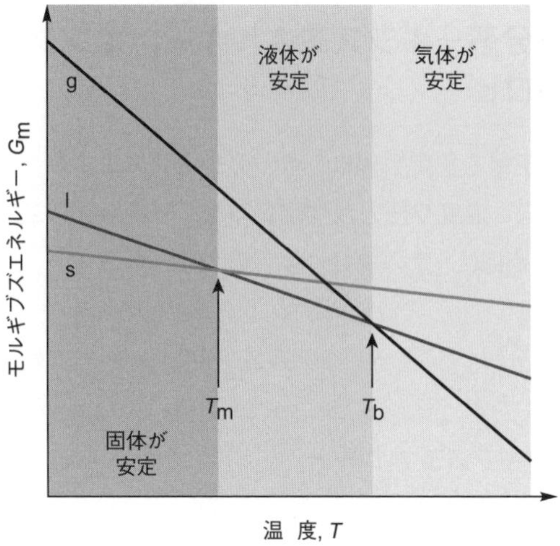

図 4.4 温度の上昇に伴い，物質のとる形態が固体（s）から液体（l），さらに気体（g）へと変化する際の温度（T）に対する物質のモルギブズエネルギー，G_m，の典型的な変化　T_b は沸点，T_m は融点.

液体を密閉容器に入れると，液体の一部が気化して蒸気になる. 1 bar で，液体が 1 bar の蒸気になるときのギブズエネルギーの変化が標準気化エネルギー，$\Delta_{vap}G^\ominus$，である. この蒸気の示す圧力が蒸気圧である. ある温度での蒸気圧は，その温度での物質の特性を表す値となる. 蒸気圧，p，と標準気化ギブズエネルギー変化，$\Delta_{vap}G^\ominus$，の間には，以下のような関係がある.

$$\ln p = -\frac{\Delta_{vap}G^\ominus}{RT}$$

ここで，

- p は圧力
- $\Delta_{vap}G^\ominus$ は標準気化ギブズエネルギー変化
- R は気体定数
- T は温度

ギブズエネルギーは，エンタルピーとエントロピーにより，次のように表されることも思いだしてほしい.

$$\Delta_{vap}G^\ominus = \Delta_{vap}H^\ominus - T\Delta_{vap}S^\ominus$$

ここで，

- $\Delta_{vap}G^\ominus$ は標準気化ギブズエネルギー変化
- $\Delta_{vap}H^\ominus$ は標準気化エンタルピー変化
- T は温度
- $\Delta_{vap}S^\ominus$ は標準気化エントロピー変化

次の式もある.

$$\ln p = -\frac{\Delta_{\text{vap}}H^{\ominus}}{RT} + \frac{\Delta_{\text{vap}}S^{\ominus}}{R}$$

p および T が一定なら平衡状態となり，相転移のギブズエネルギー変化，$\Delta_{\text{vap}}G^{\ominus}$，はゼロである．よって，この温度でのエンタルピー変化とエントロピー変化には，以下のような式が成り立つ．

$$\frac{\Delta_{\text{vap}}H}{T_{\text{vap}}} = \Delta_{\text{vap}}S$$

ここで，

- $\Delta_{\text{vap}}H$ は気化エンタルピー変化
- T_{vap} は沸点
- $\Delta_{\text{vap}}S$ は気化エントロピー変化

標準圧力，1 bar，で物理量の測定が行われたなら，

$$\frac{\Delta_{\text{vap}}H^{\ominus}}{T_{\text{vap}}} = \Delta_{\text{vap}}S^{\ominus}$$

➡通常，物質の沸点はその蒸気圧が 1 atm（1.013×10^5 Pa）となる温度と定義されている．標準沸点は，その蒸気圧が 1 bar（1.0×10^5 Pa）となる温度と定義されており，厳密にいえばこの数値を使うべきである．しかし，これらの数値は非常に近い値であり，沸点としてどちらの値を使ってもほとんど差はない．

トルートンの規則（Trouton's rule）によると，液体の沸点での気化による標準エントロピー変化は，水素結合やほかの特異的な分子間相互作用のある場合を除いて，すべての液体に対して同じ値（約 85 J K^{-1} mol^{-1}）をとると近似できる．

$$\frac{\Delta_{\text{vap}}H^{\ominus}}{T_{\text{b}}} = \Delta_{\text{vap}}S^{\ominus} \approx 85\ \text{J K}^{-1}\ \text{mol}^{-1}$$

ここで，

- $\Delta_{\text{vap}}H^{\ominus}$ は標準気化エンタルピー変化
- T_{b} は常圧での沸点〔蒸気圧が 1 atm（1.013×10^5 Pa）となる温度〕
- $\Delta_{\text{vap}}S^{\ominus}$ は標準気化エントロピー変化

例題 4.3A

水素結合やほかの特異的な分子間相互作用がないとして，常圧での沸点が 55.23 ℃の液体の標準気化エンタルピー変化を求めよ．

解き方

トルートンの規則〔（特異的な分子間相互作用のない）液体の沸点，T_{b}，での気化による標準エントロピー変化，$\Delta_{\text{vap}}S^{\ominus}$，は，約 85 J K^{-1} mol^{-1} となる〕を用いて問題に与えられている沸点を先の式に代入し，気化エンタルピー，$\Delta_{\text{vap}}H^{\ominus}$，を求める形に変形する．

$$\frac{\Delta_{\text{vap}}H^{\ominus}}{T_{\text{b}}} \approx 85\ \text{J K}^{-1}\ \text{mol}^{-1}$$

➡正しい答えを得るためには，温度の単位をケルビンとしなければならない．

温度をケルビン単位に変換することを忘れてはいけない．つまり，常圧

での沸点，T_b，を 55.23 ℃からケルビン単位.（55.23 + 273.15）K = 328.38 K とする.

$$\frac{\Delta_{vap}H^{\ominus}}{(328.38\ \mathrm{K})} = 85\ \mathrm{J\ K^{-1}\ mol^{-1}}$$

$$\Delta_{vap}H^{\ominus} = (85\ \mathrm{J\ K^{-1}\ mol^{-1}}) \times (328.38\ \mathrm{K}) = 28\ \mathrm{kJ\ mol^{-1}}$$

沸点 55.23 ℃での液体の気化エンタルピー変化は 28 kJ mol^{-1} となる.

例題 4.3B

標準気化エンタルピーが 25 kJ mol^{-1} の液体の常圧での沸点を求めよ. ただし，この液体には水素結合やほかの特異的な分子間相互作用はないとする.

解き方

➡正しい答えを得るためには，気化エンタルピーの単位を J K^{-1} mol^{-1} としなければならない. また，答えの単位はケルビンであることにも注意.

トルートンの規則〔(特異的な分子間相互作用のない）液体の沸点，T_b，での標準気化エントロピー変化，$\Delta_{vap}S^{\ominus}$，は，約 85 J K^{-1} mol^{-1} となる〕を用いて問題に与えられている標準気化エンタルピー，$\Delta_{vap}H^{\ominus}$，を先の式に代入し，常圧での沸点，T_b，を求める形に変形する.

$$\frac{\Delta_{vap}H^{\ominus}}{T_b} \approx 85\ \mathrm{J\ K^{-1}\ mol^{-1}}$$

$$\frac{(25000\ \mathrm{J\ mol^{-1}})}{T_b} = 85\ \mathrm{J\ K^{-1}\ mol^{-1}} \qquad T_b = \frac{(25000\ \mathrm{J\ mol^{-1}})}{(85\ \mathrm{J\ K^{-1}\ mol^{-1}})} = 290\ \mathrm{K}$$

気化エンタルピー変化が 25 kJ mol^{-1} の液体の常圧での沸点は 290 K となる.

練習問題 4.3

特異的な分子間相互作用，たとえば水素結合がないとして，以下の液体の標準気化エンタルピー変化，$\Delta_{vap}H^{\ominus}$，を求めよ.

(a) 液体 A，常圧での沸点，T_b = 310.7 K

(b) 液体 B，常圧での沸点，T_b = 47.2 ℃

練習問題 4.4

特異的な分子間相互作用（たとえば水素結合）がないとして，以下の液体の常圧での沸点，T_b，を求めよ.

(a) 液体 A，標準気化エンタルピー変化，$\Delta_{vap}H^{\ominus}$ = 26.52 kJ mol^{-1}

(b) 液体 B，標準気化エンタルピー変化，$\Delta_{vap}H^{\ominus}$ = 35 470 J mol^{-1}

➡融解エンタルピーとモル体積は温度による変化はほとんどないので，クラペイロンの式は線形となり，相図では固-液転移は直線で表されていることに注意.

4.4 1成分系—クラペイロンの式

クラペイロンの式（Clapeyron equation）は相図の固-液境界線の傾

きが，以下のように融解エンタルピー変化，$\Delta_{fus}H$，となることを示している．

$$\frac{dp}{dT} = \frac{\Delta_{fus}H}{T_m \Delta_{fus}V_m}$$

ここで，

- p は圧力
- T は温度
- $\Delta_{fus}H$ は融解エンタルピー変化
- T_m は融点
- $\Delta_{fus}V_m$ はモル体積の変化量

➡固−液転移を表す線の傾きはモル体積の変化量により決まることに注意．ほとんどの化合物は融解によりわずかに体積が増加する（水を除く）ので，通常，固−液転移を表す線は正の傾きをもつ．

例題 4.4A

物質の常圧での融点（melting point），T_m，は 78.02 ℃である．この温度で，固相と液相の密度が異なり，モル体積は大きくなる方向に変化し，$+0.50\ cm^3\ mol^{-1}$ となる．相転移による融解エンタルピー変化，$\Delta_{fus}H$，は $+2.5\ kJ\ mol^{-1}$ である．圧力が 10 atm となったときの物質の融点を計算せよ．

解き方

まず，単位を変換する．

融解エンタルピー，$\Delta_{fus}H$，の単位を $kJ\ mol^{-1}$ から $J\ mol^{-1}$ にする：$1\ kJ\ mol^{-1} = 1000\ J\ mol^{-1}$ なので，$+2.5\ kJ\ mol^{-1} = 2.5 \times 10^3\ J\ mol^{-1}$

常圧の融点，T_m，は 78.02 ℃をケルビン単位に変換する：$(78.02 + 273.15)\ K = 351.17\ K$

モル体積変化，$\Delta_{fus}V_m$，は $+0.5\ cm^3\ mol^{-1}$ を $m^3\ mol^{-1}$ 単位に変換する：$1\ cm^3 = 1 \times 10^{-6}\ m^3$ なので，$+0.5\ cm^3\ mol^{-1} = 0.5 \times 10^{-6}\ m^3\ mol^{-1}$

これらの数値をクラペイロンの式に代入する．

$$\frac{dp}{dT} = \frac{\Delta_{fus}H}{T_m \Delta_{fus}V_m}$$

$$\frac{dp}{dT} = \frac{(2.5 \times 10^3\ J\ mol^{-1})}{(351.17\ K) \times (0.50 \times 10^{-6}\ m^3\ mol^{-1})}$$

$$= 14.2 \times 10^6\ J\ m^{-3}\ K^{-1} = 14.2 \times 10^6\ Pa\ K^{-1}$$

➡$1\ J\ m^{-3} = 1\ N\ m\ m^{-3} = 1\ N\ m^{-2} = 1\ Pa$ であることに注意．また，$14.2 \times 10^6\ Pa$ 圧力が変化すれば，融点が 1 K 変化することがわかる．

常圧の融点は，1 atm での値と定義されている．圧力が 10 atm に変化するなら，圧力変化は（10 atm − 1 atm）= 9 atm となり，$1\ atm = 1.01 \times 10^5\ Pa$ なので，この値は $909 \times 10^3\ Pa$ の圧力変化となる．

圧力の変化による融点の変化，ΔT，は次のようになる．

$$\Delta T = \frac{(909 \times 10^3\ Pa)}{(14.2 \times 10^6\ Pa\ K^{-1})} = 0.064\ K$$

➡データから，答えの有効数字は 2 桁となることに注意．

圧力変化が大きくなると融点の変化も大きくなる.

圧力変化後の新しい融点, T_m, は (351.17 K + 0.064 K) = 351.23 K となる.

練習問題 4.5

(a) 物質の常圧での融点, T_m, は 50.02 ℃である. この温度で, 固相と液相の密度が異なり, モル体積は大きくなる方向に変化し, +0.72 cm^3 mol^{-1} となる. 相転移による融解エンタルピー変化, $\Delta_{fus}H$, は +3.1 kJ mol^{-1} である. 圧力が 5 atm となったときの物質の融点を計算せよ.

(b) 1 atm, 78.58 ℃で, 相転移 (固相から液相) する物質があり, そのときのモル体積変化が +0.35 cm^3 mol^{-1} である. 相転移による融解エンタルピー変化, $\Delta_{fus}H$, は +4.7 kJ mol^{-1} である. 圧力が 20 atm となったときの物質の融点を計算せよ.

4.5 1成分系—クラウジウス・クラペイロンの式

相転移に気相もしくは蒸気相がかかわるとき, クラペイロンの式を修正して, **クラウジウス・クラペイロンの式** (Clausius–Clapeyron equation) が提案されている.

この式は線形ではないことに注意. よって, 固–気および液–気相転移は相図では曲線となる.

$$\frac{dp}{dT} = p\frac{\Delta_{vap}H}{RT^2}$$

(臨界点から離れていれば) 通常, 次のような形になる.

圧力の単位として, p_1 と p_2 に同じ単位が使われるなら, どのような単位でも使うことができる. 温度の単位はケルビンでなければならない.

$$\ln\frac{p_1}{p_2} = \frac{\Delta_{vap}H}{R}\left(\frac{1}{T_2} - \frac{1}{T_1}\right)$$

クラウジウス・クラペイロンの式が, 次のような別の形をとることも興味深い.

$$\ln\frac{p_2}{p_1} = -\frac{\Delta_{vap}H}{R}\left(\frac{1}{T_2} - \frac{1}{T_1}\right)$$

あるいは,

$$\ln\frac{p_2}{p_1} = \frac{\Delta_{vap}H}{R}\left(\frac{1}{T_1} - \frac{1}{T_2}\right)$$

上の三つすべての式は同じ答えを与える.

わかっている変数の値により, この式を使って以下のような量を求めることができる. 圧力により, 相転移温度がどう変化するか. 温度により, 蒸気圧がどう変化するか. 以下の例題にあるように気化エンタルピーや, もちろん昇華エンタルピーも求めることができる.

例題 4.5A

物質の常圧での沸点，T_b，は 88.02 ℃である．相転移による気化エンタルピー変化，$\Delta_{vap}H$，は $+25.0\ \mathrm{kJ\ mol^{-1}}$ である．圧力が 101 Pa に変化したときの物質の沸点を計算せよ．

解き方

この問題では，常圧での気化エンタルピー変化と沸点が与えられているので，クラウジウス・クラペイロンの式を使って，圧力を上げたときの沸点を求めることができる．

$$\ln\frac{p_1}{p_2} = \frac{\Delta_{vap}H}{R}\left(\frac{1}{T_2} - \frac{1}{T_1}\right)$$

まず，単位の換算を行う．

気化エンタルピー，$\Delta_{vap}H$，の単位を $\mathrm{kJ\ mol^{-1}}$ から $\mathrm{J\ mol^{-1}}$ にする：$1\ \mathrm{kJ\ mol^{-1}} = 1000\ \mathrm{J\ mol^{-1}}$ なので，$+25.0\ \mathrm{kJ\ mol^{-1}} = 25.0 \times 10^3\ \mathrm{J\ mol^{-1}}$

常圧での沸点，T_b，は 88.02 ℃をケルビン単位に変換する：$(88.02 + 273.15)\ \mathrm{K} = 361.17\ \mathrm{K}$

加圧前の圧力，p_1，は atm 単位から Pa 単位に変換する：定義により，常圧の沸点は 1 atm のもとでの値であるので，$1\ \mathrm{atm} = 1.01 \times 10^5\ \mathrm{Pa}$ より，$p_1 = 1.01 \times 10^5\ \mathrm{Pa}$

変換した値を上の式に代入し，T_2 を求めるように式を変形する．

➔左辺は自然対数の項であることに注意．自然対数をとった数値は無次元であり，式中には圧力の単位は現れていない．

$$\ln\frac{(1.01 \times 10^5\ \mathrm{Pa})}{(101\ \mathrm{Pa})} = \frac{(25.0 \times 10^3\ \mathrm{J\ mol^{-1}})}{(8.314\ \mathrm{J\ K^{-1}\ mol^{-1}})} \times \left(\frac{1}{T_2} - \frac{1}{361.17\ \mathrm{K}}\right)$$

$$6.908 = 3007\ \mathrm{K} \times \left(\frac{1}{T_2} - 2.769 \times 10^{-3}\ \mathrm{K^{-1}}\right)$$

$$6.908 = \left(\frac{3007\ \mathrm{K}}{T_2}\right) - 8.326$$

$$15.23 = \frac{(3007\ \mathrm{K})}{T_2} \qquad T_2 = \frac{(3007\ \mathrm{K})}{15.23} = 197.4\ \mathrm{K}$$

新しい物質の沸点は 197.4 K，もしくは −75.7 ℃である．

➔答えは正しいか．はい：圧力が下がると，沸点は下がり，答えもそのようになっている．

練習問題 4.6

(a) 物質の常圧での沸点，T_b，は 101.33 ℃である．相転移による気化エンタルピー変化，$\Delta_{vap}H$，は $+29.0\ \mathrm{kJ\ mol^{-1}}$ である．圧力が 0.500 atm に変化したときの物質の沸点を計算せよ．

(b) 120.45 ℃で，相転移（液相から気相）する物質があり，その相転移によるエンタルピー変化，$\Delta_{vap}H$，は $+34.0\ \mathrm{kJ\ mol^{-1}}$ である．圧力が 2.00 atm に変化したときの物質の沸点を計算せよ．

例題 4.5B

気化エンタルピー変化，$\Delta_{vap}H$，が 40.65 kJ mol^{-1} で，蒸気圧が 1 atm の水が 25.00 ℃で密閉容器に入れられている．温度を 99.00 ℃に上げたときの蒸気圧を求めよ．

解き方

加熱前の温度，T_1，での蒸気圧，p_1，が与えられており，クラウジウス・クラペイロンの式を使い，加熱後の温度，T_2，での蒸気圧，p_2，を求めることができる．

$$\ln\frac{p_1}{p_2} = \frac{\Delta_{vap}H}{R}\left(\frac{1}{T_2} - \frac{1}{T_1}\right)$$

まず，単位の換算を行う．

気化エンタルピー，$\Delta_{vap}H$，の単位を kJ mol^{-1} から J mol^{-1} にする：1 kJ mol^{-1} ＝ 1000 J mol^{-1} なので，＋40.65 kJ mol^{-1} ＝ 40.65 × 10^3 J mol^{-1}

T_1 は 25.00 ℃をケルビン単位に変換する：(25.00 ＋ 273.15) K ＝ 298.15 K

T_2 は 99.00 ℃をケルビン単位に変換する：(99.00 ＋ 273.15) K ＝ 372.15 K

これらの値を上の式に代入する．

➡丸め誤差を避けるため，この式の右辺はまだ計算してはいけない．

$$\ln\frac{(1.000\ \mathrm{atm})}{p_2} = \left(\frac{(40.65\times10^3\ \mathrm{J\ mol^{-1}})}{(8.314\ \mathrm{J\ K^{-1}\ mol^{-1}})}\times\left(\frac{1}{372.15\ \mathrm{K}} - \frac{1}{298.15\ \mathrm{K}}\right)\right)$$

p_2 を求めるために，式の左辺の自然対数を除く必要がある．$\ln x = y$ は $x = \mathrm{e}^y$ を使って，

$$\frac{(1.000\ \mathrm{atm})}{p_2} = \mathrm{e}^{\left(\frac{(40.65\times10^3\ \mathrm{J\ mol^{-1}})}{(8.314\ \mathrm{J\ K^{-1}\ mol^{-1}})}\times\left(\frac{1}{372.15\ \mathrm{K}} - \frac{1}{298.15\ \mathrm{K}}\right)\right)}$$

➡答えは正しいか．はい：温度が上がると，密閉容器中の蒸気圧は高くなり，答えもそのようになっている．

e は定数であることに注意．これは，2.718 という値をもつ自然対数の底である．科学計算のできる電卓なら，指数関数の値を求めることができる逆対数関数，e^x を使うことができる．

$$p_2 = 26.07\ \mathrm{atm}$$

よって，加熱後の蒸気圧は 26.07 atm である．

練習問題 4.7

(a) 気化エンタルピー変化，$\Delta_{vap}H$，が 30.80 kJ mol^{-1} で，蒸気圧が 94.60 Torr のベンゼンが 25.00 ℃で密閉容器に入れられている．温度を 45.00 ℃に上げたときの蒸気圧を求めよ．

(b) 50.00 ℃での水の蒸気圧を求めよ．ただし，常圧での水の沸点は 100.00 ℃であり，気化エンタルピー変化，$\Delta_{vap}H$，は 40.65 kJ mol^{-1} である．

例題 4.5C

ある物質の蒸気圧は，0.00 ℃で 54 Torr，25.00 ℃で 345 Torr である．気化エンタルピー変化，$\Delta_{vap}H$，を求めよ．

解き方

温度，T_1，での蒸気圧，p_1，と，温度，T_2，での蒸気圧，p_2，が与えられており，クラウジウス・クラペイロンの式を使い気化エンタルピー変化，$\Delta_{vap}H$，を求めることができる．

$$\ln\frac{p_1}{p_2} = \frac{\Delta_{vap}H}{R}\left(\frac{1}{T_2} - \frac{1}{T_1}\right)$$

まず，単位の換算を行う．

T_1 は 0.00 ℃をケルビン単位に変換する：(0.00 + 273.15) K = 273.15 K

T_2 は 25.00 ℃をケルビン単位に変換する：(25.00 + 273.15) K = 298.15 K

これらの値を上の式に代入し，気化エンタルピー変化を求める形に式を変形する．

$$\ln\frac{54}{345} = \frac{\Delta_{vap}H}{(8.314\ \mathrm{J\ K^{-1}\ mol^{-1}})}\left(\frac{1}{298.15\ \mathrm{K}} - \frac{1}{273.15\ \mathrm{K}}\right)$$

$$-1.855 = \frac{\Delta_{vap}H}{(8.314\ \mathrm{J\ K^{-1}\ mol^{-1}})}(-3.07 \times 10^{-4}\ \mathrm{K^{-1}})$$

$$\Delta_{vap}H = 50\ \mathrm{kJ\ mol^{-1}}$$

物質の気化エンタルピー変化は 50 kJ mol^{-1} である．

➡丸め誤差を避けるには，最後まで大きな桁の計算値を残すのが一番いいやり方である．

練習問題 4.8

(a) 次のような蒸気圧をもつ物質の気化エンタルピー変化を求めよ．85.00 ℃で 760 mmHg，55.00 ℃で 450 mmHg．

(b) 物質の蒸気圧が 15.00 ℃で 34.0 Torr，65.00 ℃で 410 Torr である．気化エンタルピー変化，$\Delta_{vap}H$，を求めよ．

4.6　2成分混合系—不揮発性溶質と揮発性溶媒

不揮発性溶質が溶解しているとき，溶媒の蒸気圧は低下する．事実，**ラウールの法則**（Raoult's law）によれば，溶媒の蒸気圧は溶液中の溶媒のモル分率に比例する．

$$p = x_{\text{solvent}} \times p_{\text{pure}}$$

ここで,

- p は溶媒の蒸気圧
- p_{pure} は純溶媒の蒸気圧
- x_{solvent} は溶媒のモル分率

不揮発成分のモル分率がわかっているとき（たとえば 0.010 とする），溶媒のモル分率は 0.990 となる．純溶媒の蒸気圧が 20.0 Torr なら，溶媒の蒸気圧は,

$$p_{\text{solvent}} = 0.990 \times (20.0\ \text{Torr}) = 19.8\ \text{Torr}$$

溶液に不揮発性溶質が溶けているとき，溶解している量に応じて溶媒の蒸気圧が低下し，溶媒の凝固点，ΔT_f，が下がり，沸点，ΔT_b，が上昇する．また浸透圧，Π，も増加する．これらのことが，次の三つの式で示されている．

$$\Delta T_f = ik_f m$$
$$\Delta T_b = ik_b m$$
$$\Pi = iRTc$$

ここで,

- ΔT_f ＝凝固点降下度（単位は K）
- ΔT_b ＝沸点上昇度（単位は K）
- Π ＝溶液の浸透圧（単位は圧力の単位と同じ）
- i ＝**ファントホッフ定数**（van't Hoff factor）[†1]（近似的には，溶液中で溶質が電離して生成する分子種の数．たとえば，非電解質では 1，MX の形の塩では 2，MX_2 の形の塩では 3）
- k_f ＝溶媒のモル凝固点降下（単位は K kg mol^{-1}）
- k_b ＝溶媒のモル沸点上昇（単位は K kg mol^{-1}）
- m ＝質量モル濃度（単位は mol kg^{-1}）
- c ＝モル濃度（単位は mol dm^{-3}）
- R ＝気体定数（$0.0821\ \text{dm}^3\ \text{atm K}^{-1}\ \text{mol}^{-1}$）
- T ＝温度（単位は K）

†1 訳者注
本文のファントホッフ定数の説明は強電解質（完全に電離）に関してのもので，部分的にしか電離しない弱電解質には当てはまらないことに注意が必要である．

これらの性質（凝固点降下，沸点上昇と浸透圧の上昇）は束一的性質とよばれている．これは，これらの変化量が加えられた物質の量に依存するが，物質が何であるかには依存しないからである．

➔束一的性質は溶液に溶けている物質の数にのみ依存し，それらが何かには依存しない性質である．

例題 4.6A

スクロースの 0.200 m[†2] 水溶液が凍る温度を求めよ．ただし，何も溶けていない水の凝固点は 0 ℃で，水のモル凝固点降下，k_f，は $1.86\ \text{K kg mol}^{-1}$ である．

†2 訳者注
m は質量モル濃度であることを表しており，単位は mol kg^{-1} である．

解き方

質量モル濃度に応じて凝固点がどのくらい降下するかを示す式を使う．スクロースは電解質ではないので，i は 1 である．ほかの与えられた値を代入する．

$$\Delta T_\mathrm{f} = ik_\mathrm{f}m$$
$$\Delta T_\mathrm{f} = 1 \times (1.86\ \mathrm{K\ kg\ mol^{-1}}) \times (0.200\ \mathrm{mol\ kg^{-1}})$$
$$\Delta T_\mathrm{f} = 0.372\ \mathrm{K} \approx 0.4\ \mathrm{K}$$

よって，水が凍る温度は 0 ℃ − 0.4 ℃ = −0.4 ℃

➡これは，観測される凝固点の降下度を示している．0.4 K の降下は，0.4 ℃の降下と同じである．

練習問題 4.9

(a) スクロースの 0.070 m 水溶液の凝固点は何度か．ただし，何も溶けていない水の凝固点は 0.00 ℃で，水のモル凝固点降下，k_f，は 1.86 K kg mol^{-1} である．

(b) アスピリンの 0.10 m シクロヘキサン溶液が凍る温度を求めよ．ただし，何も溶けていないシクロヘキサンの凝固点は 6.5 ℃で，シクロヘキサンのモル凝固点降下，k_f，は 20.1 K kg mol^{-1} である．

例題 4.6B

NaCl の 0.10 m 水溶液が沸騰する温度を求めよ．ただし，何も溶けていない水の沸点は 100.00 ℃で，水のモル沸点上昇，k_b，は 0.51 K kg mol^{-1} である．

解き方

質量モル濃度に応じて沸点がどのくらい上昇するかを示す式を使う．NaCl は電解質であり，溶解して完全に電離し，Na^+ イオンと Cl^- イオンを生成する．よって，i の値は 2 となる．これと問題で与えられている値を，上の式に代入する．

$$\Delta T_\mathrm{b} = ik_\mathrm{b}m$$
$$\Delta T_\mathrm{b} = 2 \times (0.51\ \mathrm{K\ kg\ mol^{-1}}) \times (0.10\ \mathrm{mol\ kg^{-1}}) \quad \Delta T_\mathrm{b} = 0.10\ \mathrm{K}$$

よって，溶液の沸点は 100.00 ℃ + 0.10 ℃ = 100.10 ℃となる．

➡この解は，観測される沸点の変化量を示している．この問題では，沸点は上昇している．

➡0.1 K の上昇は 0.1 ℃の上昇に等しいことに注意．

練習問題 4.10

(a) グルコースの 0.10 m シクロヘキサン溶液が沸騰する温度を求めよ．ただし，何も溶けていないシクロヘキサンの沸点は 80.7 ℃で，シクロヘキサンのモル沸点上昇，k_b，は 2.79 K kg mol^{-1} である．

(b) $MgCl_2$ の 0.50 m 水溶液は何度で沸騰するかを求めよ．ただし，何も溶けていない水の沸点は 100.0 ℃で，水のモル沸点上昇，k_b，は 0.51 K kg mol^{-1} である．

例題 4.6C

スクロースの 0.20 M[†] 水溶液の 25 ℃での浸透圧を求めよ．

† 訳者注
M = mol dm^{-3}

解き方

モル濃度に対して浸透圧を与える式を使う．スクロースは非電解質である．よって，i の値は 1 である．温度をケルビン単位にすることを忘れないようにして，問題に与えられている値を代入する．

➡浸透圧の単位は，R の単位に依存する．この場合，R について選択された値から浸透圧の単位は atm となる．

$$\Pi = iRTc$$

$$\Pi = 1 \times (0.0821\ \mathrm{dm^3\ atm\ K^{-1}\ mol^{-1}}) \times (298\ \mathrm{K}) \times (0.20\ \mathrm{mol\ dm^{-3}})$$

$$\Pi = 4.9\ \mathrm{atm}$$

浸透圧は 4.9 atm である．

練習問題 4.11

(a) NaCl の 0.10 M 水溶液の 50 ℃での浸透圧を求めよ．

(b) グルコースの 1×10^{-4} M 水溶液の 37 ℃での浸透圧を求めよ．

例題 4.6D

単離された油抽出物（非電解質）はショウノウの凝固点を下げることがわかった．この抽出物 0.1 g をショウノウ 100 g に加えたところ，ショウノウの凝固点が 0.500 ℃低下した．抽出物の分子質量を求めよ．ただし，ショウノウのモル凝固点降下は 39.7 K kg mol^{-1} である．

解き方

質量モル濃度に応じて凝固点がどのくらい降下するかを示す式を使い，溶液の質量モル濃度を求める形に変形し，問題に与えられている値を代入する．

➡抽出物は非電解質なので i = 1 である．

➡この解は溶液の質量モル濃度（1 kg のショウノウに溶解している抽出物のモル数）である．

$$\Delta T_f = ik_f m \qquad m = \frac{\Delta T_f}{ik_f}$$

$$m = \frac{(0.500\ \mathrm{K})}{1 \times (39.7\ \mathrm{K\ kg\ mol^{-1}})} = 0.0126\ \mathrm{mol\ kg^{-1}}$$

ショウノウの質量は 100 g もしくは 0.100 kg であるので，ショウノウのモル数は，

$$\text{抽出物のモル数} = (0.100\ \mathrm{kg}) \times (0.0126\ \mathrm{mol\ kg^{-1}})$$
$$= 1.26 \times 10^{-3}\ \mathrm{mol}$$

よって，抽出物のモル質量は，

$$\text{抽出物のモル質量} = \frac{\text{抽出物の質量}}{\text{抽出物のモル数}} = \frac{0.1\ \text{g}}{1.26 \times 10^{-3}\ \text{mol}}$$
$$= 79.4\ \text{g mol}^{-1}$$

抽出物のモル質量は 79.4 g mol^{-1} である．

➔丸め誤差を避けるには，最後まで大きな桁の計算値を残すのが一番いいやり方である．

練習問題 4.12

(a) ある物質（非電解質）0.15 mg をショウノウ 100 mg に加えたところ，ショウノウの凝固点が 2.8 ℃低下した．この物質の分子質量を求めよ．ただし，ショウノウのモル凝固点降下は 39.7 K kg mol^{-1} である．

(b) 油抽出物（非電解質）はシクロヘキサンの凝固点を下げることがわかった．この抽出物 0.20 g をシクロヘキサン 100 g に加えたところ，ショウノウの凝固点が 1.2 ℃低下した．抽出物の分子質量を求めよ．ただし，シクロヘキサンのモル凝固点降下は 20.0 K kg mol^{-1} である．

例題 4.6E

高分子 2 g をメチルベンゼンに溶解して，25 ℃での浸透圧が 0.1 atm の試料 100 mL を得た．高分子は非電解質だとして，この高分子のモル質量を求めよ．

解き方

モル濃度に対して浸透圧を与える式を使い，モル濃度を求める形に変形し，温度をケルビン単位に変換するのを忘れないようにして問題に与えられた値を代入する．

$$\Pi = iRTc \qquad c = \frac{\Pi}{iRT}$$

➔$i = 1$ とせよ．

$$c = \frac{(0.1\ \text{atm})}{1 \times (0.0821\ \text{dm}^3\ \text{atm K}^{-1}\ \text{mol}^{-1}) \times (298\ \text{K})}$$
$$= 4 \times 10^{-3}\ \text{mol dm}^{-3}$$

試料の体積が 100 mL（あるいは 0.1 dm^3）なので，試料中の高分子のモル数，n は以下のようになる．

$$n = (0.1\ \text{dm}^3) \times (4 \times 10^{-3}\ \text{mol dm}^{-3}) = 4 \times 10^{-4}\ \text{mol}$$

高分子を 2 g 溶解したと問題にあるので，モル質量は，

$$\text{モル質量} = \frac{(2\ \text{g})}{(4 \times 10^{-4}\ \text{mol})} = 5000\ \text{g mol}^{-1}$$

➔高分子のモル質量は 5000 g mol^{-1} と求められた．丸め誤差を避けるには，最後まで大きな桁の計算値を残すのが一番いいやり方である．

高分子のモル質量は 5000 g mol^{-1}

練習問題 4.13

(a) 高分子 5 g をメチルベンゼンに溶解して，30 ℃での浸透圧が 0.2 atm の試料 100 mL を得た．高分子は非電解質だとして，この高分子のモル質量を求めよ．

(b) 高分子 3.50 g をシクロヘキサンに溶解して，25 ℃での浸透圧が 0.500 atm の試料 200 mL を得た．高分子は非電解質だとして，この高分子のモル質量を求めよ．

4.7 2成分混合液体—2成分理想混合液体

理想溶液とは，どの分子も純粋な液体間に働くのと同じ分子間相互作用を受ける溶液である[†1]．

ラウールの法則に従う二つの成分 A と B からなる理想混合液体を考える．

A の蒸気圧，p_{A}，は次の式で与えられる[†2]．

$$p_{A} = x_{A,\,liquid} \times p_{A,\,pure}$$

ここで，$x_{A,\,liquid}$ は混合液体中の A のモル分率，$p_{A,\,pure}$，は純粋な A の蒸気圧．

B の蒸気圧，p_{B}，は次の式で与えられる．

$$p_{B} = x_{B,\,liquid} \times p_{B,\,pure}$$

ここで，$x_{B,\,liquid}$ は混合液体中の B のモル分率，$p_{B,\,pure}$，は純粋な B の蒸気圧．

ドルトンの法則によれば，全圧，p_{total}，は二つ蒸気圧の和になる．

$$p_{total} = p_{A} + p_{B} = (x_{A,\,liquid} \times p_{A,\,pure}) + (x_{B,\,liquid} \times p_{B,\,pure})$$

図 4.5 は，理想混合液体の全蒸気圧がその組成により変化することと，二つの成分がそれぞれの分圧の和になることを示している．

液体と平衡状態にある蒸気の組成は，揮発性の高い成分の割合が液相中での割合より高くなる傾向があり，次式で与えられる．

$$x_{A,\,vapour} = \frac{p_{A}}{p_{total}} = \frac{p_{A}}{p_{A} + p_{B}} = \frac{x_{A,\,liquid} \times p_{A,\,pure}}{(x_{A,\,liquid} \times p_{A,\,pure}) + (x_{B,\,liquid} \times p_{B,\,pure})}$$

液体の組成と蒸気の組成の関係が，図 4.6 に示される．

図 4.6 をみてほしい．高圧（上の線よりも上側）では液相しか存在しない．また，低圧（下の線よりも下側）では，気相のみが存在する．中間領域（上と下の 2 本の線の間）では，液相と気相の両相が共存してい

†1 訳者注
言い換えると，理想溶液中では「溶質-溶質」「溶媒-溶媒」「溶質-溶媒」のどの組合せでも，同じ分子間力を受ける．

†2 訳者注
下ツキの語句は，それぞれ
liquid：液相
pure：純物質
vapour：気相
を表す．

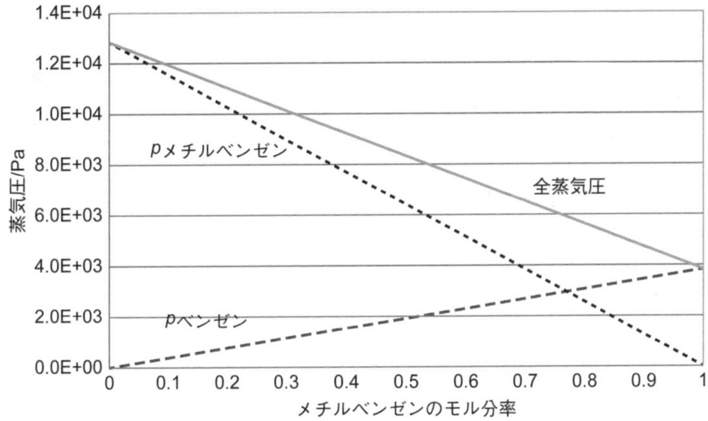

図 4.5　理想混合液体の全蒸気圧
全蒸気圧は，その組成により変化し，二つの成分それぞれの分圧の和になる．ここで示す例は，メチルベンゼンとベンゼン（この二つの液体は，性質が似ている）の混合液体である．

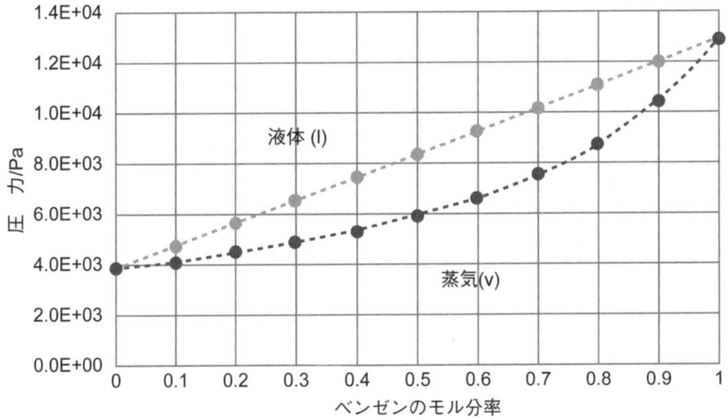

図 4.6　定温下での理想溶液の圧力–組成（液体–蒸気）相図
メチルベンゼンとベンゼン（この二つの液体は，性質が似ている）の混合液体の例を示す．

る．図 4.6 をさらに詳しくみたい．中間層での，各圧力下の液相と気相の相対的な量は，次の例題にあるように求めることができる．

例題 4.7A

図 4.7 をみてほしい．圧力 7 kPa で，二つの成分がともにモル分率 0.5 の混合液体を考える．この圧力で，液相と気相が異なる組成で共存している．

まず，液相の組成を考える．この組成は，左に向かうタイライン（連結線）L1 により与えられる．グラフ中の上の線とタイラインの交点の x 軸の値（およそ 0.36）が液相のモル分率となることに注目してほしい．この値は，液相中のベンゼンのモル分率である．

次に，気相の組成を考える．この組成は，右に向かうタイライン（連結線）L2 により与えられる．グラフ中の下の線とタイラインの交点の x 軸の値（0.64）が気相のモル分率となることに注目してほしい．この値は，気相中のベンゼンのモル分率である．

タイライン，L1 と L2 の長さは，それぞれの相の量と関連している．

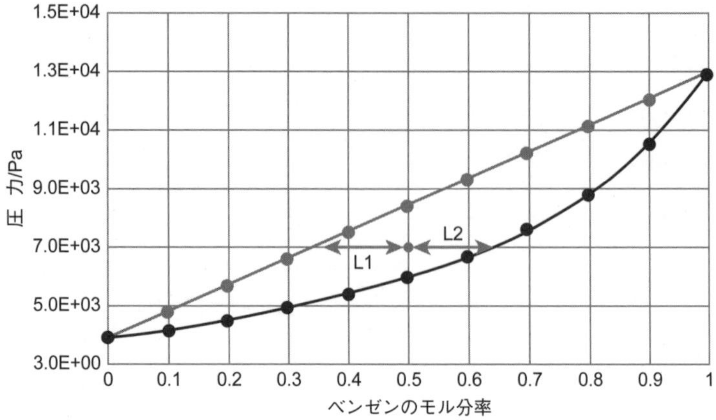

図 4.7 定温下での理想溶液の圧力–組成(液体–蒸気)相図
メチルベンゼンとベンゼン(この二つの液体は,性質が似ている)の混合液体の例.L1 と L2 は,二つの相(液相と気相)の領域へのタイラインを示す.

この関係は,てこの原理とよばれている.

$$n_1\mathrm{L1} = n_2\mathrm{L2}$$

ここで,

- n_1 は,相 1(液相)の量
- L1 は,グラフ中の上の線へのタイラインの長さ
- n_2 は,相 2(気相)の量
- L2 は,グラフ中の下の線へのタイラインの長さ

あるいは,

$$\frac{n_1}{n_{\mathrm{total}}} = \frac{\mathrm{L2}}{\mathrm{L_{total}}} \quad \text{および} \quad \frac{n_2}{n_{\mathrm{total}}} = \frac{\mathrm{L1}}{\mathrm{L_{total}}}$$

ここで,

- n_1 は,相 1(液相)の量
- n_{total} は,二つの相の量の和
- L2 は,グラフ中の下の線へのタイラインの長さ
- $\mathrm{L_{total}}$ は,2 本のタイラインの長さの和
- n_2 は,相 2(気相)の量
- L1 は,グラフ中の上の線へのタイラインの長さ

てこの原理は,どのような 2 相系でも,またどのような 2 成分系でも使うことができる.

例題 4.7B

図 4.7 について考える.ベンゼン 12 モルとメチルベンゼン 12 モルからなる(ベンゼンのモル分率は 0.5 となる)閉鎖系が,最初,液相だけとなる十分な高圧に保たれている.その後,圧力が等温的に下げられ 7 kPa となった.ここでは,液相と気相が平衡状態にある.これら二つの相の組成を求めよ.

解き方

液相の組成は，相図から読みとることができる．ベンゼンのモル分率は 0.36 であり，メチルベンゼンのモル分率は 0.64 である．

同様に，気相の組成も相図から読み取ることができる．ベンゼンのモル分率は 0.64 であり，メチルベンゼンのモル分率は 0.36 である．

2 本の線 L1 と L2 の長さを測り，続いて液相でのベンゼンとメチルベンゼンの全モル数（n_1）を以下のようにして求める．

$$n_1 = \frac{\mathrm{L2}}{\mathrm{L_{total}}} \times n_{\mathrm{total}}$$

$$n_1 = \frac{0.14}{0.28} \times 24 \qquad n_1 = 12$$

液相でのベンゼンのモル数とメチルベンゼンのモル数はいくらか．これは，以下のように求めることができる．

液相でのベンゼンのモル数＝液相でのベンゼンのモル分率× n_1

液相でのベンゼンのモル数＝ $0.36 \times 12 = 4.32$

そして，

液相でのメチルベンゼンのモル数＝液相でのメチルベンゼンのモル分率× n_1

液相でのメチルベンゼンのモル数＝ $0.64 \times 12 = 7.68$

同様に，気相でのベンゼンとメチルベンゼンの全モル数（n_2）を以下のようにして求める．

$$n_2 = \frac{\mathrm{L1}}{\mathrm{L_{total}}} \times n_{\mathrm{total}}$$

$$n_2 = \frac{0.14}{0.28} \times 24 \qquad n_2 = 12$$

気相でのベンゼンのモル数とメチルベンゼンのモル数†はいくらか．これは，以下のように求めることができる．

気相でのベンゼンのモル数＝気相でのベンゼンのモル分率× n_2

気相でのベンゼンのモル数＝ $0.64 \times 12 = 7.68$

最終的なチェックのため，全モル数が合っているかを確かめる．$(4.32 + 7.68 + 7.68 + 4.32) = 24$ で，合っている．

† 訳者注　気相でのメチルベンゼンのモル数は，$0.34 \times 12 = 4.32$ mol である．

例題 4.7C

25 ℃でのベンゼンとメチルベンゼンの蒸気圧は，それぞれ 94.6 Torr と 29.1 Torr である．2 モルのベンゼンと 8 モルのメチルベンゼンの混合物の全蒸気圧を求めよ.

解き方

ベンゼンとメチルベンゼンはよく似た構造をもち，分子間の化学的相互作用も似ている．よって，混合物は理想液体のように振る舞うと考えてよい．ベンゼンのモル分率，$x_{\text{ベンゼン}}$，は，

$$x_{\text{ベンゼン}} = \frac{\text{ベンゼンのモル数}}{\text{全モル数}} = \frac{2}{10} = 0.2$$

よって，ベンゼンの分圧は[†]，

$$p_{\text{ベンゼン}} = x_{\text{ベンゼン, liquid}} \times p_{\text{ベンゼン, pure}} = 0.2 \times (94.6\ \text{Torr}) = 18.9\ \text{Torr}$$

† 訳者注
下ツキは，p. 116 の訳者注を参照.

メチルベンゼンのモル分率，$x_{\text{メチルベンゼン}}$，は，

$$x_{\text{メチルベンゼン}} = \frac{\text{メチルベンゼンのモル数}}{\text{全モル数}} = \frac{8}{10} = 0.8$$

よって，メチルベンゼンの分圧は，

$$\begin{aligned} p_{\text{メチルベンゼン}} &= x_{\text{メチルベンゼン, liquid}} \times p_{\text{メチルベンゼン, pure}} \\ &= 0.8 \times (29.1\ \text{Torr}) = 23.3\ \text{Torr} \end{aligned}$$

ドルトンの法則により，全蒸気圧，p_{total}，は二つの分圧の和となる.

$$\begin{aligned} p_{\text{total}} &= P_{\text{ベンゼン}} + p_{\text{メチルベンゼン}} = (18.9\ \text{Torr}) + (23.3\ \text{Torr}) \\ &= 42.2\ \text{Torr} \end{aligned}$$

➡丸め誤差を避けるには，最後まで大きな桁の計算値を残すのが一番いいやり方である.

混合液体の全蒸気圧は 42.2 Torr である.

練習問題 4.14

(a) 25 ℃でのベンゼンとメチルベンゼンの蒸気圧は，それぞれ 94.6 Torr と 29.1 Torr である．6 モルのベンゼンと 2 モルのメチルベンゼンの混合物の全蒸気圧を求めよ.

(b) 室温での化合物 A と化合物 B の蒸気圧は，それぞれ 70.2 kPa と 81.3 kPa である．6 モルの化合物 A と 4 モルの化合物 B からなる理想混合物の全蒸気圧を求めよ.

例題 4.7D

ベンゼンとメチルベンゼンの蒸気圧は，25 ℃でそれぞれ 94.6 Torr と 29.1 Torr である．2 モルのベンゼンと 8 モルのメチルベンゼンを混合した．蒸気の組成を求めよ.

解き方

ベンゼンとメチルベンゼンはよく似た構造をもち，分子間の化学的相互作用も似ている．よって，混合物は理想液体のように振る舞うと考え

てよい．与えられたデータを使い，蒸気中のベンゼンのモル分率を求め，組成を決定する．

$$x_{\text{ベンゼン, vapour}} = \frac{p_{\text{ベンゼン}}}{p_{\text{total}}} = \frac{p_{\text{ベンゼン}}}{p_{\text{ベンゼン}} + p_{\text{メチルベンゼン}}}$$

$$x_{\text{ベンゼン, vapour}} = \frac{x_{\text{ベンゼン, liquid}} \times p_{\text{ベンゼン, pure}}}{(x_{\text{ベンゼン, liquid}} \times p_{\text{ベンゼン, pure}}) + (x_{\text{メチルベンゼン, liquid}} \times p_{\text{メチルベンゼン, pure}})}$$

$$x_{\text{ベンゼン, vapour}} = \frac{0.2 \times (94.6\ \text{Torr})}{(0.2 \times 94.6\ \text{Torr}) + (0.8 + 29.1\ \text{Torr})} = 0.45$$

蒸気中のベンゼンのモル分率が 0.45 であるので，蒸気中のメチルベンゼンのモル分率は 0.55 となる[†1]．

練習問題 4.15

(a) 室温でのベンゼンとメチルベンゼンの蒸気圧は，それぞれ 0.040 bar と 0.025 bar である．1 モルのベンゼンと 6 モルのメチルベンゼンを混合した．蒸気の組成を求めよ．

(b) 30 ℃での純液体 A と純液体 B の蒸気圧は，それぞれ 535 Torr と 471 Torr である．3 モルの純液体 A と 7 モルの純液体 B からなる理想混合物の蒸気の組成を求めよ．

丸め誤差を避けるには，最後まで大きな桁の計算値を残すのが一番いいやり方である．

†1 訳者注
全成分のモル分率の和は 1 であるので，メチルベンゼンのモル分率は 1 − 0.45 = 0.55 である．

答えは正しいか．はい：先にあった揮発性の高い成分が蒸気中で多くなるという解説のように，揮発性が高いベンゼンのモル分率は蒸気中で高くなっている．蒸気中でのベンゼンのモル分率は 0.45 であるのに対して，液相中では 0.2 である．

4.8　2成分混合系—理想希薄溶液

前の節では，溶媒も溶質もラウールの法則に従う理想溶液を扱った．しかし，多くの溶液はこのように理想的ではなく，ラウールの法則からのズレが生じる．

理想希薄溶液は，大量の溶媒と低濃度の溶質からなっている．この溶液では，溶媒に対してのみラウールの法則が適用できる．一方，溶質の蒸気圧はラウールの法則に従わず，そのモル分率に比例して変化する．その比例定数は，純溶媒の蒸気圧ではなくヘンリー定数とよばれる別の定数である．この線形関係を**ヘンリーの法則**（Henry's law）という．

溶媒 A と溶質 B からなる混合物を考える．溶媒，A はラウールの法則に従う[†2]．

$$p_A = x_{A,\ \text{liquid}} \times p_{A,\ \text{pure}}$$

ここで，

- p_A は成分 A の蒸気圧（圧力の単位）
- $x_{A,\ \text{liquid}}$ は混合液体中の A のモル分率（無次元）
- $p_{A,\ \text{pure}}$ は純粋な A の蒸気圧（圧力の単位）

一方，溶質，B はヘンリーの法則に従う．

†2 訳者注
下ツキは，p. 116 の訳者注を参照．

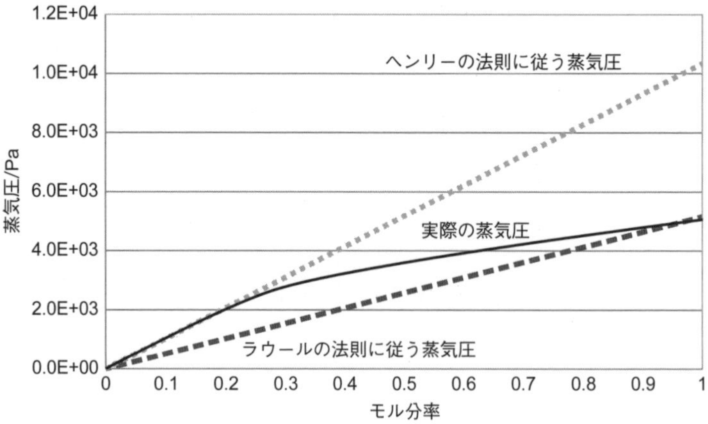

図 4.8 蒸気圧・組成曲線
溶質のモル分率が小さいときには，系の蒸気圧はヘンリーの法則に従い，大きくなるとラウールの法則に従う様子を示している．

$$p_B = x_{B,\,liquid} \times K_B$$

ここで，

- p_B は成分 B の蒸気圧（圧力の単位）
- $x_{B,\,liquid}$ は混合液体中の B のモル分率（無次元）
- K_B はヘンリー定数（圧力の単位）[†1]

➡実際には，ヘンリー定数はさまざまな単位をとることに注意．

†1 訳者注
本文では，溶質の蒸気圧がそのモル分率に比例する場合が扱われていたが，溶質のモル濃度に比例するとしてもよい．この場合，ヘンリー定数の単位は Pa m^3 mol^{-1} となる．

図 4.8 は一つの成分がヘンリーの法則とラウールの法則の両方に従う様子を表している．

例題 4.8A

二酸化炭素の地球大気中での割合は小さい（～0.04%）．二酸化炭素のヘンリー定数は 0.2×10^4 bar である．常圧での二酸化炭素の水中濃度を求めよ．

解き方

まず，大気中での二酸化炭素のモル分率を計算する．

0.04%はモル分率 0.0004 となる．

よって，大気中での二酸化炭素の分圧は[†2]，

†2 訳者注
下ツキは，p. 116 の訳者注を参照．下ツキの gas は気相を表す．

$$p_A = x_A \times p_{total}$$
$$p_{CO_2,\,gas} = x_{CO_2} \times p_{total}$$
$$p_{CO_2,\,gas} = 0.0004 \times 1.013\ \text{bar} = 4 \times 10^{-4}\ \text{bar}$$

ヘンリーの法則を使い，溶液中の二酸化炭素のモル分率を求める．

$$p_B = x_{B,\,liquid} \times K_B$$
$$p_{CO_2,\,gas} = x_{CO_2,\,liquid} \times K_{CO_2}$$

モル分率を求める形に変形する．

$$x_{CO_2,\,liquid} = \frac{p_{CO_2,\,gas}}{K_{CO_2}} \qquad x_{CO_2,\,liquid} = \frac{4 \times 10^{-4}\ \text{bar}}{0.2 \times 10^4\ \text{bar}} = 2 \times 10^{-7}$$

次に，溶液中の二酸化炭素の mol dm^{-3} 単位の濃度を求める.

$$x_{CO_2,\,liquid} = \frac{n_{CO_2}}{n_{CO_2} + n_{H_2O}}$$

二酸化炭素のモル分率は非常に小さい．よって，n_{CO_2} も非常に小さく，分母は n_{H_2O} と近似でき式は次のようになる.

$$x_{CO_2,\,liquid} = \frac{n_{CO_2}}{n_{H_2O}} \qquad 2 \times 10^{-7} = \frac{n_{CO_2}}{n_{H_2O}}$$

1 dm^3 の水の質量は 1000 g である．水のモル質量は 18.01 g mol^{-1} なので，水のモル数は 55.6 mol となる.

$$2 \times 10^{-7} = \frac{n_{CO_2}}{55.6\ \mathrm{mol}}$$

$$2 \times 10^{-7} \times 55.6\ \mathrm{mol} = n_{CO_2} \qquad 1 \times 10^{-5}\ \mathrm{mol} = n_{CO_2}$$

常圧下で水に溶解している二酸化炭素の濃度は 1×10^{-5} mol dm^{-3} となる.

? 練習問題 4.16

窒素の地球大気中での割合は大きい（～78%）．窒素のヘンリー定数は 9×10^4 bar である．常圧での窒素の水中濃度を求めよ.

4.9　2成分混合系—2成分非理想混合物

ヘキサンとヘプタン，もしくはベンゼンとメチルベンゼンのように性質のよく似た液体の混合液体は理想液体のように振る舞う．しかし多くの場合，溶液の蒸気圧は理想液体としたときの推定値よりも大きくなるか小さくなるかである.

非理想的な振舞いは，溶液中の分子が互いに強く相互作用し合うことで生じている．溶液中の分子間相互作用が，純液体の場合より弱いときは，ラウールの法則よりもプラス側にずれる．溶液中の分子間相互作用が弱いと，分子は容易に気相に移ることができ，結果としてその蒸気圧はラウールの法則から導かれるよりも高くなる．このように，ラウールの法則よりもプラスにずれる例として，プロパノン（アセトン）と二硫化炭素の系がある.

逆に，溶液中の分子間相互作用が純液体の場合より強いときは，ラウールの法則よりもマイナス側にずれる．溶液中の分子間相互作用が強いと分子は容易に気相に移ることができない，結果として，その蒸気圧はラウールの法則から導かれるよりも低くなる．このように，ラウールの法則よりもマイナスにずれるものの例として，プロパノン（アセトン）とトリクロロメタンの系がある．

理想溶液は，ラウールの法則に従い，次の式のようになる．

$$p_{\mathrm{A,\ ideal}} = x_{\mathrm{A,\ liquid}} \times p_{\mathrm{A,\ pure}}$$

しかし，実在溶液いついては活量係数，γをかけて補正しなければならない．

$$p_{\mathrm{A,\ real}} = \gamma_{\mathrm{A}} \times x_{\mathrm{A,\ liquid}} \times p_{\mathrm{A,\ pure}}$$

ここで，

- $p_{\mathrm{A,\ real}}$ は，実在液体の成分 A の蒸気圧（圧力の単位）
- γ_{A} は，成分 A の活量係数（無次元）
- $x_{\mathrm{A,\ liquid}}$ は，混合液体中の A のモル分率（無次元）
- $p_{\mathrm{A,\ pure}}$ は，純粋な A の蒸気圧（圧力の単位）

γ_{A} を求めるように，この式を変形すると，

$$\frac{p_{\mathrm{A,\ real}}}{x_{\mathrm{A,\ liquid}} \times p_{\mathrm{A,\ pure}}} = \gamma_{\mathrm{A}}$$

この式の左辺の分母は $p_{\mathrm{A,\ ideal}}$ と同じであるので，活量係数は実在液体の蒸気圧の理想液体の蒸気圧に対する比と考えてよい．

$$\frac{p_{\mathrm{A,\ real}}}{p_{\mathrm{A,\ ideal}}} = \gamma_{\mathrm{A}}$$

よって，活量係数が 1 よりも大きければプラス側へのずれが生じ，1 よりも小さければマイナス側にずれる．

例題 4.9A

0.32 mol の液体 A と 0.74 mol の液体 B からなる非理想 2 成分溶液について考える．A と B の飽和蒸気圧は，それぞれ 49.8 kPa と 31.2 kPa である．平衡状態では，A と B の蒸気圧はそれぞれ 39.2 kPa と 34.1 kPa である．A と B の活量係数を計算せよ．

解き方

まず，A と B のモル分率を求める．

$$x_{\mathrm{A,\ liquid}} = \frac{n_{\mathrm{A}}}{n_{\mathrm{A}} + n_{\mathrm{B}}} \qquad x_{\mathrm{A,\ liquid}} = \frac{0.32}{0.32 + 0.74} = 0.30$$

$$x_{\mathrm{B,\ liquid}} = \frac{n_{\mathrm{B}}}{n_{\mathrm{A}} + n_{\mathrm{B}}} \qquad x_{\mathrm{B,\ liquid}} = \frac{0.74}{0.32 + 0.74} = 0.70$$

次に，A の活量係数を計算する．

$$\gamma_A = \frac{p_{A,\ real}}{x_{A,\ liquid} \times p_{A,\ pure}}$$

$$\gamma_A = \frac{39.2 \times 10^3\ Pa}{0.30 \times (49.8 \times 10^3\ Pa)} \qquad \gamma_A = 2.6$$

B の活量係数を計算する.

$$\gamma_B = \frac{p_{B,\ real}}{x_{B,\ liquid} \times p_{B,\ pure}}$$

$$\gamma_B = \frac{34.1 \times 10^3\ Pa}{0.70 \times (31.2 \times 10^3\ Pa)} \qquad \gamma_B = 1.6$$

A と B の活量係数はそれぞれ 2.62 と 1.56 である．これらの値は 1 より大きく，この系はラウールの法則からプラス側にずれる例であることがわかる．つまり，溶液中での分子間の相互作用が純液体のときよりも弱く，結果として分子が容易に気相に逃げていくことがわかる．

練習問題 4.17

0.650 mol の液体 A と 0.350 mol の液体 B からなる非理想 2 成分溶液について考える．A と B の飽和蒸気圧は，それぞれ 41.2 kPa と 31.9 kPa である．平衡状態では，A と B の蒸気圧はそれぞれ 36.1 kPa と 28.9 kPa である．A と B の活量係数を計算せよ．

4.10　2成分混合系—2成分混合液体の蒸留

2 成分系混合液体を加熱すると，揮発性の高いほうの成分は液相中よりも液相と平衡状態にある蒸気中のほうが高くなる．このことは，ある決まった圧力，通常は 1 atm での温度-組成図でよく示される．温度-組成図は，混合液体の沸点を，溶液の組成（通常はモル分率）に対してプロットしたものである．この図では，ふつう，x 軸を揮発性の高いほうの成分（あるいは低沸点成分）のモル分率が増えていくようにとる．

A と B からなる 2 成分混合液体の温度-組成図の例を図 4.9 に示す．

A の沸点は 354 K，B の沸点は 390 K である．つまり，A がより揮発性の高い成分となる．図 4.9 で，下の線は 2 成分混合液体の沸点を示し，さらに純粋な B の沸点に相当する点から純粋な A の沸点に相当する点まで，混合液体の組成変化によりどのように変化するかも示している．上の線は，蒸気組成を示しており，ある液体組成で蒸気中の揮発性の高い成分の割合が液相中よりも高くなることを示している．

ここで，さらに詳しく図をみていく．図は三つの領域からなる〔一つは下の左側（液相，l），一つは上の右側（蒸気，v），もう一つは中央（l + v）〕．液相（l）の領域は，混合液の沸点よりも低い温度の領域で単

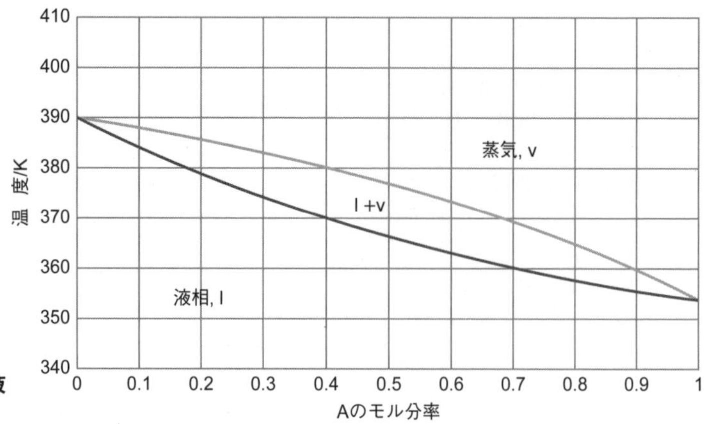

図 4.9　A と B の 2 成分混合液体の温度−組成図

†訳者注
2 成分が完全に混ざり合い，完全に均一な状態となるため，分離のない単一な液相となっていることを表している．

一[†]な 2 成分混合液体相となっている．蒸気（v）の領域は沸点よりも高い温度の領域で単一な 2 成分混合蒸気相となっている．そして，中央の領域（l + v）は液相と蒸気相が共存する領域である．

まず，単一相の領域について考える． 2 成分混合液相領域では，相の組成は領域全体で混合物組成と同じになっている．以前，解説した相律を思いだしてほしい．

$$F = C - P + 2$$

ここで F は自由度（平衡にある相の数を変えずに変えることができる示強変数，たとえば圧力や温度の数）．C は系の成分数，P は相数である．この場合，

$$F = 2 - 1 + 2 \qquad F = 3$$

三つの自由度は圧力（この問題では 1 atm に固定），温度とモル分率である（この計算結果の意味することは，ある範囲の液体組成がある範囲の温度にわたって存在し，液相の沸点はその組成に依存することがわかる）．

図 4.10 より，A のモル分率が 0.4 の混合液の沸点が 370 K であることを示している．このまま，単一な 2 成分混合蒸気相となるのに十分な温度まで，混合物の温度をあげるとそこでの組成は混合液の組成と同じになる．

次に二つの相（液相と蒸気）が存在する中央の領域を考える．ここでは，二つの相をもつ 2 成分系が存在する．この 2 成分・ 2 相系に相律を適用すると，

$$F = 2 - 2 + 2 \qquad F = 2$$

ここでの自由度は 2，圧力（この問題では 1 atm に固定）と温度である．つまり，混合物のモル分率は決められている．液相と蒸気相の組成は決

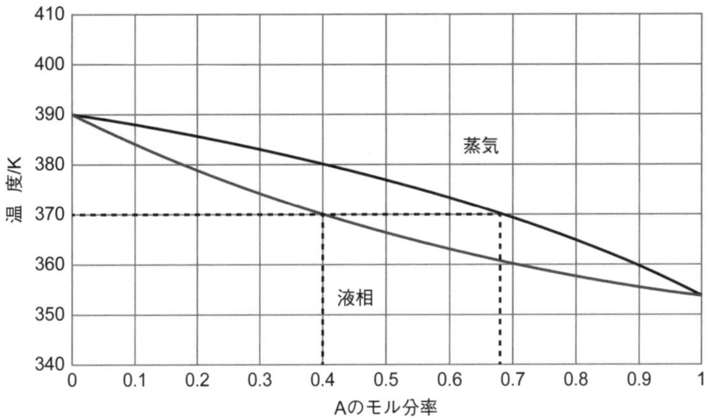

図 4.10　A と B の 2 成分混合液体の温度–組成図
A のモル分率が 0.4 の混合液を加熱した結果を示している．

められ，その値はてこの原理に従っている．

$$n_{\text{liquid}}L_{\text{liquid}} = n_{\text{vapour}}L_{\text{vapour}}$$

ここで，

- n_{liquid} は，液相のモル数
- L_{liquid} は，液相の境界からの長さ
- n_{vapour} は，気相のモル数
- L_{vapour} は，気相の境界からの長さ

温度–組成図を解釈するには，まず，検討する混合液体の組成に，注目する．例として，A のモル分率が 0.4 の混合液を考える．図 4.10 に，この混合液を加熱した結果を示している．

- x 軸上の 0.4 の点をみつけ，x 軸のその点から液相線（下の曲線）まで，まっすぐ上げる．この組成の液体の沸点は，図中の点線の左の交点（液相線との交点）となり，y 軸から値を読み取ることができる．この場合，370 K である．
- この混合物より生じる蒸気の組成は，370 K での気相線（上の曲線）の示す値，つまり，x 軸に平行な点線と気相線の交点から決めることができる．右の交点の x 軸の値が，蒸気中の A のモル分率である．この場合は，蒸気は A（モル分率 0.68）と B（モル分率 0.32）からなっている．

蒸気中の揮発性の高い成分 A の割合が高くなっていることに注意．この蒸気を凝縮させ，同様の操作を繰り返すと，揮発性の高い成分の割合をより高めた液体を得ることができる．この原理を実際に応用した技術が蒸留である．この技術には，混合液体を加熱し，蒸発させる過程がある．留出物を捉え，凝縮させると，揮発性の高い成分の割合が高くなている．この過程は，分離や精製の方法として使われている．

共沸混合物に関しての注意：だが，ほとんどの溶液は理想溶液ではなく，ラウールの法則からマイナス側，もしくはプラス側にずれる．ラウ

ールの法則からマイナス側へずれると，2成分のどちらの沸点よりも高い沸点をもつ混合液となる．このことは，蒸留により二つの成分を完全に分離することができないことを意味している．分離させる代わりに，共沸混合物として知られている沸点が決まった混合物が生成される．

また，ラウールの法則からプラス側へずれると，2成分のどちらの沸点よりも低い沸点をもつ混合液となる．このことは，また蒸留により二つの成分を完全に分離することができないこと，再び共沸混合物が生成されることを意味している．共沸混合物が生成すると，共沸混合物の組成以上に，蒸留により成分を分離できない．これは，液相と蒸気の組成が同じとなるからである．

2成分混合液体に関しての注意—部分混和性：液体のなかには，ほかの液体とある条件でしか混ざらないものがある．この場合，2成分を相分離することができる．ある組成の混合物では，温度が十分に高ければ二つの液体が混合して単一な液相を生成することがある．この混合物を十分に低い温度まで冷やすと相分離が起こる．ある温度での2相の組成は温度-組成図から知ることができる．2相の相対量はてこの原理を用いて知ることができる．

190ページの演習問題に進み，この章のいくつかのテーマの解説や例題，練習問題で学んだ概念や問題解決戦略を使い，正解を目指して挑戦してほしい．解答は本書の巻末に掲載し，詳細な解答は化学同人のホームページでみることができる．

https://www.kagakudojin.co.jp/book/b590150.html

5 反応速度論

5.1 化学反応速度

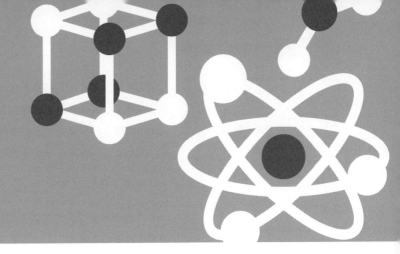

化学反応の速度は，反応物が生成物に変換されるときの速度である．通常，反応物もしくは生成物の濃度の時間変化を測定して，反応速度を知る．これが，**反応速度**（rate of reaction）の定義であり，$\mathrm{mol\ dm^{-3}\ s^{-1}}$ という単位をもつ．生成物の出現速度と反応物の減少速度は，時間の経過に伴って変化するので，化学者は，通常，反応中のある特定の時間の反応速度に注目する．これを，**瞬間速度**（instantaneous rate）という．

反応物の一つが完全に生成物になるまでどの程度の時間が必要かを測定すると，**平均反応速度**（average rate of reaction）を得ることができる．簡単な例として，1 モルの反応物 A が 1 モルの生成物 B になる反応をみる．

$$\mathrm{A} \longrightarrow \mathrm{B}$$

平均反応速度は次式のようになる．

$$速度 = 速度_1 = -\frac{\Delta[\mathrm{A}]}{\Delta t}$$

➡反応開始，$t = 0$ の反応物の濃度を $[\mathrm{A}]_0$，反応終了時の A 濃度を $[\mathrm{A}]_f$ とすると，$[\mathrm{A}]_f$ は $[\mathrm{A}]_0$ より小さくなり，$[\mathrm{A}]_f - [\mathrm{A}]_0$ は負になる．

$\Delta[\mathrm{A}]$ は A の濃度の変化であり，Δt はかかった時間の長さである．Δ という記号は，大きな変化を表している．

この式の符号がマイナスであることに気がつくと思う．これは，反応速度が必ず正であるからである．A の濃度は時間とともに減少し，$\Delta[\mathrm{A}]$ は負になる．式中のマイナスの符号は，速度を**正**（positive）の値にするためにつけられている．

B の濃度変化を測定することで，反応速度を求めるほうが簡単なこともある．例として，B に色があるとき，B の濃度測定に比色計† を使うことができる．また，B が気体の場合は，圧力の増加を測定することで B の濃度を知ることができる．この場合，平均反応速度は次のようになる．

† 訳者注
分光光度計と考えてもらえばいい．詳しくは分析化学の教科書を参照．

$$速度 = 速度_2 = \frac{\Delta[\mathrm{B}]}{\Delta t}$$

この式には，マイナス符号がないことに注意してほしい．これは，Bの濃度は増加し変化量は正の値になるからである．

➡どのような場合でも，速度は正でなければならない．

Aが利用される速度とBが生成する速度は同じでなければならないので，平均反応速度は，次のようになる．

$$速度 = 速度_1 = 速度_2$$

[A] が $mol\ dm^{-3}$ の単位のとき，時間に伴う濃度の変化速度の単位は，時間を秒単位で測定したとして，$mol\ dm^{-3}\ s^{-1}$ となる．

例題 5.1A

(a) 次の反応の平均速度を表す二つの式を書け．反応時間を t とし，反応物と生成物の濃度を用いよ．

$$N_2O_4(g) \longrightarrow 2\ NO_2(g)$$

(b) 二つの式の関係を示せ．

解き方

➡$[N_2O_4]$ は減少するので，速度$_1$ を正にするため，マイナスの符号をつけなければならない．

(a) $速度_1 = -\dfrac{\Delta[N_2O_4]}{\Delta t}$　N_2O_4 の消費に関しての式

$速度_2 = \dfrac{\Delta[NO_2]}{\Delta t}$　NO_2 の生成に関しての式

(b) 1モルの N_2O_4 から2モルの NO_2 が生成するので，NO_2 が生成する速度は，N_2O_4 が使われる速度の2倍となる．よって，速度$_2$ = 2 × 速度$_1$ であり，速度$_1$ = 1/2 速度$_2$，つまり

$$-\frac{\Delta[N_2O_4]}{\Delta t} = \frac{1}{2}\frac{\Delta[NO_2]}{\Delta t}$$

NO_2 に注目した反応速度は，N_2O_4 に注目した反応速度の2倍となる．

練習問題 5.1

(a) 時間，t，と NH_3 (g) の生成量を使い，以下の反応の平均速度（速度$_1$）の式を求めよ．

$$3\ H_2(g) + N_2(g) \longrightarrow 2\ NH_3(g)$$

(b) 時間 t と H_2 の消費量を使い，反応の平均速度（速度$_2$）のもう一つの式を求めよ．

(c) 速度$_1$ と速度$_2$ の関係を示せ．

➡瞬間速度は反応中のある特定に時間での反応速度である．

ほとんどの化学反応速度は，反応の進行とともに変化する．一般的に，反応物が十分な量ある反応の初期は，速度は非常に速い．しかし，反応物が使われるに伴い速度は遅くなる．化学者は，通常，ある特定の時間，t，での速度に注目する．この速度を瞬間速度という．

反応物が使われる時間（反応時間）に対しての反応物の濃度のグラフをかくと，図5.1のようなグラフを得る．

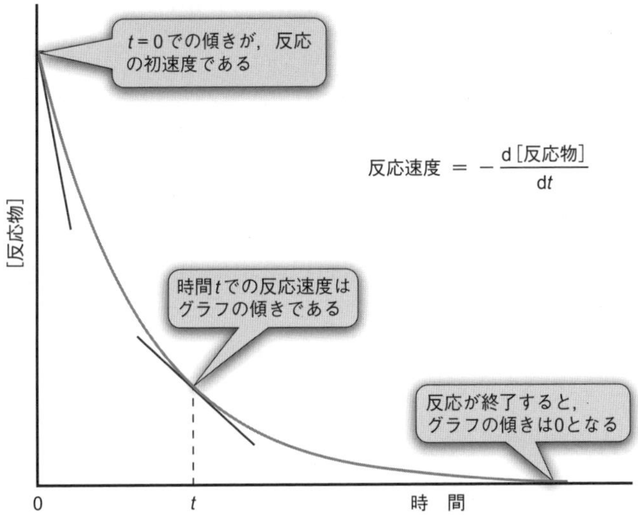

図 5.1 反応時間に対する反応物濃度のグラフ

A. Burrows, J. Holman, A. Parsons, G. Pilling, G. Price, "Chemistry 2nd Ed.," Oxford Univ. Press, (2013) より転載.

反応のどの時点でも反応速度は，その点におけるグラフの接線の傾きとなる．数学的にはこれは，ある時点での速度はその時間の反応物濃度の小さな変化を時間の小さな変化でわったものがその時間の速度である．接線の傾きは負である．これは，反応物の濃度が減少するからである．よって，速度を正の値にするためにマイナス符号をつける必要がある．つまり，

$$\text{反応速度} = -\frac{\mathrm{d}[\text{反応物}]}{\mathrm{d}t}$$

同様に生成物濃度の時間変化をグラフ化し，任意の時間，t の反応速度をその時点での曲線の接線の傾きから求めることができる．生成物濃度は増加するので，傾きは正である．そして，任意の時点での反応速度は，

$$\text{反応速度} = \frac{\mathrm{d}[\text{生成物}]}{\mathrm{d}t}$$

反応の開始時点，$t = 0$ での速度が反応の初速度である．反応の終点，あるいは反応が平衡に達し，反応物と生成物の濃度がこれ以上変化しなくなったとき，正反応の速度と逆反応の速度が同じとなる．

次のような一般の反応に対して，

$$a\text{A} + b\text{B} \longrightarrow c\text{C} + d\text{D}$$

反応速度は，反応物の消失もしくは生成物の発生の項を用いて表すことができる．反応速度の定義では，次のようになる．

➔小文字 d は，無限小の変化であることを示している．

➔曲線の接線は直線であり，求めようとした点で曲線に接する．その点をとおるこの直線の傾きが接線の傾きである．接線の傾きは，直線の傾きを求めるのと同じ方法で求めることができる．次の式を使えばよい．

グラフ上の点（x_1，y_1），（x_2，y_2）をとおる直線の傾き $= \dfrac{y_2 - y_1}{x_2 - x_1}$

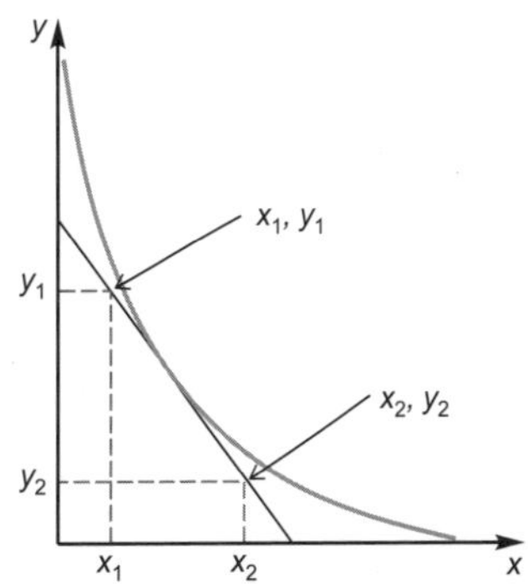

$$\text{反応速度} = -\frac{1}{a}\frac{d[A]}{dt} = -\frac{1}{b}\frac{d[B]}{dt} = \frac{1}{c}\frac{d[C]}{dt} = \frac{1}{d}\frac{d[D]}{dt}$$

例題 5.1B

五酸化二窒素は，次の化学式のように解離する．

$$2\,N_2O_5(g) \longrightarrow 4\,NO_2(g) + O_2(g)$$

(a) N_2O_5 の消費速度と生成物 NO_2 と O_2 の生成速度の三つの速度式を書け．

(b) これらの速度式を使い，この反応の速度式を書け．

解き方

(a) 反応物と生成物の各反応速度式を書く．

$$\text{速度}_1 = -\frac{d[N_2O_5]}{dt} \qquad \text{速度}_2 = \frac{d[NO_2]}{dt} \qquad \text{速度}_3 = \frac{d[O_2]}{dt}$$

➡答えが正しいかチェックしよう．NO_2 は速い速度で生成されるのでほかと同じ速度とするため，最も大きな数（4）でわる．N_2O_5 だけが反応物であり，消費される．よって，N_2O_5 の速度は負である．

(b) 個々の反応の量論係数を使って，(a) の各反応速度式を結びつけ，この反応の速度式を示す．

$$\text{反応速度} = -\frac{1}{2}\frac{d[N_2O_5]}{dt} = \frac{1}{4}\frac{d[NO_2]}{dt} = \frac{d[O_2]}{dt}$$

例題 5.1C

メタンの燃焼は次の反応のように進む．

$$CH_4(g) + 2\,O_2(g) \longrightarrow CO_2(g) + 2\,H_2O(g)$$

(a) ある時点の酸素の消費速度は $0.2\ \mathrm{mol\ dm^{-3}\ s^{-1}}$ であった．

i．この時点でのメタンの消費速度を求めよ．

ii．この時点での CO_2 の生成速度を求めよ．

(b) 最初，CH_4 が 10.0 mol あり，酸素の平均消費速度が $0.1\ \mathrm{mol\ dm^{-3}\ s^{-1}}$ であったとすると，20 s 後に何モルの CH_4 が残っているかを求めよ．

解き方

(a) i．どの時点でも，メタンの消費速度は酸素の消費速度の半分である．よって，この時点でのメタンの消費速度は $0.2/2\ \mathrm{mol\ dm^{-3}\ s^{-1}}$，つまり，$0.1\ \mathrm{mol\ dm^{-3}\ s^{-1}}$ という値となる．

ii．CO_2 の生成速度はその時点の CH_4 の消費速度と同じである．よって，答えは $0.1\ \mathrm{mol\ dm^{-3}\ s^{-1}}$ となる．

(b) 反応中の酸素の平均消費速度が，$0.1\ \mathrm{mol\ dm^{-3}\ s^{-1}}$ であるなら，この間のメタンの平均消費速度は $0.05\ \mathrm{mol\ dm^{-3}\ s^{-1}}$ となる．20 s の間のメタンの消費量は，$20 \times 0.05 = 1.0$ mol となる．よって，残っているメタンの量は $(10.0 - 1.0) = 9.0$ mol となる．

練習問題 5.2

過硫酸イオン（$S_2O_8^{2-}$）は，水溶液中でヨウ素イオンと反応し，三ヨウ化物イオン（I_3^-）を生じる．三ヨウ化物イオンの生成速度を調べることで，この反応の速度を知ることができる．これは，この反応にかかわる分子のなかで三ヨウ化物イオンだけが可視光を吸収するからである．

$$S_2O_8^{2-}(aq) + 3\,I^-(aq) \longrightarrow 2\,SO_4^{2-}(aq) + I_3^-(aq)$$

(a) 反応物と生成物のなかで，どの分子が最も速く濃度が変化するか．

(b) 各反応物の減少速度と各生成物の生成速度の式を書け．

(c) 各物質の減少または生成速度と量論係数を使い，この反応全体の反応速度を求めよ．

練習問題 5.3

次の反応において，

$$H_2SeO_3(aq) + 6\,I^-(aq) + 4\,H^+(aq) \longrightarrow Se(s) + 2\,I_3^-(aq) + 3\,H_2O(l)$$

三ヨウ化物イオンの生成速度が 1×10^{-5} mol dm^{-3} s^{-1} であった．この反応でヨウ化物イオンの消費速度を求めよ．

練習問題 5.4

臭素酸イオン（BrO_3^-）は，臭化物イオン（Br^-）と酸性溶液中で反応し，次の反応のように臭素（Br_2）を生じる．

$$5\,Br^-(aq) + BrO_3^-(aq) + 6\,H^+ \longrightarrow 3\,Br_2(aq) + 3\,H_2O(l)$$

反応速度は，臭素の生成速度を比色法で調べることで知ることができ，0.12 mol s^{-1} であった．最初，溶液中に 0.05 mol の Br^-(aq) があったとして，0.1 秒後に何モルの Br^- が残っているかを求めよ．

5.2 化学反応次数

このような一般的な反応について，

$$a\mathrm{A} + b\mathrm{B} \longrightarrow c\mathrm{C} + d\mathrm{D}$$

反応速度式は，次のように書くことができる．

$$\text{反応速度} = k[\mathrm{A}]^m[\mathrm{B}]^n$$

ここで，

- m は A の反応次数

➡反応次数と化学反応式の量論係数の間には，何の関連性もないことに注意が必要である．速度式は，量論式から求めることはできず，実験的に求めなければならない．

• n は B の反応次数

• k は**速度定数**（rate constant）

反応全体の次数は $m + n$ となる.

個々の反応物の反応次数は常にではないが，通常，0，1，2 などの小さい整数である.

反応，$a\mathrm{A} + b\mathrm{B} \longrightarrow$ **生成物**が 1 段階で反応が完了するような反応である場合にのみ，反応速度は次のように書ける：反応速度$= k[\mathrm{A}]^a[\mathrm{B}]^b$

➡ 1 段階反応はその名の示すとおり，1 段階だけで進む反応である．ほとんどの反応は，反応機構として知られるように，連続した数段階の反応を経て進む．1 段階だけで進むなら，反応速度はこの段階の速度だけで決まる.

例題 5.2A

次の反応の反応速度は，

$$2\,N_2O_5 \longrightarrow 4\,NO_2 + O_2$$

右の速度式で与えられる：速度$= k\,[N_2O_5]$

(a) 次の分子の反応次数を求めよ.

ⅰ．N_2O_5　ⅱ．NO_2　ⅲ．O_2

(b) 反応全体の次数を求めよ.

解き方

(a) ⅰ．N_2O_5 の次数は，速度式に示されている N_2O_5 の累乗である．この問題では，1 である．どのような数でも累乗が 1 ならその数自身となり，累乗の 1 は式中に示さないからである.

ⅱ，ⅲ．NO_2 も O_2 も速度式中に現れておらず，どの時点でもこれら二つの物質の濃度は反応速度に関係しない．よって，NO_2 も O_2 の反応次数は 0 である.

(b) 反応の全体の次数は個々の物質の反応次数の和となる．この問題では 1 となる．全体の次数が 1 のとき，この反応を一次反応とよぶ.

➡どのような数でも，累乗が 0 なら 1 となる．つまり，$10^0 = 1$．どのような数でも，累乗が 1 なら，その数と同じ数になる．つまり，$10^1 = 10$．どのような数でも，累乗が 2 なら 2 乗（自分自身をかける）となる．つまり，$10^2 = 100$（10×10 と同じ）となる.

例題 5.2B

以下の反応の実験的に求めた速度式，

$$2\,NO(g) + O_2(g) \longrightarrow 2\,NO_2(g)$$

は，速度$_1 = k[NO]^2[O_2]$　となる.

反応物両方の濃度が倍になったとき，反応の初速度はどの程度増加するか.

解き方

NO と O_2 の濃度が倍になると，新しい反応速度，速度$_2$ は次のようになる.

$$速度_2 = k(2 \times [NO])^2(2 \times [O_2])$$

係数をかけ合わせると，速度$_2$ は，速度$_2 = k \times 4 \times [NO]^2 \times 2 \times [O_2] = 8\,k[NO]^2[O_2]$　となる.

➡この種の問題を解く別の方法として，もとの反応の NO と O_2 の濃度として 1 を入れる.
こうすると，もとの速度は

速度$_1 = k[1]^2[1] = 1k$

次に，濃度が，もとの濃度の 2 倍になったので 2 を入れると，速度$_2$ は，速度$_2 = k[2]^2[2] = 8\,k$ となる．この値は，もとの速度の 8 倍であり，速度は 8 倍になる.

この式は，もとの式，速度$_1 = k[NO]^2[O_2]$ の 8 倍となっており，初速度は 8 倍になったといえる．

練習問題 5.5

次に反応の速度は，

$$2\,NO(g) + 2\,H_2(g) \longrightarrow N_2(g) + 2\,H_2O(g)$$

以下の速度式のようになる．

$$-\frac{d[NO]}{dt} = k[NO]^2[H_2]$$

(a) NO と H_2 の反応次数と反応全体の次数を求めよ．

(b) 窒素ガスの生成速度の反応速度式を書け．一酸化窒素の消失速度とこの式の関係を説明せよ．

(c) NO の濃度が 5 倍，水素の濃度がそのままのとき，反応速度は何倍になるか．

練習問題 5.6

実験により，クロロメタン，CH_3Cl の水酸化イオンによる置換反応は S_N2 反応†であることがわかっている．このことは，律速段階に両方の反応物，CH_3Cl と OH^- がかかわる求核置換反応であることを意味している．この種の反応は，二分子反応として知られている．

(a) この反応の速度式を示せ．

(b) 次の分子の反応次数を示せ．

ⅰ．CH_3Cl　　ⅱ．OH^-

(c) 反応全体の次数を求めよ．

†訳者注
求核置換反応，S_N2 反応がどのような反応かは，有機化学の教科書を参照のこと．

練習問題 5.7

次の反応，

$$NO_2(g) + CO(g) \longrightarrow NO(g) + CO_2(g)$$

の速度式は，以下のようになる．

$$反応速度 = k[NO_2]^2$$

ここで，k は速度定数である．

NO_2 の濃度が 3 倍となったとき，反応速度は何倍になるか．

5.3　初速度法：速度式の決定

反応の速度式を決定するために用いられる初速度法では，反応物の初濃度を変えて行う一連の反応の初速度を求めることよって，進められる．反応の初速度は，各実験に対する反応の開始時の濃度-時間曲線の接線

➔実験的に，初速度法で得られたデータの処理および解釈の方法はいくつかある．より詳しいことは，教科書をみてほしい．

の傾きより求めることができる．いくつかの異なる種類の反応物がある場合は，上の一連の反応をどれか一つの反応物の濃度を変えて行い，ほかの反応物の濃度は一定にしなければならない．この方法では，次の例題でみるように，速度に対する濃度変化の影響を求めることができる．

例題 5.3A

気体状のヨウ化水素，HI(g) の生成反応が，298 K で行われた．

$$H_2(g) + I_2(g) \longrightarrow 2\,HI(g)$$

各実験の反応速度のデータは以下にまとめられている．

実験	初濃度 $[H_2]$/mol dm^{-3}	初濃度 $[I_2]$/mol dm^{-3}	初速度/ mol dm^{-3} s^{-1}
1	0.100	0.200	8.0×10^{-3}
2	0.200	0.200	16.0×10^{-3}
3	0.100	0.050	2.0×10^{-3}

(a) 速度式を導け．

(b) 298 K での k，反応速度定数を計算し，単位も示せ．

(c) 水素の初濃度が 0.050 mol dm^{-3} で，ヨウ素の初濃度も 0.050 mol dm^{-3} であるとき，298 K の初速度を求めよ．

解き方

(a) 速度式を誘導するため，各反応物の濃度が反応速度がどのように影響するのかを知らなければならない．

反応速度が，水素濃度により，どのように変化するかをみる．まず，実験 (1) と (2) を使う．この二つでは，水素濃度が変化し，ヨウ素濃度は同じである．

実験 (1) と (2) では，$[I_2]$ は一定で，水素濃度が倍になることで，反応速度は 8.0×10^{-3} mol dm^{-3} s^{-1} から 16.0×10^{-3} mol dm^{-3} s^{-1} に増加している．よって，反応速度は水素濃度に比例している．よって速度は，水素については一次である．

実験 (1) と (2) についての二つの速度式を書いて，上記のことを説明する．ここで，水素の反応次数を n とする．

実験 (1)：速度$_1 = k[H_2]^n$　値を代入して，8.0×10^{-3} mol dm^{-3} s^{-1} $= k[0.100]^n$

実験 (2)：速度$_2 = k[H_2]^n$　値を代入して，16.0×10^{-3} mol dm^{-3} s^{-1} $= k[0.200]^n$

速度$_2$ を速度$_1$ でわって，

$$\frac{16.0 \times 10^{-3}}{8.0 \times 10^{-3}} = \frac{k[0.200]^n}{k[0.100]^n}$$

温度が同じなら，どの実験でも速度定数は同じであるので，速度定数は消える．

よって，式は簡単になり，$2 = [2]^n$

水素についての反応次数，n はこの問題では 1 となり，一次反応であることがわかる．

ヨウ素の反応次数についてもみていくために，水素濃度が一定で，ヨウ素濃度が変化する二つの実験を選ぶ．実験（1）と（3）を選び，ヨウ素の反応次数を m とする．問題の条件をみると，実験（1）のヨウ素濃度は，実験（3）のヨウ素濃度の 4 倍になっている．実験（1）の反応速度も，実験（3）の反応速度の 4 倍になっている．以上のことから，反応速度はヨウ素濃度に比例し，反応はヨウ素についても一次であることがわかる．

再度，数学的に示す．

実験（1）：$\text{速度}_1 = k[I_2]^m$　値を代入して，$8.0 \times 10^{-3}\ \text{mol dm}^{-3}\ \text{s}^{-1} = k[0.200]^m$

実験（3）：$\text{速度}_3 = k[I_2]^m$　値を代入して，$2.0 \times 10^{-3}\ \text{mol dm}^{-3}\ \text{s}^{-1} = k[0.050]^m$

実験（3）の速度式を実験（1）の速度式でわって，

$$\frac{8.0 \times 10^{-3}}{2.0 \times 10^{-3}} = \frac{k[0.200]^m}{k[0.050]^m}$$

$$4 = [4]^m$$

よって，$m = 1$ であり，ヨウ素についても一次である．以上より，全体の反応速度は，速度$= k[H_2][I_2]$ となる．

(b) 速度定数を計算するため，ある一つのデータを使う．最初の実験データを使い，上の（a）で求めた速度式に，値を代入する．

$$\text{速度} = k[H_2][I_2]$$

$$8.0 \times 10^{-3}\ \text{mol dm}^{-3}\ \text{s}^{-1} = k(0.100\ \text{mol dm}^{-3}) \times (0.200\ \text{mol dm}^{-3})$$

$$k = \frac{8.0 \times 10^{-3}\ \text{mol dm}^{-3}\ \text{s}^{-1}}{0.020\ \text{mol}^2\ \text{dm}^{-6}} = 0.40\ \text{mol}^{-1}\ \text{dm}^3\ \text{s}^{-1}$$

(c) 速度定数を求めることができたので，問題の条件での速度を求めるために，速度式に反応物の濃度を代入する．

$$\text{速度} = 0.40\ \text{mol}^{-1}\ \text{dm}^3\ \text{s}^{-1} \times 0.050\ \text{mol dm}^{-3} \times 0.050\ \text{mol dm}^{-3}$$
$$= 1.0 \times 10^{-3}\ \text{mol dm}^{-3}\ \text{s}^{-1}$$

例題 5.3B

仮想的な反応，X + Y ⟶ 生成物を考える．図 5.2 で，暗い球は X 分子を表し，明るい球は Y 分子を表す．X と Y，両方に対して，反応速度は1次である．XとYの初濃度を変えて，反応を行った．この様子を図5.2のボックスA，B，C，およびDに示している．どの初期条件（A，B，C，あるいはD）が最も速い初速度を与えるか．

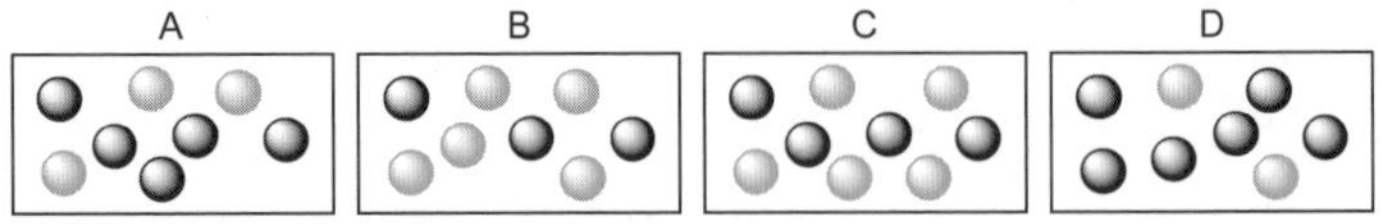

図5.2　X(暗い球)とY(明るい球)の異なる濃度比が異なる四つの初期条件

解き方

二つの反応物，XとYだけがあり，どちらの反応物に対しても速度が一次であることがわかっており，速度式は以下のように書ける．

速度＝ k[X][Y]†

暗い，および明るい球は，それぞれXとYの分子を表している．よって，初速度は[X]と[Y]の積が最大となるとき最も速くなる．体積が一定であるとして，各実験でのXとYの球の数を数えれば，最も大きな[X]×[Y]をとる反応が反応Cであることがわかる．反応Cでは，Xが4分子，Yが5分子である．よって，速度＝[20]× k

†訳者注
[X]と[Y]は，おのおのXとYの濃度を表している．ここでは，球の数と考えている．

➔この例題では，単位が不明であるが問題はない．どの初期条件で，反応の初速度が最大になるかを聞かれているだけだからである．

練習問題 5.8

以下の反応のように，一酸化塩素ラジカル（ClO·）は，窒素分子の存在下，大気圧のもとで二酸化窒素と反応し，取り除かれる．窒素分子は，反応が終了する時点でもとの形に戻っているので，触媒として働いていることがわかる．

$$ClO\cdot(g) + NO_2(g) + N_2(g) \longrightarrow ClONO_2(g) + N_2(g)$$

初速度法を用いてこの反応が調べられ，測定結果は以下の表のようになった．

実験	[ClO·(g)]/mol dm^{-3}	[NO_2(g)]/mol dm^{-3}	[N_2(g)]/mol dm^{-3}	初速度/mol dm^{-3} s^{-1}
1	2.0×10^{-4}	4.0×10^{-4}	6.0×10^{-4}	7.0×10^{-4}
2	1.0×10^{-4}	4.0×10^{-4}	6.0×10^{-4}	3.5×10^{-4}
3	2.0×10^{-4}	8.0×10^{-4}	6.0×10^{-4}	1.41×10^{-3}
4	1.0×10^{-4}	4.0×10^{-4}	1.20×10^{-3}	7.2×10^{-4}

この反応の速度式を導き，速度定数，k の値を計算せよ．

練習問題 5.9

HCO_2H(aq)とBr_2(aq)の反応は，Br_2に対しては一次，HCO_2Hに対しては0次である．両反応物の濃度が3倍になると，反応速度は何倍になるか．

練習問題 5.10

仮想的な反応，X + Y ⟶ 生成物，を考える．図 5.3 で，暗い球はX分子を表し，明るい球はY分子を表す．反応速度は，Xに対して二次，Yに対して一次である．XとYの初濃度を変えて反応を行った．この様子を図 5.3 のボックスA，B，C，およびDに示している．どの初期条件（A，B，C，あるいはD）が最も速い初速度を与えるか．

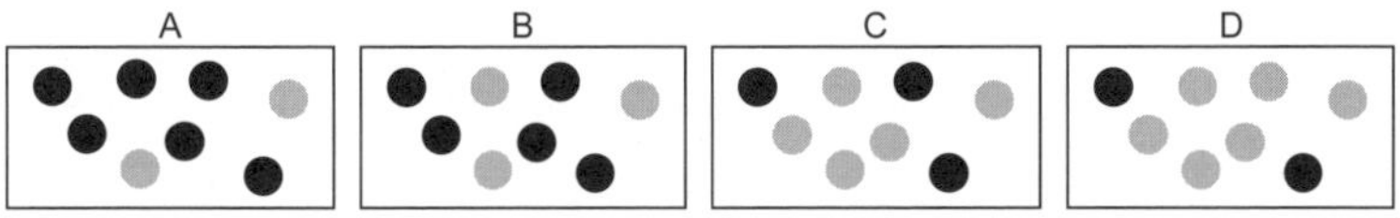

図 5.3　X（暗い球）とY（明るい球）の異なる濃度比が異なる四つの初期条件

練習問題 5.11

二酸化窒素の一酸化炭素による還元は，次の反応式のように進む．

$$NO_2(g) + CO(g) \longrightarrow NO(g) + CO_2(g)$$

この反応は，右の速度式に従う．反応速度 $= k[NO_2]^2$

異なる初期条件で，二つの実験が行われた．

実験	$[NO_2]$/mol dm^{-3}	[CO]/mol dm^{-3}
1	0.2	0.2
2	0.4	0.3

(a) それぞれの実験の相対的な初速度を求めよ．

(b) 各反応物の濃度が 2 分の 1 になると，初速度にはどのような影響がでるか．

(c) 各実験で，反応容器の体積が 2 倍になると，初速度にはどのような影響がでるか．

練習問題 5.12

ヨウ化水素は，高温で，次の反応式のように解離する．

$$2\,HI(g) \longrightarrow H_2(g) + I_2(g)$$

HI の初濃度を変え，435 ℃で反応が行われた．得られたデータは以下の表のようになった．

[HI]/mol dm^{-3}	0.04	0.02	0.01
速度/mol dm^{-3} s^{-1}	4.8×10^{-2}	1.2×10^{-2}	3.0×10^{-3}

このデータをもとにして，この反応の速度式を提案せよ．そして，反応の速度定数を計算せよ．

5.4　積分型の速度式

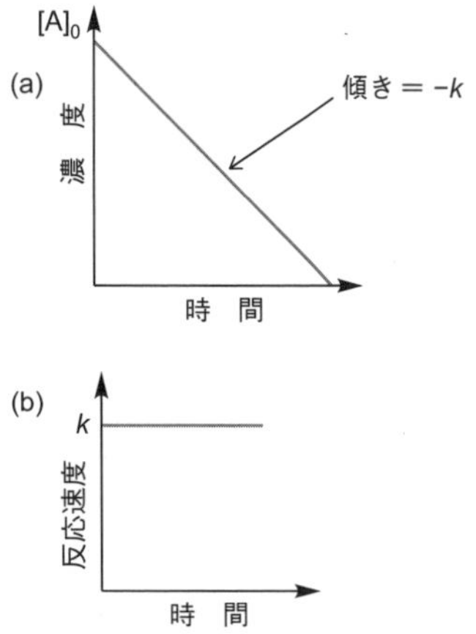

図 5.4　(a) 0 次反応における反応物濃度の時間変化，(b) 0 次反応における反応速度の時間変化

†訳者注
図中の $[A]_0$ は A の初濃度.

積分型の速度式は，反応物濃度が反応中，時間とともにどう変化するかを教えてくれる．このような速度式を数学的に得ることはできない．反応物濃度を，反応中，非常に短い間隔で測定するような実験により，速度式を導きださなければならない．

反応物濃度が反応中にどう変化するかは，速度式での反応物の反応次数により決まる．

0 次反応速度式

反応中，反応速度が一定で，反応物濃度に依存しない（反応物濃度によって変化しない）なら，この反応は **0 次**（zero order）であるといわれる．

0 次反応の一般式，A → 生成物，

$$\text{速度} = -\frac{d[A]}{dt} = k[A]^0 \quad [A]^0 \text{ は } [A] \text{ の 0 乗を意味している.}$$

$[A]^0 = 1$ より，速度 $= -\dfrac{d[A]}{dt} = k$

時間に対する濃度のグラフは，負の傾きをもつ直線となる．図 5.4 (a) のように，線の傾きは $-k$ で，速度は一定である．

よって，図 5.4 (b) のように時間に対する速度のグラフは x 軸に平衡な水平線となり，その値は速度定数，k，と同じになる．

この関係は，速度式を積分することで得ることができる．

0 次反応では，速度式は次のようになる．

$$-\frac{d[A]}{dt} = k \qquad d[A] = -k\,dt$$

$$\int_{[A]_0}^{[A]_t} d[A] = -k\int_0^t dt$$

上の式を積分すると，

$$[[A]]_0^t = -k[t]_0^t \qquad ([A]_t - [A]_0) = -k(t-0)$$

➡積分は，数学的な操作である．積分を知らなくても心配しなくてもよい．ここで示すことは，ほとんどの速度論の教科書に載っており，これらの方程式を自分で導きだすことは，ふつう，必要ない．

得られた式を変形して，$[A]_t = [A]_0 - kt$

この式は，0 次反応の積分型の速度式として知られているもので，直線の方程式，$y = mx + c$，となる．0 次の反応で t に対し A の濃度をプロットすると，実際に図 5.4 (a) にあるようなグラフとなる．グラフの傾きは $-k$ であり，$t = 0$ での濃度は y 切片となる．

一次反応速度式

反応式が，A →生成物という基本的な反応（1 段階で進む反応）では，[A] の時間変化は図 5.5（a）のような曲線になる．

反応は，[A] に対し一次であり，速度式は次のようになる．

$$反応速度 = -\frac{d[A]}{dt} = k[A]$$

一次反応の積分型速度式は次のようになる．

$$\ln[A]_t = \ln[A]_0 - kt$$

この積分型速度式は，ある時間 t での反応物濃度，$[A]_t$，が反応物の初濃度，$[A]_0$，と速度定数，k，により，どのように表されるかを示している．

この形の方程式を，**一次反応の積分型速度式**とよんでいる．この式は，$y = mx + c$ という直線の形をしている．

変数 y は，$\ln[A]_t$ であり，y 軸の座標の値である．

もう一つの変数 x は，時間 t であり，x 軸の座標の値である．

反応が，A に対して一次であり，$\ln[A]_t$ を t に対して，上のような座標の取り方でプロットすると，図 5.5（b）のように，傾き $-k$，y 切片 $\ln[A]_0$ の直線を得る．

一次反応，A →生成物について，速度式は次のように書ける．

$$\frac{d[A]}{dt} = -k[A]$$

この式は反応の進行に伴いどのように反応物濃度により反応速度が変化するかを教えている．反応中に A の濃度が，実際にどう変化するかをみるには，上の式の両辺を積分する必要がある．

まず，式を変形する．

$$\frac{d[A]}{[A]} = -kdt$$

➡記号 ln は自然対数を意味している．自然対数は，対数の底が e であり，e = 2.7183 である．常用対数は，底が 10 であり，log と記述される．

➡この積分型速度式がどうやって導かれたかを知ろうとすると，微積分学の知識が必要になる．積分型速度式を誘導することができることは必須ではない．そこで，どのようにして積分型速度式を誘導するするかという簡単な解説をここで述べる．もう一度いうが，積分法は必須ではない．

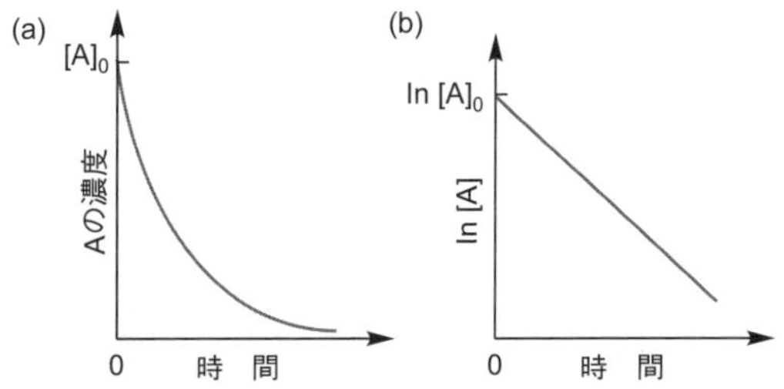

図 5.5 (a) 一次反応における反応物（A）濃度の時間変化，(b) 一次反応における ln [A] の時間変化 この線は，$y = mx + c$ という形式になる．

反応開始時，$t = 0$ の条件と反応の任意の時間，t，の間で，式の両辺を積分する．

$$\int_{[A]_0}^{[A]_t} \frac{d[A]}{[A]} = -k\int_0^t dt \qquad (5.1)$$

ここでは，標準的な積分法を使っている：

$$\int_{x_1}^{x_2} \frac{dx}{x} = [\ln x]_{x_1}^{x_2} = \ln x_2 - \ln x_1$$

式（5.1）に，上の計算法を当てはめると，

$$[\ln[A]]_{[A]_0}^{[A]_t} = -k[t]_0^t \qquad \ln[A]_t - \ln[A]_0 = -k(t-0)$$

式を変形して，

$$\ln[A]_t = \ln[A]_0 - kt$$

となる．

数学で積分を学んでいないなら，積分を数学のブラックボックスと考えてもよい．この式を誘導するのに使った数学を理解していなくても，積分型速度式を適用したり使ったりすることができるようになるべきである．

二次反応速度式

一つの反応物，A について二次の反応は，通常，次の速度式に従う：反応速度 $= k[A]^2$

この反応が素反応であるなら，A + A → 生成物という一般的な形となる．

時間に対する A の濃度のグラフは，一次反応ほどの急な勾配とならない．図 5.6 に比較できるように一次反応と二次反応の時間に対する濃度の曲線を示している．

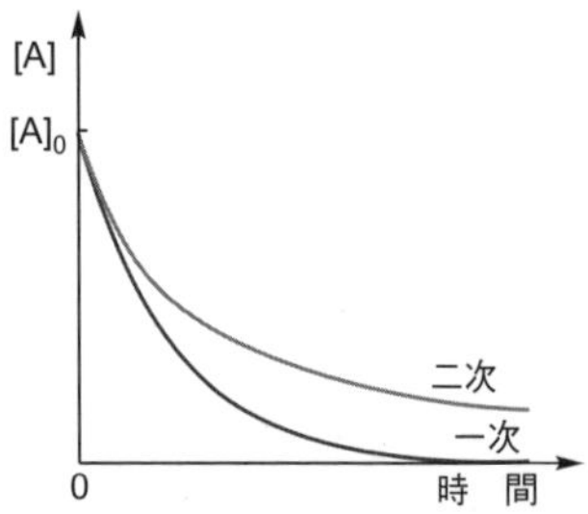

図 5.6 一次反応と二次反応の時間に対する濃度の曲線の比較

A. Burrows, J. Holman, A. Parsons, G. Pilling, G. Price, "Chemistry 2nd Ed.," Oxford Univ. Press, (2013) より転載.

二次反応の積分型の速度式は次のようになる．

$$\frac{1}{[A]_t} = \frac{1}{[A]_0} + kt$$

この式も，$y = mx + c$ という直線の形となる．ここで，y 軸は $\frac{1}{[A]_t}$，x 軸は t となる．この式では傾きは正で，速度定数，k，と同じになる．y 切片は，反応物 A の初濃度 $[A]_0$ の逆数となる．

二次反応速度を調べるためのこの式は，二次反応の速度式の積分により誘導することができる．速度式を次のように書くことができる：

$$-\frac{1}{2}\frac{d[A]}{dt} = k[A]^2$$

これを，$\frac{d[A]}{[A]^2} = 2\,k\,dt$ と変形して，積分区間 $t = 0$（$[A] = [A]_0$）と t（$[A] = [A]_t$）の間で積分を行う．

$$\int_{[A]_0}^{[A]_t} \frac{d[A]}{[A]^2} = -2\,k\int_0^t dt$$

次の標準的な積分法を使う：$\int_{x_1}^{x_2} \frac{dx}{x^2} = \left[-\frac{1}{x}\right]_{x_1}^{x_2} = \left(-\frac{1}{x_2}\right) - \left(-\frac{1}{x_1}\right)$ $= \frac{1}{x_1} - \frac{1}{x_2}$

積分を行い，積分区間の値を代入すると，

$$\left[-\frac{1}{[A]}\right]_{[A]_0}^{[A]_t} = -2\,k[t]_0^t = \frac{1}{[A]_0} - \frac{1}{[A]_t} = -(2\,kt - 2\,k0) = -2\,kt$$

変形して，

$$\frac{1}{[A]_t} = \frac{1}{[A]_0} + 2\,kt$$

k の値はよく係数と合わせられて次のような式となる．

$$\frac{1}{[A]_t} = \frac{1}{[A]_0} + k't$$

例題 5.4A

A について 0 次である反応で，A の初濃度が 1.2 M であった．120 s 後，濃度は 0.40 M に下がった．この反応の速度定数を求めよ．

解き方

0 次反応では，反応速度は $-\frac{d[A]}{dt} = k$ となり，積分型の速度式は $[A]_t = [A]_0 - kt$ となる．

k を求める形に変形して，

$$k = \frac{[A]_0 - [A]_t}{t} = \frac{(1.2 - 0.40)\ \text{M}}{120\ \text{s}} = \frac{0.80\ \text{M}}{120\ \text{s}} = 6.7 \times 10^{-3}\ \text{M s}^{-1}$$

例題 5.4B

塩化スルフリル，SO_2Cl_2 の解離は，SO_2Cl_2 について一次である．

$$SO_2Cl_2(g) \longrightarrow SO_2(g) + Cl_2(g)$$

298 K で反応が行われ，得たデータは右の表のようになった．

(a) 解離の速度式を書け．

(b) グラフを使い，表中の単位での速度定数，k，の値を求めよ．

時間/s	$[SO_2Cl_2]$/mol dm^{-3}
0	1.000
2500	0.947
5000	0.895
7500	0.848
10000	0.803

解き方

(a) この反応は一次反応なので，塩化スルフリルの解離の速度式は次のようになる．

$$-\frac{\mathrm{d}[\mathrm{SO_2Cl_2}]}{\mathrm{d}t} = k[\mathrm{SO_2Cl_2}]$$

(b) SO_2Cl_2 について一次であるので，積分型の速度式は以下のようになる．

$$\ln[\mathrm{SO_2Cl_2}]_t = \ln[\mathrm{SO_2Cl_2}]_0 - kt$$

時間/s	$[SO_2Cl_2]$/ mol dm^{-3}	$\ln[SO_2Cl_2]$
0	1.000	0
2500	0.947	−0.054
5000	0.895	−0.111
7500	0.848	−0.165
10000	0.803	−0.219

この式は，$y = mx + c$ という形である．ここで，変数 y は $\ln[SO_2Cl_2]_t$，変数 x は t である．よって，グラフは y 軸に $\ln[SO_2Cl_2]_t$ を，x 軸に t をとる．問題で与えられたデータの表に，$\ln[SO_2Cl_2]$ の列を加える．この量は対数なので単位がない．
このデータのグラフを図 5.7 に示す．

グラフの式は $\ln[SO_2Cl_2]_t = \ln[SO_2Cl_2]_0 - kt$ であり，$y = mx + c$ の形である．よって，グラフの傾きは速度定数，$-k$，となる．グラフをみると，線は後方に傾いたようになっており，負の傾きをもつことがわかる．したがって，傾きが負なので，k の値は正である．傾きは，y 軸の値の変化を x 軸の値の変化でわって求めることができる：

$$傾き = \frac{y_2 - y_1}{x_2 - x_1}$$

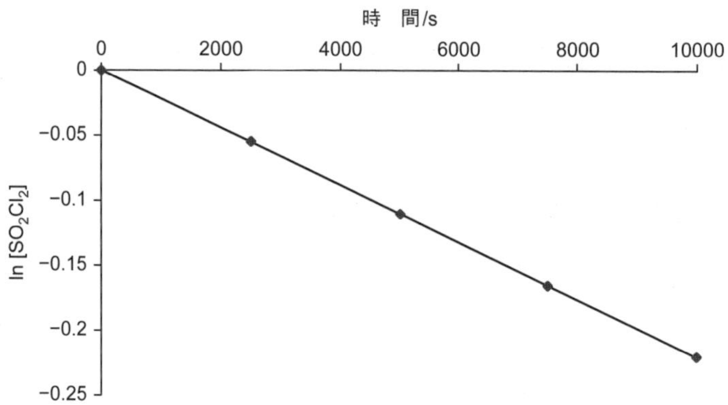

図 5.7　$\ln[SO_2Cl_2]$ の時間変化のグラフ

この値は，グラフを手書きしたときは自分で変化を測り計算することで得ることができ，Excel を使って描いたときは，線の方程式をだして求めることができる．どちらの方法からでも，傾きは $-2.0 \times 10^5\ \mathrm{s^{-1}}$ となる．傾きは，速度定数にマイナスをつけた値，$-k$ と等しい．よって，$k = 2.0 \times 10^5\ \mathrm{s^{-1}}$ となる．

例題 5.4C

二酸化窒素，NO_2，の分解を 298 K で追跡し，右の表のデータを得た．分解反応は次のとおりである．

時間/s	$[NO_2]$/mol dm^{-3}
0.0	0.100
5.0	0.017
10.0	0.0090
15.0	0.0062
20.0	0.0047

$$NO_2(g) \longrightarrow NO(g) + \frac{1}{2}O_2(g)$$

(a) 二酸化窒素についての反応次数を求めよ．

(b) 速度定数を計算し，その単位を求めよ．

解き方

(a) 時間に対する濃度の曲線を描いたグラフを図 5.8 (a) に示す．この図から，反応開始時に濃度が比較的急激に減少し，時間が経過するにつれてゆっくりと減少することがわかる．これは，二次反応の特徴的な減少のしかたである．しかし，反応が二次反応であることは証明されていない．

NO_2 について二次反応であることを証明するため，二次反応の積分型速度式を使う必要がある．

$$\frac{1}{[NO_2]_t} = \frac{1}{[NO_2]_0} + kt$$

$\frac{1}{[NO_2]}$ を時間に対してプロットすると直線となり，この反応は二次反応であることが証明された．$\frac{1}{[NO_2]}$ の値はデータより計算しなければならない．計算したデータを右の表に示す．

時間/s	$[NO_2]$/ mol dm^{-3}	$1/[NO_2]$/ mol^{-1} dm^3
0.0	0.1	10.0
5.0	0.017	58.8
10.0	0.009	111
15.0	0.0062	161
20.0	0.0047	213

図 5.8 (b) に示されたプロットは，直線となり，反応が NO_2 に対して二次反応であることを示している．

(b) この問題では，グラフの傾きは正である．また，この線は直線の式で表されるので傾きは速度定数，k，となる．

5.1 節でみたように，2 点の y 軸の変化量を x 軸の変化量でわることで，傾きを得ることができる．グラフを手で描いたなら，この作業を手動で行うことになる．また，グラフを Excel で描いたなら，線の

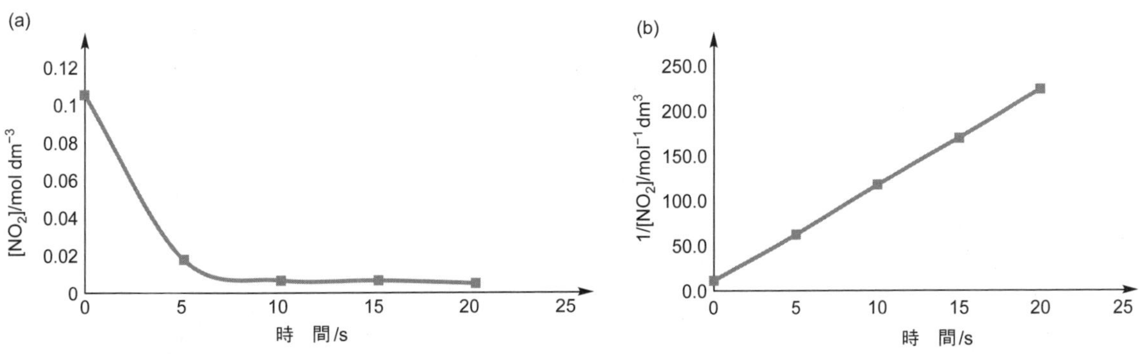

図 5.8 (a) 時間に対する $[NO_2]$ のグラフ，(b) 時間に対する $1/[NO_2]$ のグラフ

式から求めることができる．どちらの方法からでも，傾きは $10.2\ \mathrm{mol^{-1}\ dm^3\ s^{-1}}$ と得ることができる．傾きは，二次反応の速度定数，k，と等しいので，この値が速度定数の値となる．

例題 5.4D

最初，$0.056\ \mathrm{mol\ dm^{-3}}$ の NO_2 が入っているフラスコを 300 ℃で加熱すると，起こる反応が二次反応だとすると，1.0 時間（h）後の NO_2 の濃度を求めよ．また，NO_2 濃度が初濃度の 10%となるのに必要な時間を求めよ．ただし，この温度での反応速度定数を $0.54\ \mathrm{mol^{-1}\ dm^3\ s^{-1}}$ とする．

解き方

二次反応の積分型速度式は以下のとおりである：

$$\frac{1}{[\mathrm{NO_2}]_t}=\frac{1}{[\mathrm{NO_2}]_0}+kt$$

NO_2 の初濃度が $0.056\ \mathrm{mol\ dm^{-3}}$ であり，反応時間が 1 時間であることがわかっている．問題で与えられている速度定数を使い，これらの値を上の式に代入すると，1 時間後の NO_2 濃度を計算することができる[†]．

$$\frac{1}{[\mathrm{NO_2}]_t}=\frac{1}{0.056\ \mathrm{mol\ dm^{-3}}}+0.54\ \mathrm{mol^{-1}\ dm^3\ s^{-1}}\times 3600\ \mathrm{s}$$
$$=17.86\ \mathrm{mol^{-1}\ dm^3}+1944\ \mathrm{mol^{-1}\ dm^3}=1962\ \mathrm{mol^{-1}\ dm^3}$$

逆数をとって，

$$[\mathrm{NO_2}]_t=5.10\times10^{-4}\ \mathrm{mol\ dm^{-3}}$$

† 訳者注
初濃度の 10% は $0.0056\ \mathrm{mol\ dm^{-3}}$ であり，反応時間を t とすると，

$$\frac{1}{0.0056}=\frac{1}{0.056}+0.54t$$
$$t=297.62\ \mathrm{s}=4.96\ \mathrm{min}$$

➡時間の単位を「時間」から「秒」に 60 × 60 をかけて変換することを忘れてはならない．

例題 5.4E

ヘキサ-1-エンとヨウ素の反応を調べるために実験を行った．

$$\mathrm{C_6H_{12}+I_2\longrightarrow C_6H_{12}I_2}$$

反応速度の $[I_2]$ への依存を過剰量のヘキサ-1-エンを使って調べた．結果を左の表にまとめた．表中のデータは，反応開始後の時間経過に伴う I_2 と $C_6H_{12}I_2$ の濃度を示している．

時間/s	$[I_2]$/mM	$[C_6H_{12}I_2]$/mM
0	40.0	0
1000	31.2	8.8
2000	25.6	14.4
3000	21.8	18.2
4000	18.8	21.2
5000	16.6	23.4
6000	15.0	25.0
7000	13.6	26.4
8000	12.4	27.6

(a) 適切なグラフを描き，I_2 について反応が二次であることを確かめよ．**擬二次反応速度式**（pseudo-second-order rate equation）を書き，擬二次反応速度定数を計算せよ．

(b) $t=20\,000\ \mathrm{s}$ での $[I_2]$ と $[C_6H_{12}I_2]$ を計算せよ．

解き方

(a) 過剰のヘキサ-1-エンを用いて反応が行われているので，ヘキサ-1-エンの濃度は反応中は一定と仮定してよい．

よって，速度式は次のようになる：反応速度$=-\dfrac{\mathrm{d}[\mathrm{I_2}]}{\mathrm{d}t}=k'[\mathrm{I_2}]^n$，こ

➡この問題のように反応物の一つが過剰量で用いられている場合，その反応物の濃度は無視することができ，その速度式はほかの反応物について，擬一次もしくは擬二次とよばれる．この問題では，速度は $[I_2]$ について擬二次と仮定できる．

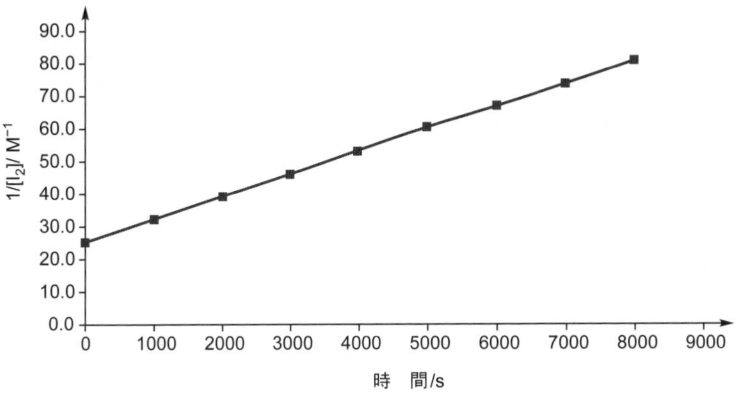

時間/s	$[I_2]$/mM	$1/[I_2]/M^{-1}$
0	40.0	25.0
1000	31.2	32.1
2000	25.6	39.1
3000	21.8	45.9
4000	18.8	53.2
5000	16.6	60.2
6000	15.0	66.7
7000	13.6	73.5
8000	12.4	80.6

図 5.9　時間に対する $1/[I_2]$ のグラフ

こで，k' は擬二次速度定数である．問題では，ヨウ素について速度は二次であるとしており，二次の積分型の速度式を使う：

$$\frac{1}{[I_2]_t} = \frac{1}{[I_2]_0} + k't$$

➡ヨウ素の濃度の単位を，mM から M へ変換するため，10^{-3} 倍した．

表のデータを使い，$1/[I_2]$ の値を計算する．

y 軸に $1/[I_2]$ を，x 軸に t をプロットしたグラフを図 5.9 に示す．

擬二次速度定数の値，k'，は線の傾きと同じである．この値は，次の式から得られる：傾き $= \dfrac{y_2 - y_1}{x_2 - x_1}$

➡描いたグラフで，y の変化量を測り対応する x の変化量でわり，傾きを求めるほうがより正確である．

この式に値を代入すると，$k' = \dfrac{(80.6 - 25.0)\ M^{-1}}{(8000 - 0)\ s} = 6.95 \times 10^{-3}\ M^{-1}\ s^{-1}$．ほかの方法として，Excel でつくったグラフを使い，近似線の式から求めることもできる．この場合，傾きは $6.90 \times 10^{-3}\ M^{-1}\ s^{-1}$ と計算される．

(b) 擬二次速度定数，k'，の値を求められたので，積分型の速度式を使って 20 000 s 後のヨウ素濃度を求めることができる．

$$\frac{1}{[I_2]_t} = \frac{1}{40 \times 10^{-3}\ M} + 6.95 \times 10^{-3}\ M^{-1}\ s^{-1} \times 20\ 000\ s$$

$$\frac{1}{[I_2]} = 25\ M^{-1} + 139\ M^{-1} = 164\ M^{-1}$$

➡ある数の逆数とは，1 をその数でわったもので，この問題では $1/(164\ M^{-1})$ である．単位も逆にし，M となる．

この数の逆数をとって，

$[I_2] = 6.1 \times 10^{-3}\ M$　あるいは　6.1 mM

問いの後半の答え，生成する $C_6H_{12}I_2$ の濃度を求めるため，量論式をみる必要がある．量論式から，ヨウ素の 1 モルから $C_6H_{12}I_2$ の 1 モルが生成することがわかる．

20 000 s 後，6.1 mM の I_2 が残っているから，反応で使われた量は，
$[I_2]_0 - [I_2]_t = 40.0\ mM - 6.1\ mM = 33.9\ mM$

よって量論式より，$C_6H_{12}I_2$ の 33.9 mM が生成することがわかる．

時間/s	C_4H_6/M
0	0.0100
1000	0.00625
1800	0.00476
2800	0.00370
3600	0.00313
4400	0.00270
5200	0.00241
6200	0.00208

練習問題 5.13

1 dm^3 の容器中で行った，次式の C_4H_6 から C_8H_{12} への二量化反応のデータを左に示す．

$$2\,C_4H_6(g) \longrightarrow C_8H_{12}(g)$$

グラフを用いて，C_4H_6 についての反応の次数を求めよ．適切なグラフより，速度定数の値を計算せよ．また，5000 s 後に生成する C_8H_{12} のモル数を求めよ．

5.5　化学反応の半減期

反応の半減期は，反応物の濃度が半分になるのにかかる時間であると定義されている．半減期には，$t_{1/2}$ との記号が使われる．

0次反応の半減期

図 5.10 は 0 次反応での，時間に対して反応物濃度をプロットしたグラフで，最初の二つの半減期が示されている．半減期は，反応の進行とともに短くなることがみてとれる．

0 次反応の積分型速度式を使い，そして始濃度†，$[A]_0$，が半分の $[A]_0/2$ になる場合の半減期の式を導いて，反応中に半減期がどのように変化するかをみることができる．

0 次反応の式：$[A]_t = [A]_0 - kt$

$[A]_t = [A]_0/2$ なら，上の式は，$[A]_0/2 = [A]_0 - kt_{1/2}$

$t_{1/2}$ を求める形に変形して：$kt_{1/2} = [A]_0 - [A]_0/2 = [A]_0/2$

よって，$t_{1/2} = [A]_0/2\,k$

つまり，半減期は反応物の始濃度に依存することがわかる．反応物の始濃度は，反応中に減少するので半減期も減少する．

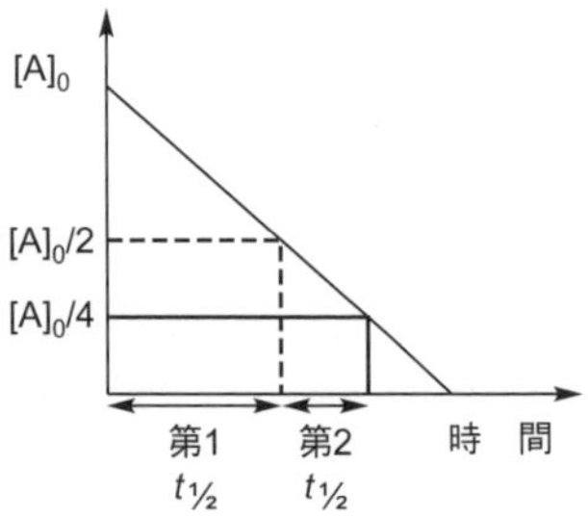

図 5.10　0 次反応における連続した半減期

†訳者注
ここでいう反応物の始濃度とは，反応開始時の濃度のことではなく，半減期を測定し始めるときの濃度である．つまり，反応途中の濃度の場合もあるので，本文のような解説になっている．

一次反応の半減期

一次反応では，反応物の濃度は指数関数的に（放射性同位元素の壊変でのように）減少するので，一次反応の半減期は，図 5.11 にあるように，反応中，一定の値となる．

積分型の速度式を使い，一次反応の半減期の式を誘導し，半減期が反応速度定数にのみ依存することを示すことができる．

$$\ln[A]_t = \ln[A]_0 - kt$$

1 半減期，$t_{1/2}$，経過後，A の濃度は $[A]_0/2$ とすることができ，上の式は次のようになる．

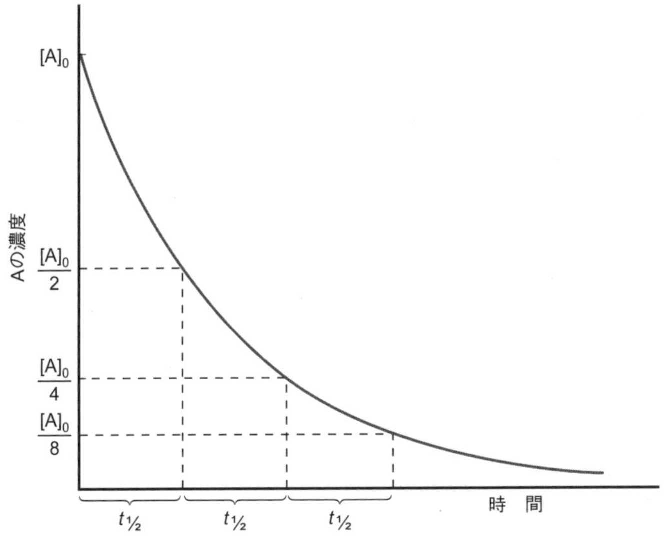

図 5.11 一次反応の半減期は一定

A. Burrows, J. Holman, A. Parsons, G. Pilling, G. Price, "Chemistry 2nd Ed.," Oxford Univ. Press, (2013) より転載.

$$\ln\frac{[\mathrm{A}]_0}{2} = \ln[\mathrm{A}]_0 - kt_{1/2}$$

濃度の項が一方に集まるように変形して,

$$\ln\frac{[\mathrm{A}]_0}{2} - \ln[\mathrm{A}]_0 = -kt_{1/2} \qquad \ln\frac{[\mathrm{A}]_0}{2[\mathrm{A}]_0} = -kt_{1/2}$$

$$\ln\frac{1}{2} = -kt_{1/2} \qquad \ln 2 = kt_{1/2}$$

$$t_{1/2} = \frac{\ln 2}{k}$$

➲ $\ln[\mathrm{A}] - \ln[\mathrm{B}] = \ln\frac{[\mathrm{A}]}{[\mathrm{B}]}$

➲ $\ln\frac{1}{\mathrm{A}} = -x$ は $\ln \mathrm{A} = +x$ となる.

二次反応の半減期

二次反応の積分型の速度式は,

$$\frac{1}{[\mathrm{A}]_t} = \frac{1}{[\mathrm{A}]_0} + kt$$

二次反応の半減期の式を導くため, $[\mathrm{A}]_t = [\mathrm{A}]_0/2$ を, 再び, 上の式に代入すると,

$$\frac{1}{[\mathrm{A}]_0/2} = \frac{1}{[\mathrm{A}]_0} + kt_{1/2}$$

$$kt_{1/2} = \frac{1}{[\mathrm{A}]_0/2} - \frac{1}{[\mathrm{A}]_0} = \frac{2}{[\mathrm{A}]_0} - \frac{1}{[\mathrm{A}]_0} = \frac{1}{[\mathrm{A}]_0}$$

よって, $t_{1/2} = \dfrac{1}{k[\mathrm{A}]_0}$

つまり, 二次反応の半減期は反応物の始濃度に依存することがわかる. 反応物の濃度は, 反応中に減っていくので, 半減期は増加する. よって

半減期は，一次反応でのように一定ではない.

例題 5.5A

3.0 g の物質 A の分解が進み，一定時間後，0.375 g の A が残った．この反応の半減期が 36（min）分で，**一次反応**（first-order reaction）であるとして経過時間を計算せよ.

解き方

この問題では，速度定数がわかっていない．そこで半減期と速度定数の式を単純に使うことができない[†1].

この種の問題を解くための現実的な方法が二つある．第一の方法は，試行錯誤を重ねる方法である．この方法は，数値が比較的単純な場合に役に立つ．まず，この方法で解いてみよう.

最初，物質 A は 3.0 g あった．よって，1 半減期の後，1.5 g の A が残る．半減期ごとに濃度は半分になるので，この様子を以下に示す.

$$3.0\ \mathrm{g} \longrightarrow 1.5\ \mathrm{g} \longrightarrow 0.75\ \mathrm{g} \longrightarrow 0.375\ \mathrm{g}$$

よって，3 半減期の後に未反応の A が 0.375 g となることがわかる．1 半減期は 36 分であるので，全経過時間は 108 分である.

第二の方法は，積分型の速度式を使う方法である[†2]．反応開始時の A の量と反応終了時の A の量をこの式に代入すれば，経過時間を計算できる．しかしこの計算を行うには，速度定数，k が必要である.

$$\ln[\mathrm{A}]_t = \ln[\mathrm{A}]_0 - kt$$

$t_{1/2} = \ln 2/k$ より k を求める式を得ることができる．この式を変形すると，$k = \ln 2/t_{1/2}$ となり，

$$k = \ln 2/36\ \mathrm{min} = 0.0193\ \mathrm{min}^{-1} = 1.93 \times 10^{-2}\ \mathrm{min}^{-1}$$

ここで，積分型の速度式を使うことができるようになり，濃度の値を入れると，

$$\ln 0.375 = \ln 3 - 1.93 \times 10^{-2}\ \mathrm{min}^{-1} \times t$$
$$\ln 0.375 - \ln 3 = -1.93 \times 10^{-2}\ \mathrm{min}^{-1} \times t$$
$$(\ln 0.375 - \ln 3)/1.93 \times 10^{-2}\ \mathrm{min}^{-1} = -t$$
$$-2.079/1.93 \times 10^{-2}\ \mathrm{min}^{-1} = -t$$
$$t = 1.08 \times 10^2\ \mathrm{min} = 108\ \mathrm{min}$$

例題 5.5B

分子 P が分子 Q に変換される P ⟶ Q という 0 次反応を考える．ある時間，$t = 4$ 分（min）で 16 mg の P が残っていた．さらに，6 分経過すると P の残量は 4 mg となった．反応混合物中に 8 mg の P が残っ

†1 訳者注
本書をよく勉強した人は，解答後半で使われている解法が「半減期と速度定数の式」であるとすぐにわかると思うので，この部分の記述は，この関係がすぐに思いつかない場合を考えてのものであるとしておきたい.

†2 訳者注
問題に，この反応が一次反応であるとの条件が与えられている.

ていた時間を計算せよ.

解き方

0 次反応の積分型の速度式は，次のようになる．$[A]_t = [A]_0 - kt$

この式に，問題で与えられているデータを代入して，速度定数，k，を求めることができる．そして，求めた速度定数を使い，8 mg の P が残っていた時間を計算する．

$$4\ \text{mg} = 16\ \text{mg} - k \times 6\ \text{min}$$

$$6\,k\ \text{min} = 16\ \text{mg} - 4\ \text{mg} = 12\ \text{mg}$$

よって，$k = (12/6)\ \text{mg min}^{-1} = 2\ \text{mg min}^{-1}$

k の値を積分型の速度式に代入して，$[A]_t = 8$ mg となる時間は，

$$8\ \text{mg} = 16\ \text{mg} - 2\ \text{mg min}^{-1} \times t$$

$$t = \left(\frac{16\ \text{mg} - 8\ \text{mg}}{2\ \text{mg min}^{-1}}\right) = 4\ \text{min}$$

よって，8 mg の P が残る時間は，4 分＋ 4 分＝ 8 分である．

➡問題文では，$t = 4$ min での P の濃度が与えられており，$t = 0$ min での値ではないことに注意が必要である．つまり，計算結果に 4 分（min）を加えなければならない．

例題 5.5C

65 ℃での五酸化二窒素の分解反応．

$$2\,N_2O_5(g) \longrightarrow 4\,NO_2(g) + O_2(g)$$

は，次の速度式に従う．

$$\text{反応速度} = k[N_2O_5(g)]$$

反応を調べるため，N_2O_5 の濃度の時間変化が測定され，得られた結果は右のようになった．

時間/s	$[N_2O_5]$/mol dm^{-3}
0	10×10^{-2}
0.5	8.6×10^{-2}
1.0	7.3×10^{-2}
1.5	6.3×10^{-2}
2.0	5.4×10^{-2}
2.5	4.6×10^{-2}
3.0	3.9×10^{-2}
3.5	3.4×10^{-2}
4.0	2.9×10^{-2}

(a) 時間に対する $[N_2O_5]$ のグラフを描け．

(b) 反応が N_2O_5 に対して一次であることを示すグラフを描け．

(c) 反応速度定数を求めよ．

(d) 反応の半減期の値を求めよ．

解き方

(a) 図 5.12 に示すグラフは，時間に対する N_2O_5 の濃度を単純にプロットしたものである．

(b) 一次反応であることを示すため，積分型の反応式を使う．$\ln[N_2O_5]$ を時間に対してグラフ化すればよい．そこでまず，$[N_2O_5]$ の自然対数を計算し表に加えた．

➡グラフには適切なタイトルをつけ，両方の軸にはラベルをつけることをいつも忘れないように．ラベルには，単位をつけることも忘れてはいけない．

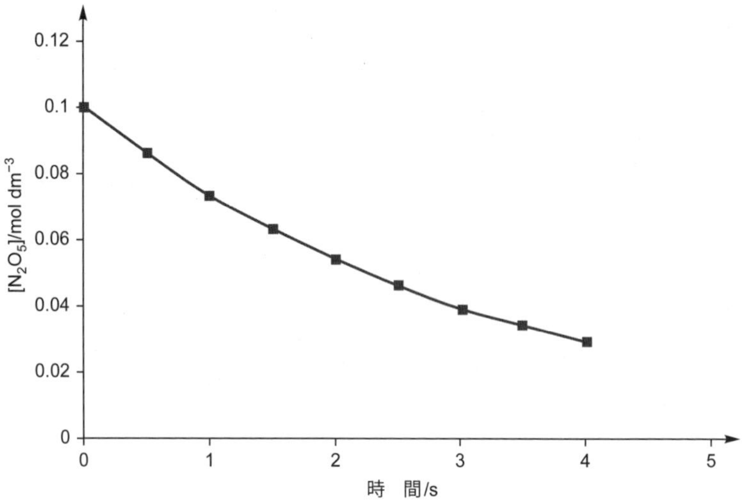

図 5.12 時間に対する $[N_2O_5]$ のグラフ

➡ $[N_2O_5]$ は小さくなっていくので，ln 項（自然対数をとった値）は次第に小さくなる．

時間/s	$[N_2O_5]$/mol dm^{-3}	$\ln[N_2O_5]$
0	0.1	−2.30
0.5	0.086	−2.45
1	0.073	−2.62
1.5	0.063	−2.76
2	0.054	−2.92
2.5	0.046	−3.08
3	0.039	−3.24
3.5	0.034	−3.38
4	0.029	−3.54

$\ln[N_2O_5]$ のグラフを図 5.13 に示す．

時間に対しての $\ln[N_2O_5]$ のグラフは直線になっており，反応が N_2O_5 に対して一次であることを示している．

➡ 線の傾きは負であることに注意すること．積分型の速度式から傾きは $-k$ となり，速度定数は正の値となることがわかる．速度と同じく，速度定数も正でなければならない．

(c) 線の式は，$\ln[N_2O_5]_t = \ln[N_2O_5]_0 - kt$ となる．よって，線の傾きは速度定数，$-k$，となる．

傾きは $\dfrac{y_2 - y_1}{x_2 - x_1}$ となる．皆さんが描いたグラフを使い，y の変化量と対応する x の変化量を測ることで傾きを求めることができる．適切な単位をつけることを忘れてはいけない．また計算は，次のようになる．

➡ y 軸の $\ln[N_2O_5]$ の値はすべて負であり，y 軸は $y = 0$ よりも下の線だけになっている．

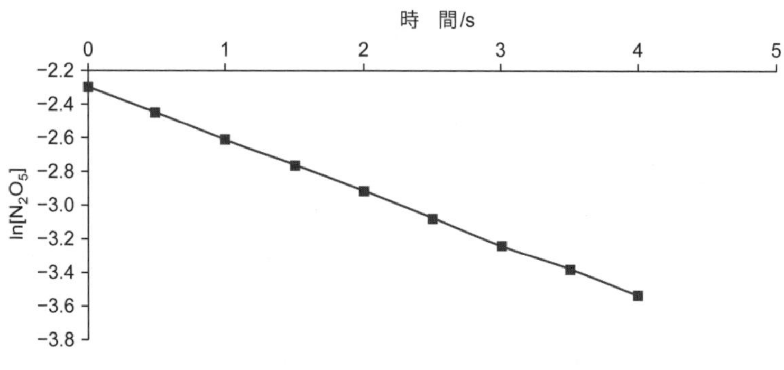

図 5.13 時間に対する $\ln[N_2O_5]$ のグラフ

$\dfrac{-3.54-(-2.3)}{(4-0)\,\mathrm{s}} = -0.31\ \mathrm{s}^{-1}$. よって，$k = 0.31\ \mathrm{s}^{-1}$ である．別の方法として，Excel でグラフを描いたなら線の式より傾きを求めることができる．

(d) 速度定数を得たので，半減期を次式のように求めることができる．

$t_{1/2} = \dfrac{\ln 2}{0.31\ \mathrm{s}^{-1}} = 2.2\ \mathrm{s}$ この値は，最初の時間に対する $[N_2O_5]$ のグラフ（図 5.12）を使い確認できる．$[N_2O_5]$ の初濃度は $1.0 \times 10^{-2}\ \mathrm{mol\ dm^{-3}}$ である．この濃度が半分になる，つまり $0.5 \times 10^{-2}\ \mathrm{mol\ dm^{-3}}$ までに要する時間は，グラフから約 2.2 s と読むことができ，計算結果から間違いでないことがわかる．

➡ y および x での変化量を測り傾きを求めるほうが，2 点のデータより傾きを求めるよりもたいてい，正確である．

練習問題 5.14

最初，放射性同位元素が 64 mg あり，一次反応に従い壊変する．$t = 10$ 分で，試料の残量が 16 mg となった．15 分後，この試料は何 mg 残っているか．

練習問題 5.15

塩化スルフリル，SO_2Cl_2 の分解反応は一次反応であり，速度定数は 660 K で $4.5 \times 10^{-2}\ \mathrm{s}^{-1}$ である．

(a) SO_2Cl_2 の最初の圧力が 450 Torr だとして，80 s 後のこの物質の分圧を求めよ．

(b) SO_2Cl_2 の分圧が，最初の値の 4 分の 1 になるのに何分かかるか．

練習問題 5.16

573 K で $CH_3N_2CH_3$ の分解反応について，右の表のようなデータを得た．

(a) データを調べて，この反応が一次反応かどうかを確認せよ．

(b) この反応が，$CH_3N_2CH_3$ に対して一次であることをグラフを描いて示せ．

(c) 反応速度定数を求めよ．

時間/s	$[CH_3N_2CH_3] \times 10^3/\mathrm{mol\ dm^{-3}}$
0	1.60
240	1.12
360	0.94
540	0.72
780	0.50
1020	0.35

➡ この形式の表でデータを示す場合，変数の値，すなわちこの問題では $[CH_3N_2CH_3]$ は 10^3 倍されていることをタイトル行は示している．つまり，$t = 0$ での $[CH_3N_2CH_3]$ は，$1.6 \times 10^{-3}\ \mathrm{mol\ dm^{-3}}$ である．

実験結果からの化学反応の次数と速度定数の決定

一連のデータを得ているまたは測定を行い，ある反応の反応物の濃度の時間変化に関する一連のデータを得ている場合，その反応物に関しての反応次数が常にわかっているとは限らない．図 5.14 のフローチャートに，反応次数をグラフにより求めるための一連の作業手順が示されている．正しい速度定数を求める前に時間のかかるいくつかのグラフをかく必要がないようにするための手順をもつことは重要である．

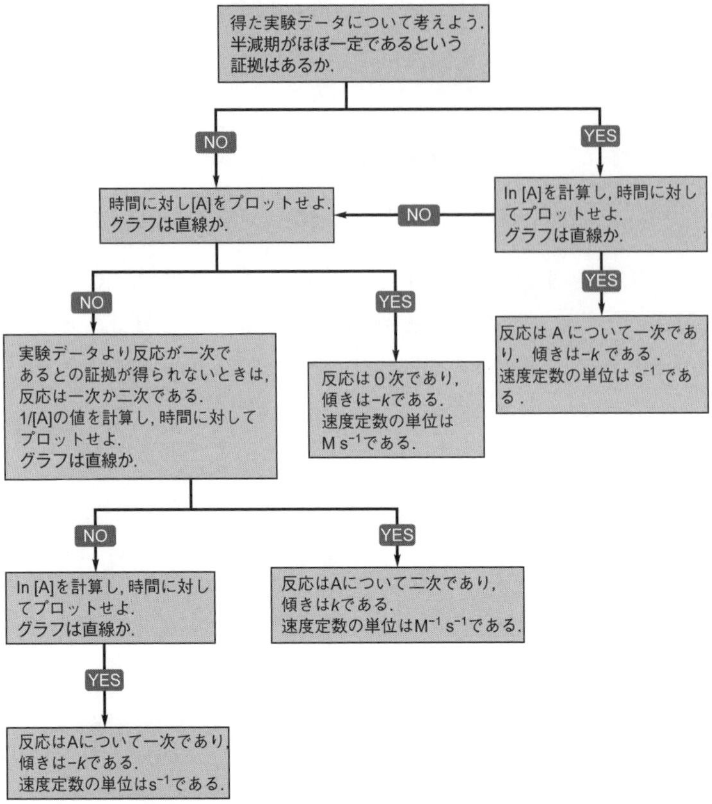

図 5.14　反応速度の測定結果を用いた化学反応の次数のグラフ的決定法のフローチャート

5.6　反応速度の温度依存性—アレニウスの式

化学反応は，特定の条件が満たされた場合にのみ進行する．

- 反応物が互いに衝突しなければならない（分子度†が 1 より大きい反応で）．
- 反応物は，正しい方向で衝突しなければならない．
- 反応物は，反応の**活性化エネルギー**（activation energy）を越えるため，十分大きな運動エネルギーをもっていなければならない．

気体分子の運動エネルギーの分布は，**ボルツマン分布**（Boltzmann distribution）に従う．どの反応にでも，ある決まった値の活性化エネルギー，E_a，が存在する．その値は温度に依存しない．温度 T_1 での気体分子の運動エネルギーの分布の例が図 5.15 の T_1 の線で示されている．

温度が T_2 に上昇すると，より多くの分子がより速い速度で動くようになり，活性化エネルギーを越えるようになる．このことは，より多くの分子が反応するようになることを示している．またこのことは，反応速度が上がることにもつながる．温度が 10 K 上がれば，反応速度が約 2 倍になるという経験則もある．

† 訳者注
分子度とは，一つの素反応にかかわる分子の数である．つまり分子度の値は，その素反応での反応物の量論係数の和に等しくなる．

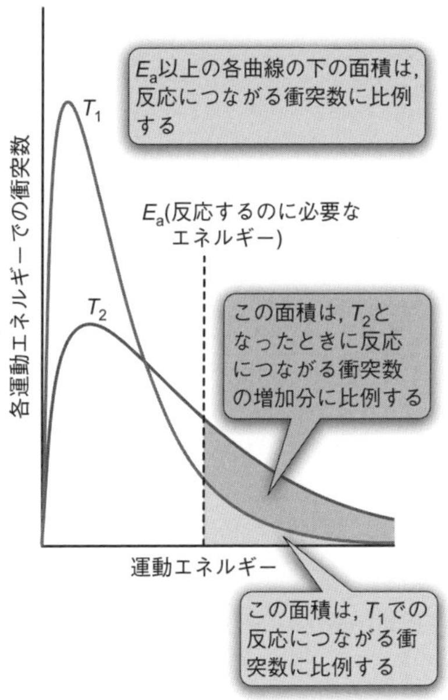

E_a以上の各曲線の下の面積は，反応につながる衝突数に比例する
T_1
T_2
各運動エネルギーでの衝突数
E_a(反応するのに必要なエネルギー)
この面積は，T_2となったときに反応につながる衝突数の増加分に比例する
運動エネルギー
この面積は，T_1での反応につながる衝突数に比例する

図 5.15 二つの温度 T_1 と $T_2(T_2 > T_1)$ での気体のエネルギーのボルツマン分布

A. Burrows, J. Holman, A. Parsons, G. Pilling, G. Price, "Chemistry 2nd Ed.," Oxford Univ. Press, (2013) より転載.

アレニウスの式（Arrhenius equation）は，反応速度定数と活性化エンルギー，温度とを結びつける式である．反応速度は速度定数に比例し，この結果，速度定数が大きくなれば反応速度も速くなる．

アレニウスの式は，次の式になる：$k = A\,\mathrm{e}^{-E_a/RT}$

この式の両辺の自然対数（ln）をとると，アレニウスの式は次のようになる．

$$\ln k = \ln A - \frac{E_a}{RT}$$

この式の変数は，k ＝速度定数（単位は，反応次数による）．

A ＝アレニウス因子，もしくは頻度因子，すなわちこの変数は反応している分子の性質を反映したものである†：

R ＝気体定数＝ 8.314 J K^{-1} mol^{-1}　　T ＝温度（K）

この式の形は直線の式となるので，非常に使いやすい：$\ln k = \ln A - \frac{E_a}{RT}$ これは，$y = mx + c$ という形をしている．

つまり，$\ln k$ を $1/T$ に対してプロットすれば直線となり，その傾きは $-E_a/R$，y 切片（$1/T = 0$ のときの $\ln k$ の値）は $\ln A$ となる．

この式は，次のような点でも重要である．異なる温度で反応速度を測定すれば，測定温度での速度定数を計算することができる点と，グラフ化することで活性化エネルギー，E_a，を求めることができる点である．反応の活性化エネルギーを知ることは，きわめて重要である．ある条件下で，ある反応が進みやすいかどうかを知る助けとなるからである．

† 訳者注

反応速度は，一定時間内の分子（厳密には E_a 以上のエネルギーをもつ分子）の衝突数に比例するとされることから，A を頻度因子とよぶことが多い．ただし，頻度因子は単に衝突頻度だけでなく，分子のエネルギーや形状などの性質も合わせて表している．

例題 5.6A

二酸化窒素，NO_2 の分解反応では，一酸化窒素と酸素が生成物として生じる．

$$2\,NO_2(g) \longrightarrow 2\,NO(g) + O_2(g)$$

T/℃	k/mol^{-1} dm^{-3} s^{-1}
100	1.10×10^{-9}
200	1.80×10^{-8}
300	1.20×10^{-7}
400	4.40×10^{-7}

さまざまな温度で，反応が行われ，各温度での速度定数を左の表にまとめる．

(a) グラフを使い，この反応の活性化エネルギーとアレニウス因子を求めよ．

(b) 500 ℃での k の値を求めよ．

解き方

(a) さまざまな温度での速度定数が与えられているこのような問題では，アレニウスの式のグラフを描いて問題を解くことができる．アレニウスの式は，直線のグラフを描ける次の形で用いる．

$$\ln k = \ln A - \frac{E_a}{RT}$$

アレニウスの式では絶対温度を用いるので，まず温度に 273 を加え℃単位を K 単位に変換する．

$\ln k$ は無単位であり，k の値が 1 より小さい場合は自然対数をとった値はすべて負になることに注意が必要である．

y 軸に $\ln k$ を，x 軸に $1/T$ をとる．第一段階として，$\ln k$ と $1/T$ を計算するために問題で与えられたデータ表を拡張し次のような表にする．

T/℃	$T + 273$/K	$1/T$/K^{-1}	k/mol^{-1} dm^{3} s^{-1}	$\ln k$
100	373	0.00268	1.10×10^{-9}	−20.63
200	473	0.00211	1.80×10^{-8}	−17.83
300	573	0.00175	1.20×10^{-7}	−15.94
400	673	0.00149	4.40×10^{-7}	−14.64

$1/T$ に対し $\ln k$ をプロットしたグラフは，図 5.16 のようになる．

グラフは，負の傾きをもつ直線となる．x 軸を $1/T$ としたときは，傾きは $-E_a/R$ となる．

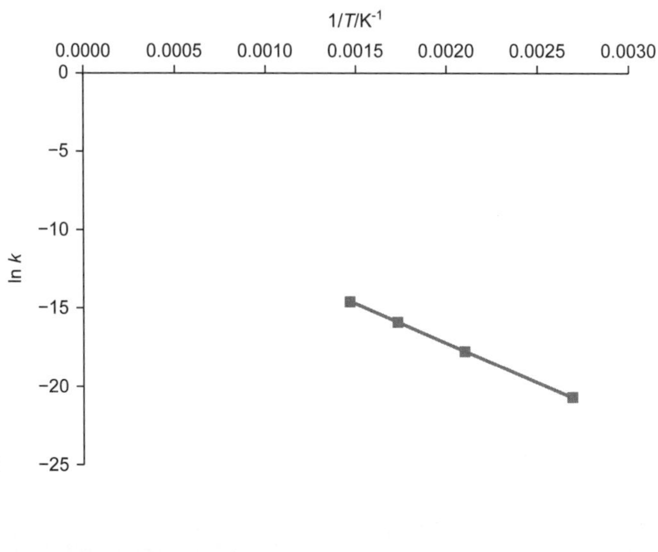

図 5.16　1/T に対する ln$k$ のグラフ

次に段階では，傾きを求める．この方法として，グラフ上で x 軸の変化と対応する y 軸の変化を測る方法や，次の式を使う方法がある：傾き$= \dfrac{y_2 - y_1}{x_2 - x_1}$ この式に，得られた値を代入すると，

$$\frac{-14.64 - (-20.63)}{(0.00149 - 0.00268)\ \mathrm{K}^{-1}} = \frac{5.99}{-0.00119\ \mathrm{K}^{-1}} = -5.03 \times 10^3\ \mathrm{K}$$

➡対数をとっているので，分子（線の上の値）に単位がないことに注意してほしい．

アレニウスの式から，この傾きは $-E_\mathrm{a}/R$ に等しいので，

$$-\frac{E_\mathrm{a}}{R} = -5.03 \times 10^3\ \mathrm{K}$$

R は気体定数で，その値は $8.314\ \mathrm{J\ K^{-1}\ mol^{-1}}$

$$-E_\mathrm{a} = -5.03 \times 10^3\ \mathrm{K} \times 8.314\ \mathrm{J\ K^{-1}\ mol^{-1}} = -41.8\ \mathrm{kJ\ mol^{-1}}$$
$$E_\mathrm{a} = 41.8\ \mathrm{kJ\ mol^{-1}}$$

アレニウス因子は，アレニウスの式では $\ln A$ となっており，グラフの直線が y 軸と交わる点の値に等しい．つまり，アレニウス因子の値を求めるには，グラフを $x = 0$ である y 軸まで外挿しなければならない．このために，原点が両軸に表示されているグラフを描く必要がある．このグラフを図 5.17 に示す．線を y 軸まで外挿すると，交点の値は約 $y = -7.2$ となる．表計算ソフトを使い，線の式を入れ，x 軸の始まりを 0 に設定してプロットすると図 5.17 に示すようなグラフとなる．

$\ln A = -7.2$ なら，$A = 7.5 \times 10^{-4}\ \mathrm{mol^{-1}\ dm^3\ s^{-1}}$ となる．

$\ln A$ は単位をもっていないが，A は速度定数と同じ単位をもつ．

(b) 活性化エネルギー，E_a とアレニウス因子の値がわかったので，アレニウスの式を使い，500 ℃という高温での k の値を求めることができる．

使う式は，$\ln k = \ln A - \dfrac{E_\mathrm{a}}{RT}$

$T = 500 + 273\ \mathrm{K} = 773\ \mathrm{K}$，$E_\mathrm{a} = 41.50\ \mathrm{kJ\ mol^{-1}}$ および

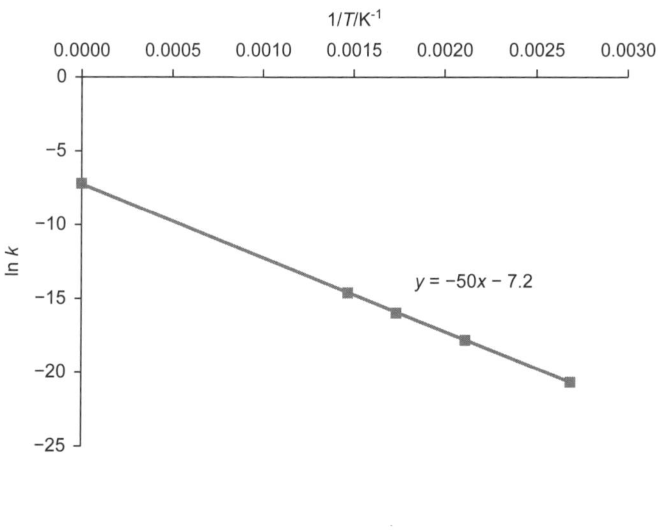

➡$x = 0$ まで外挿するのは，手書きのグラフではたいへん難しい．

図 5.17 A の値を得るため，1/T まで図 5.16 を外挿した図

$A = 7.62 \times 10^{-4}\ \mathrm{mol^{-1}\ dm^3\ s^{-1}}$ という値を代入して，

$$\ln k = \ln 7.62 \times 10^{-4}\ \mathrm{mol^{-1}\ dm^3\ s^{-1}} - 41.50 \times 10^3\ \mathrm{J\ mol^{-1}}/8.314\ \mathrm{J\ K^{-1}\ mol^{-1}} \times 773\ \mathrm{K} = -7.18 - 6.47$$
$$= -13.65$$
$$k = 1.18 \times 10^{-6}\ \mathrm{mol^{-1}\ dm^3\ s^{-1}}$$

A の値を求めることは難しいので，下の示すように二つのデータを使い，$\ln A$ の後を消して計算を行うほうがよい．二つのデータ点の式のひき算を行い，同種の項を集めると，

$$\ln\left(\frac{k_1}{k_2}\right) = \frac{E_a}{R}\left(\frac{1}{T_2} - \frac{1}{T_1}\right)$$

必要な（T_2）のデータ点として 400 ℃の値を使い，500 ℃（T_1）での k_1 の値を計算する．

$$\ln\left(\frac{k_1}{4.40 \times 10^{-7}}\right) = \frac{4.18 \times 10^4\ \mathrm{J\ mol^{-1}}}{8.314\ \mathrm{J\ K^{-1}\ mol^{-1}}}\left(\frac{1}{673\ \mathrm{K}} - \frac{1}{773\ \mathrm{K}}\right)$$
$$= 0.966$$

$$k_1 = 1.16 \times 10^{-6}\ \mathrm{mol^{-1}\ dm^3\ s^{-1}}$$

例題 5.6B

反応 $C_2H_6(g) \longrightarrow 2\,CH_3\cdot(g)$ が調べられ，400 K で速度定数 $k = 0.052\ \mathrm{s^{-1}}$ であり，550 K で速度定数 $k = 0.54\ \mathrm{s^{-1}}$ であった．この反応の活性化エネルギーを求めよ．

解き方

この問題では，2 点の速度定数と温度のデータが与えられている．このデータは，グラフを描けるほど十分なデータではなく，アレニウスの式を使い，活性化エネルギーを求めるための二つの式をたてる必要がある．

アレニウスの式：$\ln k = \ln A - \dfrac{E_a}{RT}$ を使って，与えられたデータそれぞれについての式（二つの式になる）をたてる．

➔ここで，二つの未知変数をもつ二つの式が得られる．未知変数の一方を消し，残りの未知変数を解く．

$$\ln 0.052 = \ln A - E_a/(R \times 400\ \mathrm{K}) \qquad (5.2)$$
$$\ln 0.54 = \ln A - E_a/(R \times 550\ \mathrm{K}) \qquad (5.3)$$

式（5.2）から式（5.3）をひくと，$\ln A$ の項が消える．

$$\ln 0.052 - \ln 0.54 = -E_a/(R \times 400\ \mathrm{K}) - [-E_a/(R \times 550\ \mathrm{K})]$$

次のように変形できる．

$$\ln\frac{0.052}{0.54}=\frac{E_a}{R}\left(-\frac{1}{400\ \mathrm{K}}+\frac{1}{550\ \mathrm{K}}\right)$$

両辺の数値項を計算する.

$$\ln 0.0963 = -\frac{E_a}{R}\times 0.682\times 10^{-3}\ \mathrm{K}^{-1}$$

E_a を求めるように式を変形する.

$$\begin{aligned} E_a &= -\ln 0.0963\times 8.314\ \mathrm{J\ K^{-1}\ mol^{-1}}/0.682\times 10^{-3}\ \mathrm{K}^{-1} \\ &= -(-2.34\times 8.314\ \mathrm{J\ K^{-1}\ mol^{-1}}/0.682\times 10^{-3}\ \mathrm{K}^{-1}) \\ &= 28.5\times 10^{3}\ \mathrm{J\ mol^{-1}} = 28.5\ \mathrm{kJ\ mol^{-1}} \end{aligned}$$

➔式の左辺を得るのに次の公式を使った：$\ln A-\ln B=\ln\frac{A}{B}$
右辺を得るのに，$\frac{E_a}{R}$でくくり，この項を括弧の外にだし，温度の逆数を残し計算した.

練習問題 5.17

さまざまな温度で，シクロプロパンのプロペンへの変換反応について得たデータを右の表にまとめた．適切なグラフを描いて，この反応の活性化エネルギーを求めよ．

700 ℃での速度定数の値を求めよ.

T/℃	k/s^{-1}
480	1.8×10^{-4}
530	2.7×10^{-3}
580	3.0×10^{-2}
630	0.26

5.7 反応機構と反応速度

ほとんどの化学反応は，**素反応**（elementary reaction）とよばれる段階がいくつか連なり進む．反応物が生成物に変わる道筋を記述する素反応全体の組合せを**反応機構**（reaction mechanism）とよぶ．多段階の反応のなかで，最も遅い段階を**律速段階**〔rate-determining step (RDS) もしくは rate-limiting step〕[†]とよぶ．これは，この段階の速度が，反応全体の速度を決めるからである.

素反応に現れる分子種の数を反応の**分子度**（molecularity）とよぶ．1 分子の関与する素反応は，一次反応速度で表される．2 分子が関与する素反応は，二次反応速度式で表される．多くの反応機構で，非常に高い反応性をもつ中間体が存在している．この中間体は，すぐに反応し，使われてなくなる．**定常状態近似**（steady-state approximation）では，反応機構のなかでこの反応性の高い分子種〔**中間体**（intermediate）〕の濃度変化速度を近似的に 0 と仮定している．つまり，この反応性の高い分子種はつくられるとすみやかに使われ，結果として，その濃度は時間的に変化しないわけである．反応性の高い分子種を A とすると，定常状態近似では，$d[A]/dt=0$ となる．ある段階での中間体の生成速度が，続く段階での中間体の消失速度と同じになれば，定常状態に達することになる.

† 訳者注
英語では，rate-determining step もしくは rate-limiting step という 2 通りの表現があるが，日本語ではどちらも律速段階という訳語が当てられている.

可逆反応機構

いくつかの反応機構のなかには，化学的な段階も含まれる．たとえば，反応 A → C が中間体 B を経て以下のように進むとする．

$$\mathrm{A} \underset{k_{-1}}{\overset{k_1}{\rightleftharpoons}} \mathrm{B} \qquad \mathrm{B} \xrightarrow{k_2} \mathrm{C}$$

定数 k_1，k_{-1}，および k_2 は，矢印で向きが示されている各反応の速度定数である．

速度定数の相対的な大きさにより，速度論的にみて二つの機構がある．前駆平衡の成り立つ機構と短寿命中間体を経る機構である．

前駆平衡

上の反応で，二つ目の反応が比較的遅く，一つ目の反応が平衡に達する時間があるとき，この前駆平衡の機構が生じる．第一段階についての平衡定数は以下のようになる：$[\mathrm{B}]/[\mathrm{A}] = K_c$．ここで，$K_c$ は 1 番目の反応の平衡定数である．次のようにもできる：$\dfrac{k_1}{k_{-1}} = K_c$

生成物 B の濃度は，次のようになる．

$$[\mathrm{B}] = K_c[\mathrm{A}] = \frac{k_1}{k_{-1}}[\mathrm{A}]$$

この場合，反応の第二段階はゆっくりなので，この段階が律速段階となり，反応全体の速度は B の生成速度により決まる．すなわち，B の生成は，直接，生成物 C の生成速度と結びついている．よって，反応全体の反応速度は次のようになる．

$$\text{反応速度} = -\frac{\mathrm{d}[\mathrm{A}]}{\mathrm{d}t} = \frac{\mathrm{d}[\mathrm{C}]}{\mathrm{d}t} = k_2[\mathrm{B}] = k_2\frac{k_1}{k_{-1}}[\mathrm{A}]$$

短寿命中間体

➔短寿命中間体は，全体の反応式に現れず，反応機構を示すなかに現れる分子種である．

2 段目の速度が比較的速いとき，つまり生成した B がすぐに使われるとき（このような場合では，k_{-1} や k_2 は k_1 よりもずっと大きい）には，B に対し定常状態近似を使うことができる．**定常状態近似**（steady-state approximation）では，すべての**中間体**（intermediates）の濃度は一定であり，反応中小さな値であるとしている．先の例えは，

$$\frac{\mathrm{d}[\mathrm{B}]}{\mathrm{d}t} = 0 = \text{「B の生成速度」} - \text{「B の消失速度」}$$

$$\frac{\mathrm{d}[\mathrm{B}]}{\mathrm{d}t} = k_1[\mathrm{A}] - (k_{-1}[\mathrm{B}] + k_2[\mathrm{B}]) = 0$$

$$k_1[\mathrm{A}] = (k_{-1}[\mathrm{B}] + k_2[\mathrm{B}]) \qquad [\mathrm{B}] = \frac{k_1[\mathrm{A}]}{(k_{-1} + k_2)}$$

よって，$\text{反応速度} = \dfrac{\mathrm{d}[\mathrm{C}]}{\mathrm{d}t} = k_2[\mathrm{B}] = \dfrac{k_1 k_2[\mathrm{A}]}{(k_{-1} + k_2)}$

1. B から C への過程が B から A への過程より速ければ，k_2 は k_{-1} よりもずっと大きくなり，反応速度は次のようになる．

$$\frac{\mathrm{d}[\mathrm{C}]}{\mathrm{d}t} = k_2[\mathrm{B}] = \frac{k_1k_2[\mathrm{A}]}{k_2} = k_1[\mathrm{A}]$$

　この場合，律速段階は第一段目となり，平衡は成立しない．B は短寿命中間体となる．

2. B から A への過程が B から C への過程より速ければ，k_{-1} は k_2 よりもずっと大きくなり，反応速度は次のようになる．

$$\frac{\mathrm{d}[\mathrm{C}]}{\mathrm{d}t} = k_2[\mathrm{B}] = \frac{k_1k_2[\mathrm{A}]}{k_{-1}}$$

　これは，前駆平衡の場合になる．

例題 5.7A

オゾンの触媒分解は，次のような機構で進む．

$$\mathrm{O_3} \underset{k_{-1}}{\overset{k_1}{\rightleftharpoons}} \mathrm{O_2} + \mathrm{O} \qquad \mathrm{O_3} + \mathrm{O} \xrightarrow{k_2} 2\,\mathrm{O_2}$$

(a) 全体の反応式を書け．

(b) 中間体は何か説明せよ．

(c) 各段階の速度式を書け（$[\mathrm{O_3}]$ についての）．

(d) 実験による速度式が以下のようになるなら，

$$-\frac{\mathrm{d}[\mathrm{O_3}]}{\mathrm{d}t} = k\frac{[\mathrm{O_3}]^2}{[\mathrm{O_2}]}$$

律速段階（RDS）と考えられるのは，どの段階か．

(e) 定常状態近似を使い，O から $\mathrm{O_3}$ への過程が O から $\mathrm{O_2}$ への過程よりも速く進むとして，実験により導かれた速度式と一致する速度式を導け．

解き方

(a) 二つの段階を足し合わせて，$2\,\mathrm{O_3} \longrightarrow 3\,\mathrm{O_2}$

(b) 全体の反応に現れないので，O 原子が中間体である．

(c) 各段階の速度式は，

第一段階：正反応　$-\dfrac{\mathrm{d}[\mathrm{O_3}]}{\mathrm{d}t} = k_1[\mathrm{O_3}]$

第一段階：逆反応　$\dfrac{\mathrm{d}[\mathrm{O_3}]}{\mathrm{d}t} = k_{-1}[\mathrm{O_2}][\mathrm{O}]$

第二段階：$-\dfrac{\mathrm{d}[\mathrm{O_3}]}{\mathrm{d}t} = k_2[\mathrm{O_3}][\mathrm{O}]$

(d) 最も律速段階である可能性が高いのは，第二段階である．これは以下の理由による．

i．第一段階は，単純な一分子反応である．

ii．第一段階の逆反応に，オゾンは関与していない．

(e) 律速段階が第二段階であるとして速度式を導く．このとき，中間体 [O] について定常状態近似を使う必要がある．

$$\frac{\mathrm{d}[\mathrm{O}]}{\mathrm{d}t} = 「\mathrm{O}\text{ の生成速度}」-「\mathrm{O}\text{ の消失速度}」= 0$$
$$= k_1[\mathrm{O_3}] - (k_2[\mathrm{O_3}][\mathrm{O}] + k_{-1}[\mathrm{O_2}][\mathrm{O}]) = 0$$
$$k_1[\mathrm{O_3}] = (k_2[\mathrm{O_3}][\mathrm{O}] + k_{-1}[\mathrm{O_2}][\mathrm{O}])$$
$$k_1[\mathrm{O_3}] = [\mathrm{O}](k_2[\mathrm{O_3}] + k_{-1}[\mathrm{O_2}])$$

中間体 [O] について式を変形する．

$$[\mathrm{O}] = \frac{k_1[\mathrm{O_3}]}{(k_2[\mathrm{O_3}] + k_{-1}[\mathrm{O_2}])}$$

第二段階の速度式は，以下のようになる．

$$-\frac{\mathrm{d}[\mathrm{O_3}]}{\mathrm{d}t} = k_2[\mathrm{O_3}][\mathrm{O}]$$

この式に，先に求めた [O] の式を代入して，

$$-\frac{\mathrm{d}[\mathrm{O_3}]}{\mathrm{d}t} = k_2[\mathrm{O_3}]\frac{k_1[\mathrm{O_3}]}{(k_2[\mathrm{O_3}] + k_{-1}[\mathrm{O_2}])}$$

この問題では，O は短寿命中間体であり，O から O_3 への過程が O から O_2 への過程よりも速く進むという情報があるので，$k_{-1} \gg k_2$ である．よって，k_2 は非常に小さく，$k_2[O_3]$ は無視でき，速度式は次のようになる．

$$-\frac{\mathrm{d}[\mathrm{O_3}]}{\mathrm{d}t} = k_2[\mathrm{O_3}]\frac{k_1[\mathrm{O_3}]}{(k_{-1}[\mathrm{O_2}])}$$

この式は，次のように変形できる．

$$-\frac{\mathrm{d}[\mathrm{O_3}]}{\mathrm{d}t} = k_2\frac{k_1[\mathrm{O_3}]^2}{k_{-1}[\mathrm{O_2}]} = \frac{k[\mathrm{O_3}]^2}{[\mathrm{O_2}]}$$

ここで，$k = \dfrac{k_2k_1}{k_{-1}}$

よって，ここで導いた式は，実験的に求めた速度式，

$-\dfrac{\mathrm{d}[\mathrm{O_3}]}{\mathrm{d}t} = k\dfrac{[\mathrm{O_3}]^2}{[\mathrm{O_2}]}$ と一致する．

例題 5.7B

エステル，E の酸触媒加水分解反応では，次のように反応が進む．

$$\mathrm{E} + \mathrm{H_3O^+} \underset{k_{-1}}{\overset{k_1}{\rightleftharpoons}} \mathrm{EH^+} + \mathrm{H_2O} \qquad \mathrm{EH^+} + \mathrm{H_2O} \xrightarrow{k_2} \text{生成物}$$

EH^+ は，エステル E の水素付加した形である．EH^+ がすぐに消失し，定常状態近似を使うことができるとして，生成物の生成速度が以下のようになることを示せ．

$$速度 = k_{eff}[E][H_3O^+]^{\dagger}$$

† 訳者注
k_{eff} は見かけの速度定数と考えれば良い．

また，k_{eff} を k_1，k_{-1}，および k_2 で表せ．

解き方

生成物の生成速度を第二段階を使い，次のように表すことができる．

$$速度 = k_2[EH^+][H_2O]$$

この問題では，中間体 $[EH^+]$ に定常状態近似を使うことが求められている．EH^+ 濃度の時間変化速度に，定常状態近似を使うと，

$$\frac{d[EH^+]}{dt} = 「EH^+ の生成速度」 - 「EH^+ の消失速度」 = 0$$

第一段階の反応 1 の正反応より，$[EH^+]$ の生成速度は次のように書ける．

$$\frac{d[EH^+]}{dt} = k_1[E][H_3O^+]$$

第一段階の反応 1 の逆反応より，$[EH^+]$ の消失速度は次のように書ける．

$$-\frac{d[EH^+]}{dt} = k_{-1}[EH^+][H_2O]$$

第二段階の反応 2 より，$[EH^+]$ の消失速度は次のように書ける．

$$-\frac{d[EH^+]}{dt} = k_2[EH^+][H_2O]$$

定常状態近似より，

$$\begin{aligned}\frac{d[EH^+]}{dt} &= k_1[E][H_3O^+] - (k_{-1}[EH^+][H_2O] + k_2[EH^+][H_2O]) \\ &= 0\end{aligned}$$

この式は，次のようになる．

$$\begin{aligned}k_1[E][H_3O^+] &= k_{-1}[EH^+][H_2O] + k_2[EH^+][H_2O] \\ &= (k_{-1} + k_2)[EH^+][H_2O]\end{aligned}$$

$[EH^+]$ を求める形に変形して，

$$[EH^+] = \frac{k_1[E][H_3O^+]}{(k_{-1} + k_2)[H_2O]}$$

最初に求めた速度式に，上の $[EH^+]$ の式を代入して，

$$速度 = k_2 \frac{k_1[E][H_3O^+]}{(k_{-1}+k_2)[H_2O]}[H_2O]$$

よって，次のようになる．

$$速度 = \frac{k_1k_2}{(k_{-1}+k_2)}[E][H_3O^+] \qquad k_{eff} = \frac{k_1k_2}{(k_{-1}+k_2)}$$

例題 5.7C

下の反応について，妥当な反応機構を示し，提案した反応機構の速度式を誘導せよ．

$$H_2(g) + I_2(g) \longrightarrow 2\,HI(g)$$

解き方

このような問題には，簡単な答えはない．実際，一つ以上の答えがある可能性がある．妥当な反応機構を提案することが求められており，提案した答えが理にかなっているということを示せば，どのような化学反応機構でも，正解とされるでしょう．どのような実験的な速度の情報も与えられていないので，ある一つの答えを正解とすることはできない．

この反応が，1 段階以上の過程により進むと仮定しなければならない．この場合，反応機構の第一段階目として，少なくとも二つの可能な素反応がある．H－H もしくは I－I 結合が切れて原子となるというものである．I－I 結合（151 kJ mol^{-1}）は，H－H 結合（436 kJ mol^{-1}）よりも弱いので，第一段階目の一分子素反応として I－I 結合の切断が起こるとする．可能と考えられる反応機構は，以下の 3 段階の反応であり，括弧内の k_1，k_2，k_3 は各段階の速度定数である．

$$I_2 \longrightarrow 2\,I(k_1) \qquad I + H_2 \longrightarrow HI + H(k_2) \qquad H + I \longrightarrow HI(k_3)$$

生成物の形成を伴う過程の一つをとると，全体の反応の速度式を次のように書くことができる．

$$\frac{d[HI]}{dt} = k_2[I][H_2]$$

しかし，この式は [I] の項があり I 原子は中間体であるので，実証できる速度式ではない．I についての問題を解決するため，I 原子は生成され，すぐに使われるという定常状態近似を用いる．よって，I 原子の生成と消費の速度式を書く．

$$\frac{d[I]}{dt} = 「I の生成速度」 - 「I の消失速度」 = 0$$

I は第一段階で，次の式に従い生成される．

$$\frac{\mathrm{d}[\mathrm{I}]}{\mathrm{d}t} = k_1[\mathrm{I}_2]$$

そして，次のように第二と第三段階で使われる．

$$-\frac{\mathrm{d}[\mathrm{I}]}{\mathrm{d}t} = k_2[\mathrm{I}][\mathrm{H}_2] \qquad -\frac{\mathrm{d}[\mathrm{I}]}{\mathrm{d}t} = k_3[\mathrm{H}][\mathrm{I}]$$

生成速度と消失速度が等しいとおいて，次の式を得る．

$$k_1[\mathrm{I}_2] = k_2[\mathrm{I}][\mathrm{H}_2] + k_3[\mathrm{H}][\mathrm{I}]$$

この式から [I] の次の式を得ることができる．

$$[\mathrm{I}] = \frac{k_1[\mathrm{I}_2]}{k_2[\mathrm{H}_2] + k_3[\mathrm{H}]}$$

この式を最初の速度式に代入すると，

$$\frac{\mathrm{d}[\mathrm{HI}]}{\mathrm{d}t} = k_2\frac{k_1[\mathrm{I}_2]}{k_2[\mathrm{H}_2] + k_3[\mathrm{H}]}[\mathrm{H}_2]$$

まだ，[H]の項が残っているので，この式は受け入れることができる速度式とすることはできない．よって，われわれが提案した反応機構でのもう一つの中間体である [H] についても定常状態近似を行う必要がある．

H は第二段階で生成され，第三段階で使われる．よって，以下の二つの速度式を書くことができる．

$$\frac{\mathrm{d}[\mathrm{H}]}{\mathrm{d}t} = k_2[\mathrm{I}][\mathrm{H}_2]$$

および，

$$-\frac{\mathrm{d}[\mathrm{H}]}{\mathrm{d}t} = k_3[\mathrm{I}][\mathrm{H}]$$

この二つの式が等しいと置いて，次の式を得る．

$$k_2[\mathrm{I}][\mathrm{H}_2] = k_3[\mathrm{I}][\mathrm{H}] \qquad [\mathrm{H}] = \frac{k_2[\mathrm{H}_2]}{k_3}$$

上の [H] を含む速度式の [H] に，この式を代入する．

$$\frac{\mathrm{d}[\mathrm{HI}]}{\mathrm{d}t} = k_2\frac{k_1[\mathrm{I}_2]}{k_2[\mathrm{H}_2] + k_3\dfrac{k_2[\mathrm{H}_2]}{k_3}}[\mathrm{H}_2]$$

$[\mathrm{H}_2]$ と k_3 の項を消すと，次の式を得る．

$$\frac{\mathrm{d}[\mathrm{HI}]}{\mathrm{d}t} = k_2\frac{k_1[\mathrm{I_2}]}{k_2 + k_2} = \frac{k_1[\mathrm{I_2}]}{2}$$

よって，速度式は次のように書くことができる：速度$= k_1\dfrac{[\mathrm{I_2}]}{2}$

　もう一つ，以下のような反応機構もあると考えてよい．

$$\mathrm{I_2} \underset{k_{-1}}{\overset{k_1}{\rightleftharpoons}} 2\,\mathrm{I} \qquad \mathrm{H_2} + 2\,\mathrm{I} \xrightarrow{k_2} 2\,\mathrm{HI}$$

この反応機構では，以下のことを仮定している．I_2 の解離が可逆的であり（このほうが可能性が高い），生成した I は 3 分子反応で H_2 と反応する（これはかなり可能性が低い）．

　この反応機構では，ただ一つ中間体，I があり，次のようにこの分子種にだけ定常状態近似を使えばよい．

$$\frac{\mathrm{d[I]}}{\mathrm{d}t} = 2k_1[\mathrm{I_2}]$$

反応により2 molのIが
生成するので，ここに2を
つけなければならない

$$-\frac{\mathrm{d[I]}}{\mathrm{d}t} = 2k_{-1}[\mathrm{I}]^2$$

$$-\frac{\mathrm{d[I]}}{\mathrm{d}t} = 2k_2[\mathrm{H_2}][\mathrm{I}]^2$$

提案された反応機構の
どの段階でも，2モルの
Iが関与しているので，
[I]は2乗しなければならない

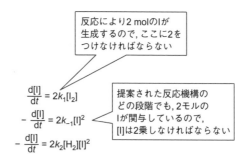

よって，I の生成速度と消費速度を等しいとおいて，

$$2\,k_1[\mathrm{I_2}] = 2\,k_{-1}[\mathrm{I}]^2 + 2\,k_2[\mathrm{H_2}][\mathrm{I}]^2$$

$[\mathrm{I}]^2$ を求める形にこの式を書き直すと，

$$[\mathrm{I}]^2 = \frac{2\,k_1[\mathrm{I_2}]}{2\,k_{-1} + 2\,k_2[\mathrm{H_2}]}$$

この 2 番目の反応機構では，生成物に至る段階は，2 番目の段階だけである（1 番目の段階は平衡過程であるので）．よって，この段階による速度式を書けばよい．

$$\text{速度} = 2\,k_2[\mathrm{H_2}][\mathrm{I}]^2$$

$[\mathrm{I}]^2$ を上の式で置き換えると，

$$\text{速度} = 2\,k_2[\mathrm{H_2}]\frac{2\,k_1[\mathrm{I_2}]}{2\,k_{-1} + 2\,k_2[\mathrm{H_2}]} = \frac{2\,k_2k_1[\mathrm{H_2}][\mathrm{I_2}]}{k_{-1} + k_2[\mathrm{H_2}]}$$

k_{-1} が小さい（I が I_2 にほとんど戻らない）とすると，速度として次の式を得る．この式は，前駆平衡がない式と等価である．

$$速度 = \frac{2\,k_2k_1[\mathrm{H_2}][\mathrm{I_2}]}{k_{-1} + k_2[\mathrm{H_2}]} = 2\,k_1[\mathrm{I_2}]$$

この式と，前の反応機構で誘導した式，速度$= k_1[\mathrm{I_2}]/2$ を比べる．定数，k_1，は各反応機構で異なるとみてよい．

$k_2[\mathrm{H_2}]$ が，k_{-1} に比べ小さい（つまり，第二段階が非常に遅く，第一段階での平衡が左に偏っている）なら，以下の式を得る．

$$速度 = \frac{2\,k_2k_1[\mathrm{H_2}][\mathrm{H_2}]}{k_{-1} + k_2[\mathrm{H_2}]} = \frac{2\,k_2k_1[\mathrm{H_2}][\mathrm{I_2}]}{k_{-1}} = k[\mathrm{H_2}][\mathrm{I_2}]$$

$$ここで\ k = \frac{2\,k_2k_1}{k_{-1}}$$

この速度式には，両方の反応物が関与しており，$\mathrm{I_2}$ と $\mathrm{H_2}$ の両物質について一次の 1 段階反応と議論がなされている．

一方，$\mathrm{I_2}$ に比べて非常に大量の $\mathrm{H_2}$ を使うと，$\mathrm{H_2}$ の濃度変化は非常にわずかとなり，$k_2[\mathrm{H_2}] \gg k_{-1}$ となる．そして，速度式は次のようになる：

$速度 = \dfrac{2\,k_2k_1[\mathrm{H_2}][\mathrm{I_2}]}{k_{-1} + k_2[\mathrm{H_2}]} = 2\,k_1[\mathrm{I_2}]$　この場合，反応は一つの反応物質（$\mathrm{H_2}$）の濃度が非常に大きく，実質的に変化しない**擬一次反応**（pseudo-first order reaction）であるといわれ，速度はより低い濃度の反応物質濃度に依存する．

練習問題 5.18

逐次反応：$\mathrm{A} \longrightarrow \mathrm{B} \longrightarrow \mathrm{C}$ には，二つの素反応がある．

$\mathrm{A} \xrightarrow{k_1} \mathrm{B}$　　$\mathrm{B} \xrightarrow{k_2} \mathrm{C}$

B が生成するとすぐに使われる中間体であるとして，定常状態近似を用いて C の生成速度の式を導け．

練習問題 5.19

反応：$2\,\mathrm{N_2O_5} \longrightarrow 4\,\mathrm{NO_2} + \mathrm{O_2}$ が次に反応機構に従うとして，

$\mathrm{N_2O_5} \underset{k_b}{\overset{k_f}{\rightleftharpoons}} \mathrm{NO_2} + \mathrm{NO_3}$

$\mathrm{NO_3} + \mathrm{NO_2} \longrightarrow \mathrm{NO} + \mathrm{NO_2} + \mathrm{O_2}$（速度定数 k_2）

$\mathrm{NO_3} + \mathrm{NO} \longrightarrow 2\,\mathrm{NO_2}$（速度定数 k_3）

定常状態近似を用いて，速度式を導け．

190 ページの演習問題に進み，この章のいくつかのテーマの解説や例題，練習問題で学んだ概念や問題解決戦略を使い，正解を目指して挑戦してほしい．解答は本書の巻末に掲載し，詳細な解答は化学同人のホームページでみることができる．

https://www.kagakudojin.co.jp/book/b590150.html

6 電気化学

電解質とは，溶解するとその成分イオンに解離する物質で，その結果，電解質を含む溶液が電気を流すようになる．電解質の伝導度は，物質により異なる．小さなイオンは，大きなイオンよりも大きな伝導度をもつ傾向がある．溶液中のイオンの総数により，全体の伝導度が決まってくる．イオン-イオン相互作用は，電解質の振舞いに影響し，分子種の電気化学列[†1]での位置は，溶液の反応性に影響する．

†1 訳者注
電気化学列は，イオン化列もしくはイオン化傾向ともよばれる．

電気化学プロセスでは，電子の交換も行われる．**酸化**（oxidation）は電子を失う過程であり，**還元**（reduction）は電子を得る過程である．本章では，静電相互作用，活量，イオン強度，デバイ・ヒュッケルの理論，伝導度，化学電池，ネルンストの式，およびファラデーの法則を取りあげる．

6.1 静電相互作用

クーロンの法則（Coulomb's law）は，溶液中のイオン間に働く力が溶媒の種類とイオン間距離により，どのような影響を受けるかを示している．

➔比誘電率の値は溶媒ごとに異なり，その値はデータブックや教科書から得ることができる．水は電解質の良溶媒で，その比誘電率は 78.54 である．

$$F = \frac{q_{\mathrm{Na^+}} q_{\mathrm{Cl^-}}}{4\pi\varepsilon_0\varepsilon_{\mathrm{R}} r^2}$$

ここで，

- F は力（N）
- $q_{\mathrm{Na^+}}$ はナトリウム陽イオンの電荷（C）
- $q_{\mathrm{Cl^-}}$ は塩化物陰イオンの電荷（C）
- ε_0 は真空の**誘電率**（permittivity）（$8.854 \times 10^{-12}\ \mathrm{C^2\ N^{-1}\ m^{-2}}$）
- ε_{R} は溶媒の**比誘電率**（dielectric constant）[†2]（無次元量）
- r はイオン間距離（m）

†2 訳者注
dielectric constant には，比誘電率と誘電率の両方の意味がある．ここでは，無次元量とあるので，比誘電率の意味である．比誘電率は，物質の誘電率と真空の誘電率の比である．また，陽イオンは**カチオン**（cation），陰イオンは**アニオン**（anion）という．

例題 6.1A

(a) 真空中，および (b) 水中で 2.0 nm 離れている一対のイオン，Na^+

と Cl^- の間に働く力を計算せよ．また，その大きさや力の符号（正か負か）について説明をせよ．

解き方

力を求めるため，クーロンの法則を使う．

$$F=\frac{q_{Na^+}q_{Cl^-}}{4\pi\varepsilon_0\varepsilon_R r^2}$$

陽イオンと陰イオンの電荷は，それぞれ 1.602×10^{-19} C と -1.602×10^{-19} C であり，水の比誘電率は 78.54 である．

真空中，

$$F=\frac{q_{Na^+}q_{Cl^-}}{4\pi\varepsilon_0\varepsilon_R r^2}$$

$$=\frac{(1.602\times10^{-19}\,\mathrm{C})\times(-1.602\times10^{-19}\,\mathrm{C})}{4\times3.142\times(8.854\times10^{-12}\,\mathrm{C^2\,N^{-1}\,m^{-2}})\times(2.0\times10^{-9}\,\mathrm{m})^2}$$

$$F=-5.8\times10^{-11}\,\mathrm{N}$$

➡ 1 価の陽イオンと陰イオンの電荷は電子の電荷と同じである．陽イオンは正電荷をもち，陰イオンは負電荷をもつ．本書では，SI 単位を使う．真空の比誘電率は 1 である．

水中，

$$F=\frac{q_{Na^+}q_{Cl^-}}{4\pi\varepsilon_0\varepsilon_R r^2}$$

$$=\frac{(1.602\times10^{-19}\,\mathrm{C})\times(-1.602\times10^{-19}\,\mathrm{C})}{4\times3.142\times(8.854\times10^{-12}\,\mathrm{C^2\,N^{-1}\,m^{-2}})\times(78.54)\times(2.0\times10^{-9}\,\mathrm{m})^2}$$

$$F=-7.3\times10^{-13}\,\mathrm{N}$$

➡ 水の比誘電率は 78.54 である．比誘電率が大きくなるほど，イオン間に働く力は小さくなる．

イオン間に働く力は，真空中に比べ水中では小さくなる．逆の電荷をもつイオンどうしは，互いに引き合う．力が負であることは，引力が働くことを示している．

練習問題 6.1

(a) 真空中および (b) エタノール中で 5.0 nm 離れている一対のイオン，K^+ と Br^- の間に働く力を計算せよ．また，その大きさや力の符号（正か負か）について説明をせよ．エタノールの比誘電率は 24.3 である．

6.2 活 量

電解質の活量，a_{+-} は，次式で与えられる．

$$a_{+-}=(a_{\pm})^{\nu}$$

ここで，

- a_{+-} は電解質の活量（無次元量）

➡ 電解質の活量に使用される表記，a_{+-} とイオンの平均活量の表記，$a_{\pm}$ が似ていることに気をつけないといけない．これらの表記を混同して使わないように注意せよ．

- $a_{\pm}$はイオンの平均活量（無次元量）
- νは電解質分子当たりのイオンの総数（無次元量）

イオンの平均活量，$a_{\pm}$は次式で与えられる．

$$a_{\pm} = \gamma_{\pm} m_{\pm}$$

ここで，

- $a_{\pm}$はイオンの平均活量（無次元量）
- $\gamma_{\pm}$はイオンの平均活量係数（無次元量）
- $m_{\pm}$はイオンの平均質量モル濃度（無次元量，平均質量モル濃度 mol kg^{-1} を，1 mol kg^{-1} でわることで求められる）

➡「幾何平均をとる」とは，ある特定の数学演算を行うときに使われる言葉である．たとえば，二つの数に注目してそれらをかけ合わせ，平方根をとる演算であり，三つの数に注目するときは，全部の数をかけ合わせ，3乗根をとる演算となる．

イオンの平均質量モル濃度は，個々のイオンの質量モル濃度の幾何平均であることに注意する必要がある．次式により求める．

$$m_{\pm} = [(m_{+})^{\nu^{+}}(m_{-})^{\nu^{-}}]^{1/\nu}$$

ここで，

- $m_{\pm}$はイオンの平均質量モル濃度（無次元量，平均質量モル濃度 mol kg^{-1} を，1 mol kg^{-1} でわることで求められる）
- m_{+} は陽イオンの質量モル濃度（mol kg^{-1}）
- m_{-} は陰イオンの質量モル濃度（mol kg^{-1}）
- ν^{+} は陽イオンの数（無次元量）
- ν^{-} は陰イオンの数（無次元量）
- νはイオンの総数，つまり$\nu = (\nu^{+}) + (\nu^{-})$（無次元量）

例題 6.2A

質量モル濃度，m，である NaCl のような 1：1 電解質について，溶解したときに生じるイオンの数を考えて活量を求めることができる．質量モル濃度は，次式のようになる．

$$NaCl \longrightarrow Na^{+} + Cl^{-}$$
$$a_{+-} = (a_{\pm})^{\nu}$$

ここで，

- a_{+-} は電解質の活量（無次元量）
- $a_{\pm}$はイオンの平均活量（無次元量）
- νは電解質分子当たりのイオンの総数（無次元量）

a_{+-}，電解質の活量が求めようとしている項である．ここで $a_{\pm} = \gamma_{\pm} m_{\pm}$ であり，$\nu = 2$ である．これらの数を代入して，

$$a_{\mathrm{NaCl}} = (\gamma_{\pm} m_{\pm})^{2}$$

$m_{\pm} = [(m_{+})^{\nu^{+}}(m_{-})^{\nu^{-}}]^{1/\nu}$ で置換して，

$$a_{\mathrm{NaCl}} = (\gamma_{\pm}[(m_{+})^{\nu^{+}}(m_{-})^{\nu^{-}}]^{1/\nu})^{2}$$

ここで，$\nu^+ = 1$，$\nu^- = 1$，$\nu = 2$，$m_+ = m_- = m$ を上の式に代入して，

$$a_{\mathrm{NaCl}} = (\gamma_\pm[(m)^1(m)^1]^{1/2})^2$$

式を簡単にして，

$$a_{\mathrm{NaCl}} = (\gamma_\pm m)^2$$

あるいは，

$$a_{\mathrm{NaCl}} = \gamma_\pm^2 m^2$$

ここで，

- a_{NaCl} はイオンの平均活量（無次元量）
- $\gamma_\pm$ はイオンの平均活量係数（無次元量）
- m はイオンの平均質量モル濃度（無次元量，平均質量モル濃度 $\mathrm{mol\,kg^{-1}}$ を，$1\ \mathrm{mol\,kg^{-1}}$ でわることで求められる）

➡ m は電解質の質量モル濃度である．NaCl では，陽イオンの質量モル濃度は陰イオンの質量モル濃度と等しく，電解質の質量モル濃度，m，と等しくなることに注意すること．

例題 6.2B

質量モル濃度，m，である $CaCl_2$ のような 1：2 電解質について溶解したときに生じるイオンの数を考えて活量を求めることができる．質量モル濃度は，次式のようになる．

$$CaCl_2 \longrightarrow Ca^{2+} + 2\,Cl^-$$

$$a_{+-} = (a_\pm)^\nu$$

ここで，$a_\pm = \gamma_\pm m_\pm$，$\nu = 3$ であり，上の式に代入すると，

$$a_{\mathrm{CaCl_2}} = (a_\pm)^3 = (\gamma_\pm m_\pm)^3$$

$m_\pm = [(m_+)^{\nu^+}(m_-)^{\nu^-}]^{1/\nu}$ で置換して，

$$a_{\mathrm{CaCl_2}} = (\gamma_\pm[(m_+)^{\nu^+}(m_-)^{\nu^-}]^{1/\nu})^3$$

ここで，$\nu^+ = 1$，$\nu^- = 2$，$\nu = 3$ および $m_+ = m$，$m_- = 2\,m$ を上の式に代入して，

$$a_{\mathrm{CaCl_2}} = (\gamma_\pm \times [(m)^1(2\,m)^2]^{1/3})^3$$

式を簡単にして，

$$a_{\mathrm{CaCl_2}} = \gamma_\pm{}^3 \times 4\,m^3$$

となる．

➡ m は電解質の質量モル濃度である．$CaCl_2$ では，陽イオンの質量モル濃度は電解質の質量モル濃度と等しく，一方，陰イオンの質量モル濃度は電解質の質量モル濃度の 2 倍となることに注意すること．

❓ 練習問題 6.2

(a) 平均活量係数が 0.902 の $1.00 \times 10^{-2}\ \mathrm{mol\,kg^{-1}}$ の KCl 溶液の活量を求めよ．

(b) 平均活量係数が 0.732 の $1.00 \times 10^{-2}\ \mathrm{mol\ kg^{-1}}$ の $CaCl_2$ 溶液の活量を求めよ.
(c) $0.100\ \mathrm{mol\ kg^{-1}}$ の $CaCl_2$ 水溶液の平均活量係数は，298 K で 0.524 である．以下の数を計算せよ.
i．平均質量モル濃度　ii．イオンの平均活量　iii．物質の活量

6.3 イオン強度

電解質のイオン強度は次式で定義される.

$$I = \frac{1}{2}\sum_{i} m_i z_i^2$$

ここで，I はイオン強度（$\mathrm{mol\ kg^{-1}}$），m_i はイオンの質量モル濃度（$\mathrm{mol\ kg^{-1}}$），z_i はイオンの価数（無次元量）である.

➲ここで，Σ は「合計」を表す記号である．この場合は，溶液中の各イオンの $m_i z_i^2$ を求め，その値を合計することを意味している．イオン強度は，この求めた値の半分になる.

例題 6.3A

$0.2\ \mathrm{mol\ kg^{-1}}$ の $CuSO_4$ 水溶液のイオン強度を計算せよ.

解き方

電解質は，以下のようにその成分のイオンに分かれる.

$$CuSO_4 \longrightarrow Cu^{2+} + SO_4^{2-}$$

溶液中の，各イオンの質量モル濃度は電解質の質量モル濃度と同じで，$0.2\ \mathrm{mol\ kg^{-1}}$ になる．イオン強度は，以下のように定義されている.

$$I = \frac{1}{2}\sum_{i} m_i z_i^2$$

ここで，

- I はイオン強度（$\mathrm{mol\ kg^{-1}}$）
- m_i はイオンの質量モル濃度（$\mathrm{mol\ kg^{-1}}$）
- z_i はイオンの価数（無次元量）

$$I = \frac{1}{2}\sum_{i} m_i z_i^2$$

$$I = \frac{1}{2}\left[(0.2\ \mathrm{mol\ kg^{-1}}) \times (+2)^2 + (0.2\ \mathrm{mol\ kg^{-1}}) \times (-2)^2\right]$$

$$I = \frac{1}{2}\left[(0.2\ \mathrm{mol\ kg^{-1}}) \times (+4) + (0.2\ \mathrm{mol\ kg^{-1}}) \times (+4)\right]$$

$$I = \frac{1}{2}\left[(0.8\ \mathrm{mol\ kg^{-1}}) + (0.8\ \mathrm{mol\ kg^{-1}})\right] \qquad I = \frac{1}{2}(1.6\ \mathrm{mol\ kg^{-1}})$$

$$I = 0.8\ \mathrm{mol\ kg^{-1}}$$

➲$CuSO_4$ のイオン強度は，その質量モル濃度に比べてかなり大きくなる.

例題 6.3B

$0.2\ \mathrm{mol\ kg^{-1}}$ の NaCl 水溶液のイオン強度を計算せよ.

解き方

電解質は，以下のようにその成分のイオンに分かれる.

$$\mathrm{NaCl} \longrightarrow \mathrm{Na^+} + \mathrm{Cl^-}$$

溶液中の各イオンの質量モル濃度は電解質の質量モル濃度と同じで，$0.2\ \mathrm{mol\ kg^{-1}}$ になる.

イオン強度は，以下のように定義されている.

$$I = \frac{1}{2}\sum_i m_i z_i^2$$

$$I = \frac{1}{2}\left[(0.2\ \mathrm{mol\ kg^{-1}}) \times (+1)^2 + (0.2\ \mathrm{mol\ kg^{-1}}) \times (-1)^2\right]$$

$$I = \frac{1}{2}\left[(0.2\ \mathrm{mol\ kg^{-1}}) \times (+1) + (0.2\ \mathrm{mol\ kg^{-1}}) \times (+1)\right]$$

$$I = \frac{1}{2}\left[(0.2\ \mathrm{mol\ kg^{-1}}) + (0.2\ \mathrm{mol\ kg^{-1}})\right]$$

$$I = \frac{1}{2}\left[(0.4\ \mathrm{mol\ kg^{-1}})\right] \qquad I = 0.2\ \mathrm{mol\ kg^{-1}}$$

➡ NaCl のイオン強度は，その質量モル濃度と同じ値となる.

練習問題 6.3

(a) $0.2\ \mathrm{mol\ kg^{-1}}$ の $\mathrm{Na_2SO_4}$ 水溶液のイオン強度を計算せよ.

(b) $0.30\ \mathrm{mol\ kg^{-1}}$ の $\mathrm{Na_2SO_4}$ と $0.40\ \mathrm{mol\ kg^{-1}}$ の $\mathrm{CuSO_4}$ からなる水溶液のイオン強度を計算せよ.

6.4 デバイ・ヒュッケルの極限法則

低濃度，25 ℃での電解質水溶液の平均活量係数は，以下の**デバイ・ヒュッケルの極限法則**（Debye–Hückel limiting law）により求めることができる.

$$\log_{10}\gamma_{\pm} = -0.509\,|z_+ z_-|\,I^{1/2}$$

ここで，

- $\gamma_{\pm}$ は電解質の平均活量係数（無次元量）
- z_+ と z_- は，それぞれ陽イオンと陰イオンの価数（無次元量）
- I は電解質のイオン強度（無次元量，平均質量モル濃度 $\mathrm{mol\ kg^{-1}}$ を $1\ \mathrm{mol\ kg^{-1}}$ でわることで求められる）

➡ 0.509 は，298 K の水溶液の場合の数値であること，$|z_+z_-|$ は使われた電解質の陽イオンと陰イオンの電荷をかけ合わせた数値であることに注意が必要である．この数値は，絶対値であるので符号に関係なく単なる数値となる.

例題 6.4A

イオン強度 $0.0500\ \mathrm{mol\ kg^{-1}}$ の NaCl 水溶液の活量係数を求めよ.

解き方

電解質は，次のように電離する．

$$\mathrm{NaCl} \longrightarrow \mathrm{Na^+} + \mathrm{Cl^-}$$

ここで，$z_+ = 1$，$z_- = -1$ であり，$|1 \times -1| = 1$ となり，

$$\log_{10}\gamma_\pm = -0.509|z_+z_-|I^{1/2}$$
$$\log_{10}\gamma_\pm = -0.509 \times |1 \times 1| \times 0.0500^{1/2}$$
$$\log_{10}\gamma_\pm = -0.509 \times 1 \times 0.0500^{1/2}$$
$$\log_{10}\gamma_\pm = -0.509 \times 1 \times 0.224 \qquad \log_{10}\gamma_\pm = -0.114$$
$$\gamma_\pm = 10^{-0.114} \qquad \gamma_\pm = 0.769$$

➡平方根をとるのは最後の項（イオン強度）だけであることと，$\log_{10}x = y$ なら $x = 10^y$ となることに注意すること．

例題 6.4B

イオン強度 0.0400 mol kg^{-1} の $\mathrm{ZnCl_2}$ 水溶液の活量係数を求めよ．

解き方

電解質は，次のように電離する．

$$\mathrm{ZnCl_2} \longrightarrow \mathrm{Zn^{2+}} + 2\,\mathrm{Cl^-}$$

ここで，$z_+ = 2$，$z_- = -1$ であり，$|2 \times -1| = 2$ となり，

$$\log_{10}\gamma_\pm = -0.509|z_+z_-|I^{1/2}$$
$$\log_{10}\gamma_\pm = -0.509 \times |2 \times -1| \times 0.0400^{1/2}$$
$$\log_{10}\gamma_\pm = -0.509 \times 2 \times 0.0400^{1/2}$$
$$\log_{10}\gamma_\pm = -0.509 \times 2 \times 0.200 \qquad \log_{10}\gamma_\pm = -0.204$$
$$\gamma_\pm = 10^{-0.204} \qquad \gamma_\pm = 0.626$$

➡平方根をとるのは最後の項（イオン強度）だけであることと，$\log_{10}x = y$ なら $x = 10^y$ となることに注意すること．

練習問題 6.4

(a) イオン強度 0.0900 mol kg^{-1} の $\mathrm{Na_2SO_4}$ 水溶液の活量係数を求めよ．

(b) イオン強度 0.0200 mol kg^{-1} の KCl 水溶液の活量係数を求めよ．

6.5 伝導率

溶液中のイオンの数や種類は，電解質の伝導率†に影響を与える．個々の電解質は，固有のモル伝導率，Λ_m をもっている．

$$\Lambda_\mathrm{m} = \frac{\kappa}{c}$$

ここで，

† 訳者注
conductivity を，本書では伝導率としているが，導電率としている教科書もある．どちらの訳語も使われるので，両方を覚えておくほうがよい．

➡伝導率の SI 単位はジーメンス（S）である．ここで，1 S = 1 Ω^{-1} である．

- Λ_m はモル伝導率（$S\,m^2\,mol^{-1}$）
- κ は伝導率（$S\,m^{-1}$）
- c は電解質濃度（$mol\,m^{-3}$）

電解質溶液を希釈していくと，そのモル伝導率，Λ_m，は増加し，極限モル伝導率，Λ_m^0，とよばれる極限値に近づく．強電解質のモル伝導率は濃度により変化し，この変化は**コールラウシュの法則**（Kohlrausch's law）に従う．

$$\Lambda_m = \Lambda_m^0 - \kappa c^{1/2}$$

ここで，

- Λ_m はモル伝導率（$S\,m^2\,mol^{-1}$）
- Λ_m^0 は極限モル伝導率（$S\,m^2\,mol^{-1}$）
- κ は定数〔$S\,m^2\,mol^{-1}/(mol\,m^{-3})^{1/2}$〕
- c は電解質濃度（$mol\,m^{-3}$）

この式は直線，$y = mx + c$ の式の形をとっている．この式を，次のように変形するとみやすくなる．

$$\Lambda_m = -\kappa c^{1/2} + \Lambda_m^0$$

極限モル伝導率，Λ_m^0（y 切片 c）は，$c^{1/2}$（x 軸）に対し Λ_m（y 軸）をプロットしたグラフにより求めることができる．グラフを濃度 0（無限希釈）まで外挿すると Λ_m^0 を得ることができる．陰イオンと陽イオンは，次式のように極限モル伝導率に寄与していることがわかる．

$$\Lambda_m^0 = n_+\lambda_0^+ + n_-\lambda_0^-$$

ここで，

- Λ_m^0 は極限モル伝導率（$S\,m^2\,mol^{-1}$）
- n_+ は電解質 1 分子当たりの陽イオン数
- λ_0^+ は陽イオンの極限モル伝導率（$S\,m^2\,mol^{-1}$）
- n_- は電解質 1 分子当たりの陰イオン数
- λ_0^- は陰イオンの極限モル伝導率（$S\,m^2\,mol^{-1}$）

弱酸のモル伝導率も濃度により変化するが，その変化は強電解質のときよりも複雑である．これは，電離度（α）が濃度が高くなると減少することによる．よって，コールラウシュの法則は，強電解質にのみ使うことができる．弱電解質の電離度（α）は，次式のように極限モル伝導率（Λ_m^0）に対するモル伝導率の比で与えられる．

$$\alpha = \frac{\Lambda_m}{\Lambda_m^0}$$

➔強電解質は，完全にイオンに電離する電解質である．モル伝導率は，濃度の増加により減少する．これは，電荷をもつイオン間に働く長距離の静電相互作用の効果によるものである．濃度が増加すると，濃度に対する伝導率のグラフは直線から外れていく．

➔弱電解質は，部分的にイオンに電離する電解質である．電離度が濃度により変化するために，モル伝導率は濃度が増加すると減少するが，その変化は非線形になる．また電離度の変化は，濃度が増加すると減少する傾向にある．

例題 6.5A

次のデータを使い，298 K での硝酸銀の極限モル伝導率（Λ_m^0）を $S\ cm^2\ mol^{-1}$ 単位で求めよ．

c/mol dm^{-3}	0.001	0.01	0.10
Λ_m/S m^2 mol^{-1}	130.5×10^{-4}	124.8×10^{-4}	109.1×10^{-4}

硝酸イオンの 298 K，無限希釈でのモル伝導率は 71.4×10^{-4} S m^2 mol^{-1} で与えられており，銀イオンの 298 K，無限希釈でのモル伝導率を S cm^2 mol^{-1} 単位で求めよ．

解き方

$c^{1/2}$ に対し，モル伝導率のグラフを描き，直線を無限希釈まで外挿する．伝導率の SI 単位は S m^2 mol^{-1} である．しかし問題は，解答を S cm^2 mol^{-1} 単位で答えるように求めている．そこで，1 m^2 は 10 000 cm^2 であるので，モル伝導率の値を 10 000 倍し，以下の表を作成する．

c/mol dm^{-3}	0.001	0.01	0.10
$c^{1/2}$/mol$^{1/2}$ dm$^{-3/2}$	0.032	0.10	0.32
Λ_m/S m^2 mol^{-1}	130.5×10^{-4}	124.8×10^{-4}	109.1×10^{-4}
Λ_m/S cm^2 mol^{-1}	130.5	124.8	109.1

このデータに線形近似を使う（この近似で得られた式は，図 6.1 のグラフに示されている）．y 切片が極限モル伝導率の値であり，132.6 S cm^2 mol^{-1} である．

陰イオンも陽イオンも，次式のように極限モル伝導率に寄与している．

$$\Lambda_m^0 = n_+\lambda_0^+ + n_-\lambda_0^-$$

ここで，

- Λ_m^0 は極限モル伝導率（S m^2 mol^{-1}）
- n_+ は電解質 1 分子当たりの陽イオン数

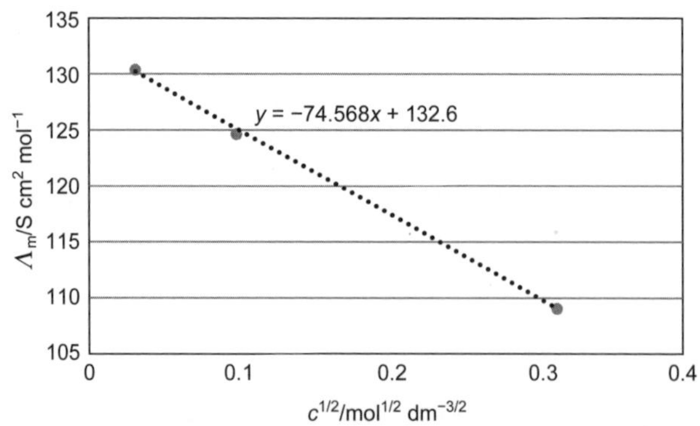

図 6.1 硝酸銀水溶液の $c^{1/2}$ に対するモル伝導率，Λ_m，のグラフ

➔ここで使われている単位は，違う形で使うこともできる（たとえば S cm^2 mol^{-1} のように）が，同じ変数は同じ単位でなければならない†．

†訳者注
側注への追加：変数の単位を変えることは可能であるが，変えた場合，その変数の単位はすべて同じ単位としなければならないということである．言い換えれば，λ_0^+ の単位を S cm^2 mol^{-1} とすると，λ_0^- の単位も S cm^2 mol^{-1} としなければならないということである．

- λ_0^+ は陽イオンの極限モル伝導率（$S\ m^2\ mol^{-1}$）
- n_- は電解質 1 分子当たりの陰イオン数
- λ_0^- は陰イオンの極限モル伝導率（$S\ m^2\ mol^{-1}$）

よって銀イオンの極限モル伝導率はこの式を変形し，わかっている値を代入して求めることができる．

$$\Lambda_m^0 = \lambda_0^+ \lambda_0^- \qquad \Lambda_m^0 - \lambda_0^- = \lambda_0^+$$

$$132.6\ S\ cm^2\ mol^{-1} - 71.4\ S\ cm^2\ mol^{-1} = 61.2\ S\ cm^2\ mol^{-1}$$

銀イオンの極限モル伝導率は $61.2\ S\ cm^2\ mol^{-1}$ である．

➡この問題では，電解質 1 分子当たりの陽イオン数は 1 であり，電解質 1 分子当たりの陰イオン数も 1 である．よってイオン数の影響がなくなり，これらの項は計算式に現れていない．

練習問題 6.5

次のデータを使い，298 K での塩化カリウムの極限モル伝導率（Λ_m^0）を求めよ．

c/mol dm^{-3}	0.001	0.01	0.10
Λ_m/S m^2 mol^{-1}	147.0	141.3	129.0

塩化物イオンの 298 K，無限希釈でのモル伝導率は $76.4\ S\ cm^2\ mol^{-1}$ で与えられており，カリウムイオンの 298 K，無限希釈でのモル伝導率を求めよ．

例題 6.5B

酢酸ナトリウムのモル伝導率は下の表のように濃度により変化する．

c/mol dm^{-3}	0	0.001	0.01	0.10
Λ_m/S cm^2 mol^{-1}	91.0	88.5	83.8	72.8

各濃度での電離度を求めよ．

解き方

電解質の電離度（α）は，極限モル伝導率に対するモル伝導率の比で与えられる．

$$\alpha = \frac{\Lambda_m}{\Lambda_m^0}$$

ここで，

- α は電離度（無次元量）
- Λ_m はモル伝導率（$S\ m^2\ mol^{-1}$）
- Λ_m^0 は極限モル伝導率（$S\ m^2\ mol^{-1}$）

$$0.001\ mol\ dm^{-3}\ では，\alpha = \frac{\Lambda_m}{\Lambda_m^0} = \frac{88.5\ S\ cm^2\ mol^{-1}}{91.0\ S\ cm^2\ mol^{-1}} = 0.973$$

$$0.01\ mol\ dm^{-3}\ では，\alpha = \frac{\Lambda_m}{\Lambda_m^0} = \frac{83.8\ S\ cm^2\ mol^{-1}}{91.0\ S\ cm^2\ mol^{-1}} = 0.921$$

➡ここで使われている単位は $S\ cm^2\ mol^{-1}$ で表すこともできるが，同じ変数は同じ単位でなければならない†．

†訳者注

側注への追加：変数の単位を変えることは可能であるが，変えた場合，その変数の単位はすべて同じ単位としなければならないということである．言い換えれば，Λ_m の単位を $S\ cm^2\ mol^{-1}$ とすると，Λ_m^0 の単位も $S\ cm^2\ mol^{-1}$ としなければならないということである．

0.1 mol dm^{-3} では，$\alpha = \dfrac{\Lambda_m}{\Lambda_m^0} = \dfrac{72.8\ \mathrm{S\ cm^2\ mol^{-1}}}{91.0\ \mathrm{S\ cm^2\ mol^{-1}}} = 0.800$

練習問題 6.6

酢酸のモル伝導率は，下の表のように濃度により変化する．

c/mol dm^{-3}	0	0.001	0.01	0.10
Λ_m/S cm^2 mol^{-1}	390.7	48.7	16.2	5.00

各濃度での電離度を求めよ．

6.6 化学電池

標準電極電位，$E^\ominus$は，298 K での半反応に定められている．その半反応では，すべてのイオンの活量が 1 mol dm^{-3} であり，すべての気体の圧力が 1 bar であり，すべての固体が最も安定な形である．以下のプロトン（水素イオン）の還元を表す半反応の電位は，298 K で 0 と定義されている．

$$H^+(aq) + e^- \longrightarrow \frac{1}{2} H_2(g)$$

電気化学列は，標準電極電位の大きさの順番に半反応をリスト化したものである[†1]．このリストでは，プロトンの還元よりも容易に進行する反応には正の値となり，プロトンの還元よりも進みにくい反応には負の値となっている．標準電極電位は，**標準水素電極**（standard hydrogen electrode：SHE もしくは normal hydrogen electrode：NHE）の電位に対しての相対値であり，反応物と生成物が標準状態にあるときに用いられる．

†1 訳者注
電気化学列の半反応は，すべて還元反応で表されている．

半反応の標準ギブズエネルギー，$\Delta_r G^\ominus$，は以下の式で与えられる．

$$\Delta_r G^\ominus = -nFE^\ominus$$

ここで，

- $\Delta_r G^\ominus$は，標準ギブズエネルギー（J mol^{-1}）
- n は，反応で移動する電子数（無次元量）
- F は，ファラデー定数（96 485 C mol^{-1}）
- $E^\ominus$は，標準電極電位（V）

1 V = 1 J C^{-1} である．これは，単位を適切に消せばわかる[†2]．

†2 訳者注
このことは，両辺の単位を比較するとよくわかる．
J mol^{-1} = C mol^{-1} V なので，mol^{-1} が両辺から消える．

ガルバニ電池は，二つの半反応が一対となって進む自発的な反応により電気を生む電池の一つである（化学エネルギー ⟶ 電気エネルギー）．この種の電池の利用例として，ダニエル電池とルクランシュ電池がある．

化学電池では，酸化は**アノード**（anode）とよばれる電極で起こり，還元は**カソード**（cathode）とよばれる電極で起こる．ガルバニ電池[†1(次ページ)]を表示する際には，酸化反応は左に，還元反応は右に書く．相の境界は

1本の縦線で示し，二つの半電池は2本の縦線で分けられる．

どの電極の組合せでつくられる電池についても，その標準電極電位を次の式により計算することができる．

$$E^{\ominus}_{\mathrm{Cell}} = E^{\ominus}_{\mathrm{A}} + E^{\ominus}_{\mathrm{C}}$$

ここで，

- $E^{\ominus}_{\mathrm{Cell}}$ は，標準起電力（V）
- $E^{\ominus}_{\mathrm{A}}$ は，アノードでの酸化反応の標準電極電位（V）
- $E^{\ominus}_{\mathrm{C}}$ は，カソードでの還元反応の標準電極電位（V）

電池反応全体の標準ギブズエネルギー，$\Delta_r G^{\ominus}$，は，二つの半電池反応の $\Delta_r G^{\ominus}$ の差，もしくは次の式で与えられる[†2]．

$$\Delta_r G^{\ominus} = -nFE^{\ominus}_{\mathrm{Cell}}$$

ここで，

- $\Delta_r G^{\ominus}$ は，標準ギブズエネルギー（$\mathrm{J\ mol^{-1}}$）
- n は，反応で移動する電子数（無次元量）
- F は，ファラデー定数（$96\,485\ \mathrm{C\ mol^{-1}}$）
- $E^{\ominus}_{\mathrm{Cell}}$ は，標準起電力（V）

電池反応のギブズエネルギー，もしくは標準起電力がわかれば，平衡定数を以下の式により求めることができる．

$$\ln K = \frac{-\Delta_r G^{\ominus}}{RT} = \frac{nFE^{\ominus}_{\mathrm{Cell}}}{RT}$$

ここで，

- K は平衡定数（無次元）
- R は気体定数（$8.314\ \mathrm{J\ K^{-1}\ mol^{-1}}$）
- T は温度（K）

以下のうような，標準状態での平衡反応について，

「酸化状態の分子種（酸化形）」[†3] ＋ e^- ＝「還元状態の分子種（還元形）」[†4]

酸化状態および還元状態の分子種（酸化形）の相対活量の値により，起電力が変る．これらの分子種の濃度が $1\ \mathrm{mol\ dm^{-3}}$ でない場合は，平衡起電力，E_e，は，以下の**ネルンストの式**（Nernst equation）により求めることができる．

$$E_e = E^{\ominus} + \frac{RT}{nF}\ln\frac{a_{\text{酸化形}}}{a_{\text{還元形}}}$$

ここで，$a_{\text{酸化形}}$ は酸化形の活量（無次元量）であり，$a_{\text{還元形}}$ は還元形の活

†1 訳者注
ガルバニ電池とは，異なる種類の電気伝導相が直列につながった形式をもつ電池であり，その相の一つはイオン伝導体である．ボルタ電池やダニエル電池は，ガルバニ電池の一種である．ダニエル電池をここで説明されている表記法（電池式）で表すと，次のようになる．Zn|$ZnSO_4$||$CuSO_4$|Cu

†2 訳者注
この文では同じ $\Delta_r G^{\ominus}$ という記号が使われているが，二つの意味が異なっていることに注意．前は電池反応の $\Delta_r G^{\ominus}$，後は各半電池反応の $\Delta_r G^{\ominus}$ である．

➡この式で示される電池の標準起電力を求める計算法では，アノード反応（酸化反応）の電位に負の符号をつけることに注意すること．

†3 訳者注
酸化されており，酸化体ともいう．

†4 訳者注
還元されており，還元体ともいう．

➡化学種が標準状態であるなら活量は1となり，対数項は消え，E_e は $E^{\ominus}$ と同じ値となる．よって，$E^{\ominus}$ は標準起電力となる．

量（無次元量）である．

実際，使用中，温度も変化するが，通常，ある値に固定して考える．さらに，平衡起電力を求めるとき，通常，活量の代わりに濃度を使う．

$$E_e = E^{\ominus} + \frac{RT}{nF}\ln\frac{[\text{酸化形}]}{[\text{還元形}]}$$

電解槽では，電気エネルギー（電流もしくは電位）を投入することで自発的に進まない反応を起こすことができる．この電解の例として，次のようなものがある．電解メッキ，塩化ナトリウム電解工程（塩素と水酸化ナトリウム水溶液の製造法）やダウンズ法（Downs process，ナトリウム金属の製造法）．

電気分解における**ファラデーの法則**（Faraday's law）をどのように使うかを理解しておくと役に立つ．ファラデーの第一法則は，電極を通過した電気量（単位はクーロン，C）と電極から溶出，または電極上に析出する物質量との関係を示している．ファラデーの第二法則は，生成する生成物のモル数と反応で移動する電子のモル数との関係を示している．

例題 6.6A

半反応	$E^{\ominus}$/V
$Ag^+ + e^- \longrightarrow Ag$	+0.80
$Cl_2 + 2\,e^- \longrightarrow 2\,Cl^-$	+1.36

二つの半反応とその標準電極電位が左の表に示されている．これらの標準電極電位を使い，次の平衡は反応物，もしくは生成物のどちらに傾いているかを求め，さらに酸化される物質と還元される物質を特定せよ．

$$2\,Ag(s) + Cl_2(g) \rightleftharpoons 2\,AgCl(s)$$

解き方

標準電極電位 $E^{\ominus}(Cl_2/Cl^-)$ は，標準電極電位 $E^{\ominus}(Ag^+/Ag)$ よりも正で大きな値であるので，Cl_2 が Ag を Ag^+ に酸化し，自分自身は Cl^- に還元される．よって，反応は生成物側に偏っている．

例題 6.6B

半反応	$E^{\ominus}$/V
$Au^{3+} + 3\,e^- \longrightarrow Au$	+1.50
$Cu^{2+} + 2\,e^- \longrightarrow Cu$	+0.34

二つの半反応とその標準電極電位が左の表に示されている．これらの標準電極電位を使い，次の平衡は反応物，もしくは生成物のどちらに傾いているかを求め，さらに酸化される物質と還元される物質を特定せよ．

$$2\,Au(s) + 3\,CuCl_2(aq) \rightleftharpoons 2\,AuCl_3(aq) + 3\,Cu(s)$$

解き方

標準電極電位，$E^{\ominus}$（Au^{3+}/Au）は，標準電極電位，$E^{\ominus}$（Cu^{2+}/Cu）よりも正で大きな値であるので，Au^{3+} が Cu を Cu^{2+} に酸化し，自分自身は Au に還元される．よって，反応は反応物側に偏っている．

練習問題 6.7

(a) 二つの半反応とそれらの 298 K での標準電極電位が右の表に示されている.

これらの標準電極電位を使い，次の平衡は反応物，もしくは生成物のどちらに傾いているかを求め，さらに酸化される物質と還元される物質を特定せよ.

$$Ni(s) + CuCl_2(aq) \rightleftharpoons NiCl_2(aq) + Cu(s)$$

半反応	$E^{\ominus}$/V
$Ni^{2+} + 2\,e^- \longrightarrow Ni$	−0.25
$Cu^{2+} + 2\,e^- \longrightarrow Cu$	+0.34

(b) 二つの半反応とそれらの 298 K での標準電極電位が右の表に示されている.

これらの標準電極電位を使い，次の平衡は反応物，もしくは生成物のどちらに傾いているかを求め，さらに酸化される物質と還元される物質を特定せよ.

$$2\,FeCl_3(aq) + Cu(s) \rightleftharpoons 2\,FeCl_2(aq) + CuCl_2(aq)$$

半反応	$E^{\ominus}$/V
$Fe^{3+} + e^- \longrightarrow Fe^{2+}$	+0.77
$Cu^{2+} + 2\,e^- \longrightarrow Cu$	+0.34

(c) 二つの半反応とそれらの 298 K での標準電極電位が右の表に示されている.

これらの標準電極電位を使い，次の平衡は反応物，もしくは生成物のどちらに傾いているかを求め，さらに酸化される物質と還元される物質を特定せよ.

$$ZnCl_2(aq) + C(s) \rightleftharpoons CuCl_2(aq) + Zn(s)$$

半反応	$E^{\ominus}$/V
$Zn^{2+} + 2\,e^- \longrightarrow Zn$	−0.76
$Cu^{2+} + 2\,e^- \longrightarrow Cu$	+0.34

例題 6.6C

次の化学電池について考える.

$$Ag(s)\,|\,Ag^+(aq,\ 1.00\ mol\ dm^{-3})\,||\,Cl^-(aq,\ 1.00\ mol\ dm^{-3})\,|\,Cl_2(g,\ 1\ bar)\,|\,Pt(s)$$

電池は二つの半電池からできている．わかりやすくするため，アノードは左側に，カソードは右側に置かれる．アノードは銀電極で，1 mol dm^{-3} の銀イオンを含む水溶液中に浸漬されている．カソードは白金電極で，1 mol dm^{-3} の塩化物イオンを含む水溶液中に浸漬されている．カソード側の水溶液には，1 bar の圧力の塩素ガスが電極上に吹き込まれている†1．中央の縦の二重線は，二つの半電池をつなぐ塩橋を表しており，縦の 1 本線は相界面†2 を表している.

298 K での標準電極電位を右下の表に示す.

(a) $E_A^{\ominus}$ と $E_C^{\ominus}$ を求めよ．自発的に進む電池反応を表す式を書け.

(b) 標準起電力を求めよ.

(c) この反応の標準ギブズエネルギー変化を計算せよ.

(d) この電池反応の平衡定数を計算せよ.

➔金属電極は，電池式の最初と最後（左端と右端）に置かれる．アノードは左側である．カソードは右側である.

†1 訳者注
カソードへの塩素ガスの吹込みは，白金電極上に吹き込まれた塩素ガスの気泡が当たるような形になっている．このような状態をバブリングするということがよくある.

†2 訳者注
ここでいう相界面とは，電極と溶液の界面である.

半反応	$E^{\ominus}$/V
$Ag^+ + e^- \longrightarrow Ag$	+0.80
$Cl_2 + 2\,e^- \longrightarrow 2\,Cl^-$	+1.36

解き方

(a) 標準電極電位 $E^{\ominus}$ (Cl_2/Cl^-) は，標準電極電位 $E^{\ominus}$ (Ag^+/Ag) よりも正で大きな値であるので，Cl_2 は Cl^- に還元され，Ag は Ag^+ に酸化される．よって，銀電極がアノードで白金電極がカソードであることが確認された．各半反応が，表 6.1 にまとめられている．$E_A^{\ominus}$ は，銀の酸化還元対の標準電極電位である（符号は逆になっている），つまり −0.80 V で，$E_C^{\ominus}$ は塩素の酸化還元対の標準電極電位，つまり +1.36 V である．自発的に進む電池反応は，表 6.1 に示すように固体の塩化銀が生成する方向である．

表 6.1　例題 6.6C (a) の答えのまとめ

半反応	アノードまたはカソード	$E_A^{\ominus}$/V	$E_C^{\ominus}$/V
$Ag \longrightarrow Ag^+ + e^-$ 反応が逆方向になっていることに注意	アノード	−0.80 電位の符号に注意	
$Cl_2 + 2\,e^- \longrightarrow 2\,Cl^-$	カソード		+1.36
自発的な反応	$2\,Ag(s) + Cl_2(g) \longrightarrow 2\,AgCl(s)$		

(b) 起電力は以下のようになる．

$$E^{\ominus}_{Cell} = E_A^{\ominus} + E_C^{\ominus}$$
$$E^{\ominus}_{Cell} = (-0.80\ V) + (+1.36\ V) \qquad E^{\ominus}_{Cell} = +0.56\ V$$

(c) この反応で，移動する電子数は 2 であり，標準ギブズエネルギーは以下のようになる．

$$\Delta_r G^{\ominus} = -nFE^{\ominus}$$
$$\Delta_r G^{\ominus} = -2 \times (96\,485\ C\ mol^{-1}) \times (+0.56\ V)$$
$$\Delta_r G^{\ominus} = -11 \times 10^4\ J\ mol^{-1} \qquad \Delta_r G^{\ominus} = -110\ kJ\ mol^{-1}$$

➡ $1\ V = 1\ J\ C^{-1}$ である．よって，ギブズエネルギーの単位は $J\ mol^{-1}$ もしくは，$kJ\ mol^{-1}$ となる．自発的に進む反応のものなので，ギブズエネルギー変化の値は負になる．この値は，2 モルの銀もしくは 1 モルの塩素当たり $-110\ kJ\ mol^{-1}$ となる．

(d) 平衡定数は，以下のようになる．

$$\ln K = \frac{nFE^{\ominus}_{Cell}}{RT}$$
$$\ln K = \frac{2 \times (96\,485\ C\ mol^{-1}) \times (+0.56\ V)}{(8.314\ J\ K^{-1}\ mol^{-1}) \times (298\ K)}$$
$$K = e^{\frac{2 \times (96\,485\ C\ mol^{-1}) \times (+0.56\ V)}{(8.314\ J\ K^{-1}\ mol^{-1}) \times (298\ K)}}$$
$$K = 8.8 \times 10^{18}$$

➡ $1\ V = 1\ J\ C^{-1}$ である．よって，すべての単位が消えることに注意．K の値は，自発的に進むことからもわかるように，大きな値となることにも注意．

例題 6.6D

$1\ mol\ dm^{-3}$ の $CuSO_4$ 水溶液中に浸漬された銅電極を含む半電池が，$1\ mol\ dm^{-3}$ の $AuCl_3$ 水溶液中に浸漬された金電極を含む半電池と塩橋を介してつながっている．

298 K での標準電極電位が，左の表にまとめられている．

半反応	$E^{\ominus}$/V
$Au^{3+} + 3\,e^- \longrightarrow Au$	+1.50
$Cu^{2+} + 2\,e^- \longrightarrow Cu$	+0.34

(a) どちらがアノードで，どちらがカソードかを決め，化学電池全体の反応を表す電池式を書け．

(b) $E_A^{\ominus}$ と $E_C^{\ominus}$ を求めよ．自発的に進む電池反応を表す式を書け．

(c) 標準起電力を求めよ．

(d) この反応の，標準ギブズエネルギー変化を計算せよ．

(e) この電池反応の平衡定数を計算せよ．

解き方

(a) 標準電極電位，$E^{\ominus}$（Au^{3+}/Au）は，標準電極電位，$E^{\ominus}$（Cu^{2+}/Cu）よりも正で大きな値であるので，Au^{3+} は Au に還元され，Cu は Cu^{2+} に酸化される．よって，銅電極がアノードで金電極がカソードである．わかりやすくするため，アノードは左側に，カソードは右側に置くと，電池式は次のようになる．

$$Cu(s)\,|\,Cu^{2+}(aq,\ 1.00\ mol\ dm^{-3})\,\|\,Au^{3+}(aq,\ 1.00\ mol\ dm^{-3})\,|\,Au(s)$$

(b) 各半反応が，表 6.2 にまとめられている．$E_A^{\ominus}$ は，銅の酸化還元対の標準電極電位である（符号は逆になっている），つまり −0.34 V で，$E_C^{\ominus}$ は金の酸化還元対の標準電極電位，つまり +1.50 V である．自発的に進む電池反応は，表の下方に示すように固体の金が生成し銅が溶解する方向である．

(c) 起電力は以下のようになる．

$$E^{\ominus}_{Cell} = E_A^{\ominus} + E_C^{\ominus}$$

$$E^{\ominus}_{Cell} = (-0.34\ V) + (+1.50\ V) \qquad E^{\ominus}_{Cell} = +1.16\ V$$

1 V = 1 J C⁻¹ である．よって，ギブズエネルギーの単位は J mol⁻¹ もしくは kJ mol⁻¹ となることに注意．値が負であることは，自発的に進む反応であることを示している．この値は，2 モルの Au^{3+}，もしくは 3 モルの銅当たり −672 kJ mol⁻¹ となることにも注意．

(d) この反応で，移動する電子数は 6 であり，標準ギブズエネルギーは以下のようになる．

$$\Delta_r G^{\ominus} = -nFE^{\ominus}$$

$$\Delta_r G^{\ominus} = -6 \times (96\,485\ C\ mol^{-1}) \times (+1.16\ V)$$

$$\Delta_r G^{\ominus} = -672 \times 10^3\ C\ V\ mol^{-1} = -672\ kJ\ mol^{-1}$$

K の値は非常に大きいことに注意．ほとんどの電卓で，計算を行うのは難しく，最後の段階でエラーメッセージがでるであろう．

(e) 平衡定数は，以下のようになる．

$$\ln K = \frac{nFE^{\ominus}_{Cell}}{RT}$$

$$\ln K = \frac{6 \times (96\,485\ C\ mol^{-1}) \times (+1.16\ V)}{(8.314\ J\ K^{-1}\ mol^{-1}) \times (298\ K)}$$

$$K = e^{\frac{6 \times (96\,485\ C\ mol^{-1}) \times (+1.16\ V)}{(8.314\ J\ K^{-1}\ mol^{-1}) \times (298\ K)}}$$

$$K = 5.2 \times 10^{117}$$

1 V = 1 J C⁻¹ である．よって，すべての単位が消えることに注意．

表 6.2 例題 6.6D (b) の答えのまとめ

半反応	アノードまたはカソード	$E_A^\ominus$/V	$E_C^\ominus$/V
$3\,Cu \longrightarrow 3\,Cu^{2+} + 6\,e^-$ 反応が逆方向になっていることに注意	アノード	−0.34 電位の符号に注意	
$2\,Au^{3+} + 6\,e^- \longrightarrow 2\,Au$	カソード		+1.50
自発的な反応	$2\,Au^{3+}(aq) + 3\,Cu(s) \longrightarrow 2\,Au(s) + 3\,Cu^{2+}(aq)$		

練習問題 6.8

(a) 次の化学電池について考える.

$Zn(s)\,|\,Zn^{2+}(aq, 1.00\ mol\ dm^{-3})\,||$

$Cu^{2+}(aq, 1.00\ mol\ dm^{-3})\,|\,Cu(s)$

298 K での標準電極電位が左の表にまとめられている.

半反応	$E^\ominus$/V
$Zn^{2+} + 2\,e^- \longrightarrow Zn$	−0.76
$Cu^{2+} + 2\,e^- \longrightarrow Cu$	+0.34

i. $E_A^\ominus$ と $E_C^\ominus$ を求めよ. 自発的に進む電池反応を表す式を書け.

ii. 標準起電力を求めよ.

iii. この反応の標準ギブズエネルギー変化を計算せよ.

iv. この電池反応の平衡定数を計算せよ.

(b) 1 mol dm^{-3} の $NiSO_4$ 水溶液中に浸漬されたニッケル電極を含む半電池が, 1 mol dm^{-3} の $CuSO_4$ 水溶液中に浸漬された銅電極を含む半電池と塩橋を介してつながっている. 298 K での標準電極電位が左の表にまとめられている.

半反応	$E^\ominus$/V
$Ni^{2+} + 2\,e^- \longrightarrow Ni$	−0.25
$Cu^{2+} + 2\,e^- \longrightarrow Cu$	+0.34

i. どちらがアノードで, どちらがカソードかを決め, 化学電池全体の反応を表す電池式を書け.

ii. $E_A^\ominus$ と $E_C^\ominus$ を求めよ. 自発的に進む電池反応を表す式を書け.

iii. 標準起電力を求めよ.

iv. この反応の標準ギブズエネルギー変化を計算せよ.

v. この電池反応の平衡定数を計算せよ.

(c) 次の化学電池について考える.

$Cu(s)\,|\,Cu^{2+}(aq, 1.00\ mol\ dm^{-3})\,||$

$Fe^{3+}(aq, 1.00\ mol\ dm^{-3})\,|\,Fe^{2+}(aq, 1.00\ mol\ dm^{-3})\,|\,Pt(s)$

二つの半反応と 298 K での標準電極電位が左の表にまとめられている.

半反応	$E^\ominus$/V
$Fe^{2+} + e^- \longrightarrow Fe^{2+}$	+0.77
$Cu^{2+} + 2\,e^- \longrightarrow Cu$	+0.34

i. $E_A^\ominus$ と $E_C^\ominus$ を求めよ. 自発的に進む電池反応を表す式を書け.

ii. 標準起電力を求めよ.

iii. この反応の標準ギブズエネルギー変化を計算せよ.

iv. この電池反応の平衡定数を計算せよ.

例題 6.6E

0.03 mol dm^{-3} の酸化形と 0.03 mol dm^{-3} の還元形を含む溶液の標

準電極電位は，$T = 25$ ℃で $+0.65$ V であり，$n = 2$ である．平衡起電力を求めよ．

解き方

$$E_e = E^{\ominus} + \frac{RT}{nF}\ln\frac{[\text{酸化形}]}{[\text{還元形}]}$$

$$E_e = (+0.65\ \text{V}) + \left\{\frac{(8.314\ \text{J K}^{-1}\ \text{mol}^{-1}) \times (298\ \text{K})}{2 \times (96\,485\ \text{C mol}^{-1})} \times \ln\frac{[0.03]}{[0.03]}\right\}$$

$$E_e = +0.65\ \text{V}$$

➔ 1 V = 1 J C^{-1} である．よって，E_e の単位は $E^{\ominus}$ の単位と同じであることに注意．両分子種の濃度が等しいときは，E_e は $E^{\ominus}$ と同じ値になることにも注意．

例題 6.6F

0.06 mol dm^{-3} の酸化形と 0.03 mol dm^{-3} の還元形を含む溶液の標準電極電位は，$T = 25$ ℃で $+0.55$ V であり，$n = 2$ である．平衡起電力を求めよ．

解き方

$$E_e = E^{\ominus} + \frac{RT}{nF}\ln\frac{[\text{酸化形}]}{[\text{還元形}]}$$

$$E_e = (+0.55\ \text{V}) + \left\{\frac{(8.314\ \text{J K}^{-1}\ \text{mol}^{-1}) \times (298\ \text{K})}{2 \times (96\,485\ \text{C mol}^{-1})} \times \ln\frac{[0.06]}{[0.03]}\right\}$$

$$E_e = +0.56\ \text{V}$$

➔ 1 V = 1 J C^{-1} である．よって，E_e の単位は $E^{\ominus}$ の単位と同じであることに注意．

練習問題 6.9

(a) 0.10 mol dm^{-3} の酸化形と，0.01 mol dm^{-3} の還元形を含む溶液の標準電極電位は，$T = 25$ ℃で $+0.42$ V であり，$n = 2$ である．平衡起電力を求めよ．

(b) 0.030 mol dm^{-3} の Cu^{2+} イオンを含む水溶液中に浸漬された銅線からなる半電池の 25 ℃での平衡電極電位を求めよ．

(c) 0.050 mol dm^{-3} の Ni^{2+} イオンを含む水溶液中に浸漬されたニッケル線からなる半電池の 35 ℃での平衡電極電位を求めよ．

(d) 0.080 mol dm^{-3} の Ag^{+} イオンを含む水溶液中に浸漬された銀線からなる半電池の 45 ℃での平衡電極電位を求めよ．

例題 6.6G

100 mA の電流を 75 分（min）間流し，硫酸銅（Ⅱ）水溶液の電気分解を行った．カソード上に析出する金属銅の質量を求めよ．

解き方

カソード上の反応は，

$$Cu^{2+}(aq) + 2\,e^{-} \longrightarrow Cu(s)$$

1 モルの銅を析出させるには 2 モルの電子が必要となるので，1 モルの析出に必要な電気量は，

$$Q = (2\ \text{mol}) \times (96\ 485\ \text{C mol}^{-1}) \qquad Q = 192\ 970\ \text{C}$$

次に，電気分解中に通電した電気量を，上で求めた値と比べる．電気分解中に通電した電気量は，以下のように問題に与えられた条件に次の式を使って求めることができる．

$$Q = It$$

ここで，Q は電気量（C），I は電流（A），t は時間（s）である．

電流の値を SI 単位の値に変換する：
$100\ \text{mA} = [(1 \times 10^{-3}\ \text{A mA}^{-1}) \times 100\ \text{mA}] = 0.100\ \text{A}$

時間を SI 単位の値に変換する：$75\ \text{min} \times 60\ \text{s min}^{-1} = 4500\ \text{s}$

$$Q = It \qquad Q = (0.100\ \text{A}) \times (4500\ \text{s})$$

$1\ \text{A} = 1\ \text{C s}^{-1}$ に注意して，

$$Q = (0.100\ \text{C s}^{-1}) \times (4500\ \text{s}) \qquad Q = 450\ \text{C}$$

電気分解により析出した銅の実際のモル数は，次のようにして求めることができる．

$$\text{析出したモル数} = \frac{(450\ \text{C})}{(192\ 970\ \text{C mol}^{-1})} = 2.33 \times 10^{-3}\ \text{mol}$$

銅のモル質量は $63.54\ \text{g mol}^{-1}$ なので，電気分解により析出した銅の実際の質量は次のようになる．

$$\text{析出した質量} = (2.33 \times 10^{-3}\ \text{mol}) \times (63.54\ \text{g mol}^{-1}) = 0.148\ \text{g}$$

例題 6.6H

Ag^{+} 水溶液の電気分解により，カソード上に Ag が析出した．カソード上に 33.5×10^{-3} g の Ag を析出させるには，10 mA の電流をどのくらいの時間流す必要があるか．

解き方

銀のモル質量は $107.87\ \text{g mol}^{-1}$ であるので，電気分解で析出した銀のモル数は以下のようになる．

$$\text{析出したモル数} = \frac{(33.5 \times 10^{-3}\ \text{g})}{(107.87\ \text{g mol}^{-1})} = 311 \times 10^{-6}\ \text{mol}$$

カソード上の反応は，

$$Ag^{+}(aq) + e^{-} \longrightarrow Ag(s)$$

311×10^{-6} mol の銀を析出させるには 311×10^{-6} mol の電子が必要となるので，必要な電気量は，

$$Q = (311 \times 10^{-6}\ \mathrm{mol}) \times (96\,485\ \mathrm{C\ mol^{-1}}) \qquad Q = 30.0\ \mathrm{C}$$

次の式を思いだそう.

$$Q = It$$

ここで, Q は電気量（C), I は電流（A), および t は時間（s）である.

次にこの式を時間を求める形に変形して,

$$t = \frac{Q}{I}$$

電流の値を SI 単位の値に変換する：

$10\ \mathrm{mA} = [(1 \times 10^{-3}\ \mathrm{A\ mA^{-1}}) \times 10\ \mathrm{mA}] = 0.010\ \mathrm{A}$

$$t = \frac{(30.0\ \mathrm{C})}{(0.010\ \mathrm{A})}$$

$1\ \mathrm{A} = 1\ \mathrm{C\ s^{-1}}$ に注意して,

$$t = \frac{(30.0\ \mathrm{C})}{(0.010\ \mathrm{C\ s^{-1}})} \qquad t = 3000\ \mathrm{s}$$

33.5×10^{-3} g の銀を析出させるのにかかる実際の時間は, 3000 s である.

練習問題 6.10

(a) 25 mA の電流を 30 分（min）間流し, Pb^{2+} 水溶液の電気分解を行った. カソード上に析出する金属鉛の質量を求めよ.

(b) Sn^{2+} 水溶液の電気分解により, カソード上に Sn が析出した. カソード上に 0.132 g の Sn を析出させるには, 34 mA の電流をどのくらいの時間流す必要があるか.

191 ページの演習問題に進み, この章のいくつかのテーマの解説や例題, 練習問題で学んだ概念や問題解決戦略を使い, 正解を目指して挑戦してほしい. 解答は本書の巻末に掲載し, 詳細な解答は化学同人のホームページでみることができる.

https://www.kagakudojin.co.jp/book/b590150.html

演習問題

以下の問題は，各章で解説されたさまざまなテーマを総合的に学ぶためにつくられている．いくつかのテーマの解説で学んだ概念や問題の解決法を用い，正解を得られるように演習問題に挑戦してほしい．解答は本書の最後に示してあり，詳細な解答は化学同人のホームページでみることができる．https://www.kagakudojin.co.jp/book/b590150.html

1章　物理化学の基礎

S1.1

不純物を含む銅金属試料を分析して，純粋な銅の割合が何パーセントかを調べた．金属試料 5.014 g を濃硝酸に溶解し，メモリつきフラスコで 500 cm^3 の溶液とした．溶液の一部（25.00 cm^3）を測りとり，コニカルフラスコに入れた．約 0.1 M の KI 溶液（20 cm^3）を銅溶液に加え，遊離したヨウ素を，モル濃度 0.1500 M のチオ硫酸ナトリウム（$Na_2S_2O_3$）で滴定した．平均 24.35 cm^3 のチオ硫酸ナトリウムが，遊離した全ヨウ素と完全に反応するのに必要であった．

KI による Cu^{2+} の還元，およびチオ硫酸ナトリウムによるヨウ素の還元の半反応式を書け．これらの反応式を一つにまとめ，1 モルのチオ硫酸ナトリウムに相当する Cu^{2+} のモル数を求め，金属試料中の銅の割合が何パーセントかを求めよ．

S1.2

気体が 80％の窒素と 20％の酸素からなるとして，3 m × 4 m × 3 m の広さの典型的な勉強部屋中の気体の全質量を計算せよ．通常の温度と圧力の条件のもと，1 モルの気体は 24 dm^3 の体積を占めるとする．

S1.3

市場ではデスフルランとして知られる分子は，麻酔として使われている．この気体組成は，質量比で炭素 21.4％，フッ素 68％，酸素 9.5％，および水素 1.1％である．

(a) この気体の実験式を求めよ．この物質の質量分析により，親イオン†は 168 g mol^{-1} であった．この物質の分子式を求めよ．

†訳者注：解離せずイオン化した状態で，この値を分子量と考えてもよい．詳しくは，分析化学や有機化学で学ぶので，詳しい説明は分析化学や有機化学の教科書を参照のこと．

(b) この気体は，通常，亜酸化窒素，酸素と以下のモル比で混合し投与される．

亜酸化窒素：酸素：デスフルラン＝ 10：5：1．

1 気圧で投与される麻酔中の各気体の分圧を計算せよ．

S1.4

地表のどの 1 cm^2 の面積をとっても，そこには 1.0 kg の気柱の重さがかかっている．

(a) 地球上の大気の全質量を計算せよ．

(b) 大気の平均モル質量が 28.8 g mol^{-1} で，平均温度が 20 ℃として，大気中の気体のモル数を計算せよ．

（半径 R の球の表面積は $4\pi R^2$ である．また，地球の半径は 6400 km である．）

S1.5

不純物を含む WCl_6 試料が用意され，その試料 0.0216 g が $AgNO_3$ 溶液で滴定，分析された．濃度 0.0105 M の $AgNO_3$ 溶液（23.00 cm^3）が，WCl_6 より遊離する塩素と完全に反応するのに必要であった．WCl_6 試料の純度は何パーセントか計算せよ．

2章　熱 力 学

S2.1

(a) 内部エネルギー変化と体積変化の項を使い，エンタルピー変化を定義せよ．

(b) ヘスの法則を説明せよ．

(c) 以下のデータより，298 K でのジボラン，$B_2H_6(g)$ の $\Delta_f H^{\ominus}$を求めよ．

$B_2H_6(g) + 3\,O_2(g) \longrightarrow B_2O_3(s) + 3\,H_2O(g)$

$\Delta_rH^{\ominus} = -1941\ \mathrm{kJ\ mol^{-1}}$

$2\,B(s) + \frac{3}{2}O_2(g) \longrightarrow B_2O_3(s)$

$\Delta_rH^{\ominus} = -2368\ \mathrm{kJ\ mol^{-1}}$

$H_2(g) + \frac{1}{2}O_2(g) \longrightarrow H_2O(g)$

$\Delta_rH^{\ominus} = -241.8\ \mathrm{kJ\ mol^{-1}}$

S2.2

硝酸（HNO_3）は，次の反応式のようにヒドラジン（N_2H_4）と反応する．

$4\,HNO_3(l) + 5\,N_2H_4(l) \longrightarrow 7\,N_2(g) + 12\,H_2O(l)$

$\Delta_fH^{\ominus}[HNO_3(l)] = -174.1\ \mathrm{kJ\ mol^{-1}}$

$\Delta_fH^{\ominus}[N_2H_4(l)] = +50.63\ \mathrm{kJ\ mol^{-1}}$

$\Delta_fH^{\ominus}[H_2O(l)] = -285.8\ \mathrm{kJ\ mol^{-1}}$

上のデータを使い，この反応の標準モル反応エンタルピー，$\Delta_rH^{\ominus}$，を求めよ．

S2.3

$2\,SO_2(g) + O_2(g) \rightleftharpoons 2\,SO_3(g)$ という反応の平衡定数は，700 K で $K = 3.0 \times 10^4$ である．この反応のギブズエネルギー変化，$\Delta_rG^{\ominus}$，を計算せよ．この温度では，平衡は反応物と生成物のどちらに傾いているかを説明せよ．

S2.4

(a) 25 ℃，1 気圧のもとで，ベンゼン 1 モルの燃焼により大気に対してなされる仕事を計算せよ．

(b) ベンゼンの燃焼エンタルピーが $-3273\ \mathrm{kJ\ mol^{-1}}$ として，この系の内部エネルギー変化を計算せよ．

S2.5

練習問題 2.14（2 章，2.6 節をみよ）の結合エンタルピーを使い，1 モルのブタンの完全燃焼により放出されるエネルギーと 1 モルのプロパンの完全燃焼により放出されるエネルギーの違いを計算せよ．また，この二つの炭化水素の燃焼エンタルピーの実験値（$\Delta_cH^{\ominus}[C_3H_8(g)] = 2220\ \mathrm{kJ\ mol^{-1}}$，$\Delta_cH^{\ominus}[C_4H_{10}(g)] = 2877\ \mathrm{kJ\ mol^{-1}}$）と計算結果を比べよ．

S2.6

次の反応が熱力学的に進行するようになる温度を計算せよ．

$2\,Fe_2O_3(s) + 3\,Cs(s) \rightleftharpoons 4\,Fe(s) + 3\,CO_2(g)$

$\Delta_fH^{\ominus}[CO_2(g)] = -393.5\ \mathrm{kJ\ mol^{-1}}$

$\Delta_fH^{\ominus}[Fe_2O_3(s)] = -824.2\ \mathrm{kJ\ mol^{-1}}$

$\Delta_fS^{\ominus}[Fe(s)] = 27.3\ \mathrm{J\ K^{-1}\ mol^{-1}}$

$\Delta_fS^{\ominus}[CO_2(g)] = 213.7\ \mathrm{J\ K^{-1}\ mol^{-1}}$

$\Delta_fS^{\ominus}[Fe_2O_3(s)] = 87.4\ \mathrm{J\ K^{-1}\ mol^{-1}}$

$\Delta_fS^{\ominus}[C(s)] = 5.7\ \mathrm{J\ K^{-1}\ mol^{-1}}$

3章 化学平衡

S3.1

NO_2 と N_2O_4 の標準生成ギブズエネルギーは，それぞれ $51.8\ \mathrm{kJ\ mol^{-1}}$ と $98.3\ \mathrm{kJ\ mol^{-1}}$ である．1 気圧 25 ℃の条件で，次の反応の $\Delta_rG^{\ominus}$，K_p，および K_c を計算せよ．

$N_2O_4(g) \rightleftharpoons 2\,NO_2(g)$

S3.2

次の反応において，127 ℃での N_2O_4 の解離度（単位：パーセント）を求めよ．

$N_2O_4(g) \rightleftharpoons 2\,NO_2(g) \qquad K_p = 47.9\ ;\ 400\ \mathrm{K}$

S3.3

$0.15\ \mathrm{mol\ dm^{-3}}$ の Cd^{2+} を含む溶液について，CdS の沈殿を生じさせる硫化物イオンの濃度を求めよ．（ただし，塩，CdS の K_{sp} は $1.6 \times 10^{-28}\ \mathrm{mol^2\ dm^{-6}}$ である．）

S3.4

次の平衡を考える．

$2\,A(g) + 2\,B(g) \rightleftharpoons 4\,C(g)$

$K_p = 3.00 \times 10^3\ \mathrm{atm^2}\ ;\ 600\ \mathrm{K}$

(a) 上の反応の K_p の式を書け．

(b) 標準反応エンタルピー，$\Delta_rH^{\ominus}$，は $-91.0\ \mathrm{kJ\ mol^{-1}}$ である．675 K での K_p の値を求めよ．

(c) 600 K での K_c を求めよ．

(d) 600 K での逆反応の K_p の値を求めよ．

S3.5

$0.15\ \mathrm{mol\ dm^{-3}}$ の H_2S 水溶液のヒドロニウムイオン濃度と硫化物イオンの濃度を計算せよ．第一イオン化の解離定数，pK_1 は 7.05，第二イオン化の解離定数，pK_2 は 12.92 である．

4章 相平衡

S4.1

二つのあまり混ざり合わない液体を強制的に混合した．静置すると，溶液は 2 層に分離する．この系での，成分数 C，相数 P，自由度 F を求めよ．

S4.2

図 S1 は相図である．a，b，c，および d で示される点にどのような相があるか示せ．

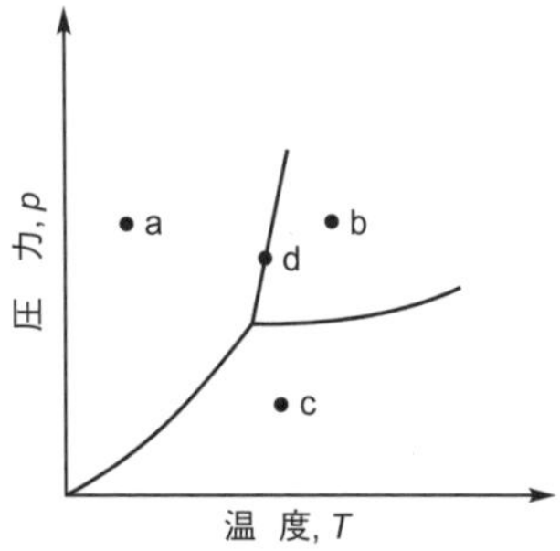

図 S1　問題 S4.2 の相図

S4.3

特定の分子間相互作用，たとえば水素結合のようなものはないとして，ベンゼンの気化エンタルピー変化，$\Delta_{vap}H$，を求めよ．ベンゼンの沸点は $T_b = 353$ K である．

S4.4

18 g の水が 100.00 ℃で気化するときのエントロピー変化を計算せよ．（標準気化エンタルピー変化は $+40.7$ kJ mol^{-1} である．）

S4.5

水 100 cm^3 中に 0.75 g のタンパク質が溶けている場合，浸透圧は 25 ℃で 232 Pa となる．この溶液は理想溶液であるとして，タンパク質の分子質量を求めよ．

5章 反応速度論

S5.1

ヨウ素の放射性同位元素 ^{131}I は，通常，甲状腺機能亢進症の治療に使われる．^{131}I の壊変は一次反応であり，半減期は 8.02 日である．

(a) ^{131}I の壊変の速度式を書け．

(b) **半減期**（half-life）とは何を意味するのか，そして，半減期と一次の速度定数とは，どのように関連しているのかを説明せよ．この壊変の一次速度定数を計算せよ．

(c) 単回投与†の治療で使う Na^{131}I 溶液が，1 秒当たり 4.5×10^9 壊変の放射能でつくられた．患者への投与に必要な最低放射能は 1 秒当たり 2.6×10^8 壊変である．作製後，この溶液を使うことができる最大の時間を求めよ．

† 訳者注：1 秒当たり 1 回の壊変が起こり，1 本放射線がでる場合，放射能は 1 Bq（ベクレル）となる．この問題で，1 壊変当たり 1 本放射線がでるとすると，作製された N_2^{131}I 溶液は 4.5×10^9 Bq = 4.5 GBq の放射能となる．

S5.2

アンモニアの分圧が十分高いとき，熱せられたタングステン上でのアンモニアの触媒分解反応は 0 次反応である．

実験で，アンモニアの分解反応の 0 次の速度定数は 1.43×10^{-2} kPa s^{-1} であった．アンモニアの初期分圧は 30 kPa であった．10 分後のアンモニアの分圧を計算せよ．また，すべてのアンモニアがなくなるには，どのくらい時間がかかるかを求めよ．

S5.3

アルカリ溶液中でのブロモエタンの加水分解反応は，次の式のようになる．

$$C_2H_5Br\,(aq) + OH^-\,(aq) \longrightarrow C_2H_5OH\,(aq) + Br^-\,(aq)$$

この反応の速度定数，k，がさまざまな温度で測定された．結果を下の表にまとめる．この結果より，この反応の活性化エネルギーの値を求めよ．

T/K	$k \times 10^4$/mol^{-1} s^{-1}
298	0.85
301	1.30
304	1.90
307	2.50
310	3.70
313	5.10
316	7.00
319	9.60

S5.4

次の反応，$2\,N_2O_5(g) \longrightarrow 4\,NO_2(g) + O_2(g)$ により進む N_2O_5 の一次の分解反応の速度定数は，298 K で，$k = 3.35 \times 10^{-5}$ s^{-1} である．

(a) この反応で，N_2O_5 の分解の半減期を計算せよ．

(b) N_2O_5 の初期圧力が 500 torr の場合，10 分後の N_2O_5 の圧力を計算せよ．

S5.5

反応が二次反応である場合，もとの濃度の 4 分の 3 が消えるのにかかる時間が，半減期の 3 倍であることを示せ．

S5.6

反応（1）に対して提案されている反応機構が次のようなものであるとする．

$$2\,NO \underset{k_{-1}}{\overset{k_1}{\rightleftharpoons}} N_2O_2$$

$$N_2O_2 + H_2 \xrightarrow{k_2} N_2O + H_2O$$

反応（1）：$2\,NO(g) + H_2(g) \longrightarrow N_2O(g) + H_2O(g)$

速度則が，速度$= \dfrac{d[N_2O]}{dt} = k_{obs}[NO]^2[H_2]$ † と表されることを示し，これを導きだすためにどのような仮定をしたかを述べよ．

†訳者注：k_{obs} は見かけの速度定数．

6章 電気化学

S6.1

重量モル濃度 0.110 mol kg^{-1} の $MgCl_2$ 水溶液をつくった．その活量係数と活量を求めよ．

S6.2

298 K での塩化リチウム溶液のモル伝導率は，以下の表に示されるように，濃度により変化することがわかった．

c/mol dm^{-3}	0.001	0.01	0.10
Λ_m/S m^2 mol^{-1}	112.4×10^{-4}	107.3×10^{-4}	95×10^{-4}

このデータを使い，以下の問に答えよ．

(a) 塩化リチウムの極限モル伝導率（Λ_m^0）を求めよ．

(b) この系のコールラウシュ定数を求めよ．

(c) 298 K での無限希釈溶液中の塩化物イオンのモル伝導率は 76.4×10^{-4} S m^2 mol^{-1} である．無限希釈溶液中のリチウムイオンのモル伝導率を求めよ．

S6.3

Fe^{3+}/Fe^{2+} 酸化還元対の標準電位は +0.77 V である．0.03 mol dm^{-3} の Fe^{3+} と，0.05 mol dm^{-3} の Fe^{2+} を含む溶液の平衡電位を求めよ．ただし，$n = 1$，$T =$ 25 ℃とせよ．

S6.4

硫酸ニッケル水溶液の電気分解において，76.0 mA の電流を 85.0 分（min）の間，流した．カソードに析出したニッケル金属の質量を求めよ．

略　解

■ 練習問題

1章

1.1

$kg\ m^{-3}$

1.2

$kg\ m\ s^{-2}$ ＝ニュートン（N）

1.3

$kg\ m^{-1}\ s^{-2}$ ＝パスカル（Pa）

1.4

(a) $1 \times 10^{-1}\ m^3$

(b) $1 \times 10^4\ mol\ dm^{-3}$

(c) $1 \times 10^{-2}\ mol\ cm^{-3}$

(d) $1 \times 10^2\ mol\ dm^{-3}$

1.5

(a) 2.002 m

(b) 3.5 m

(c) 2.950×10^{-4} m

1.6

2.89 kJ

1.7

$2.4 \times 10^2\ dm^3$

1.8

i. 3.01×10^{23} 個

ii. 6.02×10^{23} 個

1.9

3.011×10^{24} イオン

1.10

24.3

1.11

90.09 g

1.12

0.154 mol

1.13

Br^-

1.14

C_5H_7N（実験式）

$C_{10}H_{14}N_2$（分子式）

1.15

(a) Cr_2O_3

(b) Cr_2O_3

1.16

15.9%

1.17

Cl

1.18

0.122 g

1.19

$0.0107\ mol\ dm^{-3}$

1.20

$0.12\ mol\ dm^{-3}$

1.21

$50\ cm^3$

1.22

88%

1.23

(a) $100\ cm^3$

(b) 2.305 g

1.24

68%

1.25

$6.4\ kg\ m^{-3}$

1.26

$132\ g\ mol^{-1}$

1.27

$x_{CO_2} = 0.937$　　$p_{CO_2} = 562.2$ Pa

$x_{N_2} = 0.0423$　　$p_{N_2} = 25.38$ Pa

$x_{Ar} = 0.0207$　　$p_{Ar} = 12.42$ Pa

1.28

3.69 atm

1.29

0.266(CO_2) 0.734(CH_4)

2章

2.1

(a) 開放系

(b) 閉鎖系

(c) 閉鎖系

(d) 理論的には閉鎖系，実際は開放系

2.2

(a) 状態関数

(b) 状態関数

(c) 状態関数

(d) 経路関数

2.3

(a) 示強性

(b) 示量性

(c) 示量性

(d) 示量性

2.4

+2.43 kJ

2.5

−1.1 kJ

2.6

(a) −203 J

(b) −340 J

2.7

−696 J および −912 J

2.8

$-2.5\ kJ\ mol^{-1}$

2.9

−247.9 kJ

2.10
-5316 kJ

2.11
$+15.4$ kJ

2.12
(b) $+697$ kJ mol^{-1}
(c) -147 kJ mol^{-1}

2.13
-347 kJ mol^{-1}

2.14
-2054 kJ mol^{-1}

2.15
-582 kJ mol^{-1} および
-1154 kJ mol^{-1}

2.16
553 kJ mol^{-1}

2.17
0.43 J g^{-1} ℃$^{-1}$

2.18
1380 kJ mol^{-1}

2.19
2000 kJ mol^{-1}

2.20
(a) 増加
(b) 増加
(c) 減少
(d) 増加

2.21
87.2 J K^{-1} mol^{-1}

2.22
4.37 J K^{-1} mol^{-1}

2.23
-285 J K^{-1}

2.24
-131 J K^{-1}

2.25
(a) -166 kJ mol^{-1}
(b) 増加
(c) $+236$ J K^{-1} mol^{-1}

2.26
$\Delta S_{tot} = -92.7$ J K^{-1}　自発的ではない.

2.27
-30.8 kJ mol^{-1}
自発的に進む.

2.28
-917.2 kJ mol^{-1}　自発的である.

2.29
-140 kJ mol^{-1}

2.30
2.0×10^{-5}

2.31
(a) i. -29 kJ mol^{-1},
ii. 1.21×10^{5}
(b) 976 K

3章

3.2
(a) 361 mol dm^{-3}
(b) 43.9×10^{3} mol^{-2} dm^{6}
(c) 9.8×10^{25} mol^{-1} dm^{3}
(d) 54

3.3
(a) 0.0245 atm^{2}
(b) 2.5×10^{-25} atm
(c) 0.019

3.4
(a) 0.269
(b) 26.8 kJ mol^{-1}

3.5
(a) 1.1×10^{-2}
(b) 3.3

3.6
24 mol dm^{-3}

3.7
$[H_2] = 0.37$ mol dm^{-3}; $[I_2] = 1.37$ mol dm^{-3}; $[HI] = 5.25$ mol dm^{-3}

3.8
SO_3 の平衡分圧 $= 1.50$ atm; SO_2 の平衡分圧 $= 3.43 \times 10^{-4}$ atm; O_2 の平衡分圧 $= 1.72 \times 10^{-4}$ atm

3.9
(a) 8.8×10^{-7} mol dm^{-3}
(b) 1.6×10^{-5} mol dm^{-3}
(c) 3.2×10^{-28} mol^{2} dm^{-6}

3.10
(a) -10.0
(b) 6.35

3.11
(a) 1.7×10^{-5} mol dm^{-3}
(b) 1×10^{-9} mol dm^{-3}

3.12
(a) 1.66 および 12.34
(b) 12.68 および 1.32

3.13
2.58

4章

4.1
(a) 12×10^{6} Pa
(b) 0.0448 m^{3}

4.2
(a) $F = 2$
(b) $F = 2$
(c) $F = 2$
(d) $F = 1$
(e) $F = 0$

4.3
(a) 26 kJ mol^{-1}
(b) 27 kJ mol^{-1}

4.4
(a) 310 K
(b) 420 K

4.5

(a) 50.05 ℃

(b) 78.57 ℃

4.6

(a) 349 K もしくは 76 ℃

(b) 422 K もしくは 149 ℃

4.7

(a) 206.6 Torr

(b) $p_2 = 0.1294$ atm

4.8

(a) 17.1 kJ mol^{-1}

(b) 40.3 kJ mol^{-1}

4.9

(a) −0.13 ℃

(b) 4.5 ℃

4.10

(a) 81.0 ℃

(b) 100.8 ℃

4.11

(a) 5.3 atm

(b) 3×10^{-3} atm

4.12

(a) 2.1×10^3 g mol^{-1}

(b) 33 g mol^{-1}

4.13

(a) 6×10^3 g mol^{-1}

(b) 856 g mol^{-1}

4.14

(a) 78.2 Torr

(b) 74.6 kPa

4.15

(a) 蒸気中のベンゼンのモル分率は 0.21，蒸気中のメチルベンゼンのモル分率は 0.79

(b) 蒸気中の液体 A のモル分率は 0.327，蒸気中の液体 B のモル分率は 0.673

4.16

約 5×10^{-4} mol dm^{-3}

4.17

A と B の活量係数は，それぞれ，1.35 と 2.66 である．

5章

5.1

(c) $-\dfrac{\Delta[H_2]}{\Delta t} = \dfrac{3}{2}\dfrac{\Delta[NH_3]}{\Delta t}$

5.2

(c) 速度 $= -\dfrac{d[S_2O_8^{2-}]}{dt}$

$= -\dfrac{1}{3}\dfrac{d[I^-]}{dt} = \dfrac{1}{2}\dfrac{d[SO_4^{2-}]}{dt}$

$= \dfrac{d[I_3^-]}{dt}$

5.3

3×10^{-5} mol dm^{-3} s^{-1}

5.4

0.03 mol

5.5

(a) 二次，一次，全体は三次

(b) $\dfrac{d[N_2]}{dt} = -\dfrac{1}{2}\dfrac{d[NO]}{dt}$

(c) 25

5.6

(a) 速度 $= k[CH_3Cl][OH^-]$

(b) i．一次，　ii．一次

(c) 二次

5.7

9

5.8

速度 $= k[ClO\cdot][NO_2][N_2]$，

$k = 0.146 \times 10^8$ mol^{-2} dm^6 s^{-1}

5.9

3

5.10

B

5.11

(a) 速度$_2$：速度$_1$ = 4：1

(b) 速度$_2$：速度$_1$ = 4：1

(c) 速度$_2$：速度$_1$ = 4：1

5.12

30 M^{-1} s^{-1}

5.13

二次，0.00377 mol

5.14

8 mg

5.15

(a) 12 Torr

(b) 31 s

5.16

(c) $k = 1.5 \times 10^{-3}$ s^{-1}

5.17

274 kJ mol^{-1}，3.6 s^{-1}

5.18

$\dfrac{d[C]}{dt} = k_1[A]$

5.19

$\dfrac{d[O_2]}{dt} = k_2\dfrac{k_f[N_2O_5]}{k_b + 2k_2}$

6章

6.1

(a) -9.2×10^{-12} N

(b) -3.8×10^{-13} N

6.2

(a) 81.4×10^{-6}

(b) 1.57×10^{-6}

(c) i．0.159 m，　ii．0.0833，

iii．576×10^{-6}

6.3

(a) 0.6 mol kg^{-1}

(b) 1.9 mol kg^{-1}

6.4

(a) 0.495

(b) 0.847

6.5

71.9 S cm^2 mol^{-1}

6.6

0.125，0.0415，および 0.0128

6.8

(a) ii. +1.10 V,

iii. −212 kJ mol^{-1},

iv. 2×10^{37}

(b) iii. +0.59 V,

iv. −110 kJ mol^{-1},

v. 9×10^{19}

(c) ii. +0.43 V,

iii. −83 kJ mol^{-1},

iv. 3.5×10^{14}

6.9

(a) +0.48 V

(b) +0.29 V

(c) −0.29 V

(d) +0.73 V

6.10

(a) 48×10^{-3} g

(b) 6300 s

■ 演習問題

1章

S1.1

92.4%

S1.2

43 kg

S1.3

(a) $C_3F_6OH_2$

(b) N_2O = 0.625 atm；O_2 = 0.3125 atm；デスフルラン = 0.0625 atm

S1.4

(a) 5.1×10^{18} kg

(b) 0.18×10^{21} mol

S1.5

73.9%

2章

S2.1

(c) −1152 kJ mol^{-1}

S2.2

−2986 kJ mol^{-1}

S2.3

−60 kJ mol^{-1}

S2.4

(a) −3.716 kJ

(b) −3277 kJ mol^{-1}

S2.5

−617 kJ mol^{-1}（結合エンタルピーの値より），−657 kJ mol^{-1}（実験値より）

3章

S3.1

5.3 kJ mol^{-1}；0.12 atm；4.8×10^{-3} mol dm^{-3}

S3.2

92.5%

S3.3

1.1×10^{-27} mol dm^{-3}

S3.4

(b) 396 atm^2

(c) 1.24 mol^2 dm^{-6}

(d) 333×10^{-6} atm^{-2}

S3.5

116×10^{-6} mol dm^{-3}；120×10^{-15} mol dm^{-3}

4章

S4.3

30 kJ mol^{-1}

S4.4

109 J K^{-1} mol^{-1}

S4.5

8.0×10^5 g mol^{-1}

5章

S5.1

(b) 0.086 day^{-1}

(c) 33.0 日

S5.2

21 kPa，35 min

S5.3

902 kJ mol^{-1}

S5.4

(a) 2.07×10^4 s

(b) 490 kPa

6章

S6.1

0.459 および 5.15×10^{-4}

S6.2

(a) 113.7 S cm^2 mol^{-1}

(b) 56.71 S cm^2 mol^{-1}/(mol dm^{-3})$^{1/2}$

(c) 37.3 S cm^2 mol^{-1}

S6.3

+0.76 V

S6.4

0.117 g

■ 物理化学の基礎の教科書 ■

❶ 真船文隆，渡辺　正，〈化学はじめの一歩シリーズ 2〉『物理化学』，化学同人（2016）

大学に入学し最初に読むレベルの最も基礎的な物理化学の教科書で，この本を理解することが，物理化学を学ぶスタートになり，この演習書の理解の助けともなる．

❷ D. A. マッカーリ，J. D. サイモン，『物理化学―分子論的アプローチ（上），（下）』，東京化学同人（1999）

上記の教科書よりも，進んだ内容まで記述されている．レベルは基礎から中級であるが，数学の基礎の解説もなされており，学習者が学ぶための工夫がなされている．この本をしっかりと学べば，学部卒業レベルの物理化学の実力をつけることができる．この演習書は，この教科書の理解にも役立つと思われる．

❸ P. W. アトキンス，『物理化学要論（第 7 版）』，東京化学同人（2020）

物理化学の教科書として有名なアトキンス『物理化学』の著者による基礎的な教科書．ちょうど，❶と❷の中間レベルの教科書であると考えられる．さらに進んだ勉強には，同じ著者による『物理化学（上），（下）』に進むのもよい．

❹ 油井宏治，『見える！使える！化学熱力学入門』，オーム社（2013）

この演習書は，おもに，熱力学に関する内容を学ぶものなので，熱力学の教科書を 1 冊紹介しておく．熱力学は，はじめて学ぶときは，なかなか理解できないものであり，この教科書のような，基本的なものを，併わせて学ぶと理解が進む．

❺ 渡辺　正 ほか，〈基礎化学コース〉『電気化学』，丸善（2009）

この演習書の第 6 章「電気化学」を学ぶには，やはり，電気化学の教科書が必要になると思われる．電気化学は物理化学の応用分野であり，エネルギー分野に必要な知識である．また，熱力学の理解が必要な分野でもある．この演習書をしっかりと勉強すれば，電気化学の理解に大いに役立つ．

❻ 川瀬雅也，山川純次，『大学で学ぶ化学』，化学同人（2012）

大学初年級の基礎化学の教科書で，高校化学と大学で最初に学ぶ化学をつなげる教科書である．この演習書と併用することで，化学の基礎を固めることができる．

索　引

訳者略歴

川瀬　雅也（かわせ　まさや）
長浜バイオ大学バイオサイエンス学部 教授

1961 年　京都府生まれ．京都府育ち
1990 年　京都大学大学院工学研究科博士課程修了
その後，香川大学・教育学部，大阪大学大学院・薬学研究科などを経て，
2008 年 4 月から現職．
専門分野は物性論，固体化学など．
工学博士

演習で学ぶ物理化学　基礎の基礎

2021 年 9 月 20 日　第 1 版第 1 刷　発行

検印廃止

訳　者　川　瀬　　雅　也
発行者　曽　根　　良　介
発行所　株 式 会 社 化 学 同 人

〒600-8074　京都市下京区仏光寺通柳馬場西入ル
編集部　TEL 075-352-3711　FAX 075-352-0371
営業部　TEL 075-352-3373　FAX 075-351-8301
振　替　01010-7-5702
E-mail webmaster@kagakudojin.co.jp
URL　https://www.kagakudojin.co.jp
印刷・製本　創栄図書印刷（株）

ISBN978-4-7598-2076-8

乱丁・落丁本は送料小社負担にてお取りかえいたします．

元素周期表

周期＼族	1	2	3	4	5	6	7	8	9	10	11	12	13	14	15	16	17	18
1	s-ブロック						1 H 1.0079								p-ブロック			2 He 4.0026
2	3 Li 6.941	4 Be 9.0122	3	4	5	6	7	8	9	10	11	12	5 B 10.811	6 C 12.011	7 N 14.007	8 O 15.999	9 F 18.998	10 Ne 20.180
3	11 Na 22.990	12 Mg 24.305					d-ブロック						13 Al 26.982	14 Si 28.086	15 P 30.974	16 S 32.065	17 Cl 35.453	18 Ar 39.948
4	19 K 39.098	20 Ca 40.078	21 Sc 44.956	22 Ti 47.867	23 V 50.942	24 Cr 51.996	25 Mn 54.938	26 Fe 55.845	27 Co 58.933	28 Ni 58.693	29 Cu 63.546	30 Zn 65.409	31 Ga 69.723	32 Ge 72.64	33 As 74.922	34 Se 78.96	35 Br 79.904	36 Kr 83.798
5	37 Rb 85.468	38 Sr 87.62	39 Y 88.906	40 Zr 91.224	41 Nb 92.906	42 Mo 95.94	43 Tc (98)	44 Ru 101.07	45 Rh 102.91	46 Pd 106.42	47 Ag 107.87	48 Cd 112.41	49 In 114.82	50 Sn 118.71	51 Sb 121.76	52 Te 127.60	53 I 126.90	54 Xe 131.29
6	55 Cs 132.91	56 Ba 137.33	57 La 138.91	72 Hf 178.49	73 Ta 180.95	74 W 183.84	75 Re 186.21	76 Os 190.23	77 Ir 192.22	78 Pt 195.08	79 Au 196.97	80 Hg 200.59	81 Tl 204.38	82 Pb 207.2	83 Bi 208.98	84 Po (209)	85 At (210)	86 Rn (222)
7	87 Fr (223)	88 Ra (226)	89 Ac (227)	104 Rf (263)	105 Db (262)	106 Sg (266)	107 Bh (272)	108 Hs (277)	109 Mt (276)	110 Ds (281)	111 Rg (280)	112 Cn (277)	113 Nh (278)	114 Fl (289)	115 Mc (289)	116 Lv (298)	117 Ts	118 Og

f-ブロック

ランタノイド 6	58 Ce 140.12	59 Pr 140.91	60 Nd 144.24	61 Pm (145)	62 Sm 150.36	63 Eu 151.96	64 Gd 157.25	65 Tb 158.93	66 Dy 162.50	67 Ho 164.93	68 Er 167.26	69 Tm 168.93	70 Yb 173.04	71 Lu 174.97
アクチノイド 7	90 Th 232.04	91 Pa 231.04	92 U 238.03	93 Np (237)	94 Pu (244)	95 Am (243)	96 Cm (247)	97 Bk (247)	98 Cf (251)	99 Es (252)	100 Fm (257)	101 Md (258)	102 No (259)	103 Lr (262)

凡例

8 — 原子番号
O — 元素記号
15.999 — 相対原子質量